21 世纪全国应用型本科大机械系列实用规划教材

工程力学(上册)

主　编　毕勤胜　李纪刚
副主编　陈章耀　郑治国
　　　　陈先忠　张世芳
参　编　张晓芳　倪秀英　李新领

内 容 简 介

本书分为上、下两册，上册含理论力学篇——静力学部分(静力学基本概念和物体的受力分析，平面汇交力系和平面力偶系，平面一般力系，空间力系，摩擦)、材料力学篇——第一部分(材料力学基本概念，轴向拉伸、压缩与剪切，平面图形的几何性质，扭转，弯曲内力，弯曲应力，弯曲变形，应力状态与强度理论，组合变形，压杆稳定)，下册含理论力学篇——运动学和动力学(点的运动学，刚体的基本运动，点的合成运动，刚体的平面运动，质点动力学的基本方程，动量定理，动量矩定理，动能定理，达朗伯原理，单自由度系统的振动)、材料力学篇——第二部分(交变应力，应变电测原理，能量方法，超静定系统，动载荷)。

本书理论推导从简，突出工程应用，适当放低起点，注重贯彻简便、实用的原则。为了便于教学及帮助读者掌握重点、弄清难点，各章在开始有教学提示、教学要求，在结尾有小结和思考题，并附有适量的习题，书后附有答案，便于自学。

本书可作为高等学校工科各专业的教科书，也可供其他专业选用和社会读者阅读。

图书在版编目(CIP)数据

工程力学. 上册/毕勤胜，李纪刚主编. —北京：北京大学出版社，2007.2
(21世纪全国应用型本科大机械系列实用规划教材)
ISBN 978-7-301-11487-2

Ⅰ. 工⋯　Ⅱ. ①毕⋯　②李⋯　Ⅲ. 工程力学—高等学校—教材　Ⅳ. TB12

中国版本图书馆 CIP 数据核字(2006)第 160637 号

书　　　名：	工程力学(上册)
著作责任者：	毕勤胜　李纪刚　主编
责 任 编 辑：	郭穗娟
标 准 书 号：	ISBN 978-7-301-11487-2/TH・0067
出 版 者：	北京大学出版社
地　　　址：	北京市海淀区成府路 205 号　100871
网　　　址：	http://www.pup.cn　http://www.pup6.com
电　　　话：	邮购部 62752015　发行部 62750672　编辑部 62750667　出版部 62754962
电 子 邮 箱：	pup_6@163.com
印 刷 者：	世界知识印刷厂
发 行 者：	北京大学出版社
经 销 者：	新华书店
	787 毫米×1092 毫米　16 开本　20 印张　453 千字
	2007 年 2 月第 1 版　2008 年 7 月第 2 次印刷
定　　　价：	29.00 元

未经许可，不得以任何方式复制或抄袭本书之部分或全部内容。
版权所有，侵权必究　　举报电话：010-62752024
　　　　　　　　　　　　电子邮箱：fd@pup.pku.edu.cn

《21世纪全国应用型本科大机械系列实用规划教材》
专家编审委员会

名誉主任　胡正寰*

主任委员　殷国富

副主任委员　（按拼音排序）

    戴冠军　　江征风　　李郝林　　梅　宁　　任乃飞

    王述洋　　杨化仁　　张成忠　　张新义

顾　　问　（按拼音排序）

    傅水根　　姜继海　　孔祥东　　陆国栋

    陆启建　　孙建东　　张　金　　赵松年

委　　员　（按拼音排序）

    方　新　　郭秀云　　韩健海　　洪　波

    侯书林　　胡如风　　胡亚民　　胡志勇

    华　林　　姜军生　　李自光　　刘仲国

    柳舟通　　毛　磊　　孟宪颐　　任建平

    陶健民　　田　勇　　王亮申　　王守城

    魏　建　　魏修亭　　杨振中　　袁根福

    曾　忠　　张伟强　　郑竹林　　周晓福

---

*胡正寰：北京科技大学教授，中国工程院机械与运载工程学部院士

丛书总序

殷国富*

机械是人类生产和生活的基本工具要素之一，是人类物质文明最重要的一个组成部分。机械工业担负着向国民经济各部门，包括工业、农业和社会生活各个方面提供各种性能先进、使用安全可靠的技术装备的任务，在国家现代化建设中占有举足轻重的地位。20世纪80年代以来，以微电子、信息、新材料、系统科学等为代表的新一代科学技术的发展及其在机械工程领域中的广泛渗透、应用和衍生，极大地拓展了机械产品设计制造活动的深度和广度，改变了现代制造业的产品设计方法、产品结构、生产方式、生产工艺和设备以及生产组织模式，产生了一大批新的机械设计制造方法和制造系统。这些机械方面的新方法和系统的主要技术特征表现在以下几个方面：

(1) 信息技术在机械行业的广泛渗透和应用，使得现代机电产品已不再是单纯的机械构件，而是由机械、电子、信息、计算机与自动控制等集成的机电一体化产品，其功能不仅限于加强、延伸或取代人的体力劳动，而且扩大到加强、延伸或取代人的某些感官功能与大脑功能。

(2) 随着设计手段的计算机化和数字化，CAD/CAM/CAE/PDM集成技术和软件系统得到广泛使用，促进了产品创新设计、并行设计、快速设计、虚拟设计、智能设计、反求设计、广义优化设计、绿色产品设计、面向全寿命周期设计等现代设计理论和技术方法的不断发展。机械产品的设计不只是单纯追求某项性能指标的先进和高低，而是注重综合考虑质量、市场、价格、安全、美学、资源、环境等方面的影响。

(3) 传统机械制造技术在不断吸收电子、信息、材料、能源和现代管理等方面成果的基础上形成了先进制造技术，并将其综合应用于机械产品设计、制造、检测、管理、销售、使用、服务的机械产品制造全过程，以实现优质、高效、低耗、清洁、灵活的生产，提高对动态多变的市场的适应能力和竞争能力。

(4) 机械产品加工制造的精密化、快速化，制造过程的网络化、全球化得到很大的发展，涌现出CIMS、并行工程、敏捷制造、绿色制造、网络制造、虚拟制造、智能制造、大规模定制等先进生产模式，制造装备和制造系统的柔性与可重组已成为21世纪制造技术的显著特征。

(5) 机械工程的理论基础不再局限于力学，制造过程的基础也不只是设计与制造经验及技艺的总结。今天的机械工程学科比以往任何时候都更紧密地依赖诸如现代数学、材料科学、微电子技术、计算机信息科学、生命科学、系统论与控制论等多门学科及其最新成就。

上述机械科学与工程技术特征和发展趋势表明，现代机械工程学科越来越多地体现着知识经济的特征。因此，加快培养适应我国国民经济建设所需要的高综合素质的机械工程学科人才的意义十分重大、任务十分繁重。我们必须通过各种层次和形式的教育，培养出适应世界机械工业发展潮流与我国机械制造业实际需要的技术人才与管理人才，不断推动我国机械科学与工程技术的进步。

为使机械工程学科毕业生的知识结构由较专、较深、适应性差向较通用、较广泛、适

---

*殷国富教授：现为教育部机械学科教学指导委员会委员，现任四川大学制造科学与工程学院院长

应性强方向转化,在教育部的领导与组织下,1998年对本科专业目录进行了第3次大的修订。调整后的机械大类专业变成4类8个专业,它们是:机械类4个专业(机械设计制造及其自动化、材料成型及控制工程、过程装备与控制、工业设计);仪器仪表类1个专业(测控技术与仪器);能源动力类2个专业(热能与动力工程、核工程与核技术);工程力学类1个专业(工程力学)。此外还提出了面向更宽的引导性专业,即机械工程及自动化。因此,建立现代"大机械、全过程、多学科"的观点,探讨机械科学与工程技术学科专业创新人才的培养模式,是高校从事制造学科教学的教育工作者的责任;建立培养富有创新能力人才的教学体系和教材资源环境,是我们努力的目标。

要达到这一目标,进行适应现代机械学科发展要求的教材建设是十分重要的基础工作之一。因此,组织编写出版面向大机械学科的系列教材就显得很有意义和十分必要。北京大学出版社的领导和编辑们通过对国内大学机械工程学科教材实际情况的调研,在与众多专家学者讨论的基础上,决定面向机械工程学科类专业的学生出版一套系列教材,这是促进高校教学改革发展的重要决策。按照教材编审委员会的规划,本系列教材将逐步出版。

本系列教材是按照高等学校机械学科本科专业规范、培养方案和课程教学大纲的要求,合理定位,由长期在教学第一线从事教学工作的教师立足于21世纪机械工程学科发展的需要,以科学性、先进性、系统性和实用性为目标进行编写,以适应不同类型、不同层次的学校结合学校实际情况的需要。本系列教材编写的特色体现在以下几个方面:

(1) 关注全球机械科学与工程技术学科发展的大背景,建立现代大机械工程学科的新理念,拓宽理论基础和专业知识,特别是突出创造能力和创新意识。

(2) 重视强基础与宽专业知识面的要求。在保持较宽学科专业知识的前提下,在强化产品设计、制造、管理、市场、环境等基础理论方面,突出重点,进一步密切学科内各专业知识面之间的综合内在联系,尽快建立起系统性的知识体系结构。

(3) 学科交叉与综合的观念。现代力学、信息科学、生命科学、材料科学、系统科学等新兴学科与机械学科结合的内容在系列教材编写中得到一定的体现。

(4) 注重能力的培养,力求做到不断强化自我的自学能力、思维能力、创造性地解决问题的能力以及不断自我更新知识的能力,促进学生向着富有鲜明个性的方向发展。

总之,本系列教材注意了调整课程结构,加强学科基础,反映系列教材各门课程之间的联系和衔接,内容合理分配,既相互联系又避免不必要的重复,努力拓宽知识面,在培养学生的创新能力方面进行了初步的探索。当然,本系列教材还需要在内容的精选、音像电子课件、网络多媒体教学等方面进一步加强,使之能满足普通高等院校本科教学的需要,在众多的机械类教材中形成自己的特色。

最后,我要感谢参加本系列教材编著和审稿的各位老师所付出的大量卓有成效的辛勤劳动,也要感谢北京大学出版社的领导和编辑们对本系列教材的支持和编审工作。由于编写的时间紧、相互协调难度大等原因,本系列教材还存在一些不足和错漏。我相信,在使用本系列教材的教师和学生的关心和帮助下,不断改进和完善这套教材,使之在我国机械工程类学科专业的教学改革和课程体系建设中起到应有的促进作用。

2006年1月

前　言

本书是根据工程力学课程教学基本要求和工程类各专业技术应用型人才培养目标组织编写的。为了使本书有较强的通用性，能覆盖比较多的专业，本书分为上、下两册。上册含理论力学篇——静力学部分(静力学基本概念和物体的受力分析，平面汇交力系和平面力偶系，平面一般力系，空间力系，摩擦)、材料力学篇——第一部分(材料力学基本概念，轴向拉伸、压缩与剪切，平面图形的几何性质，扭转，弯曲内力，弯曲应力，弯曲变形，应力状态与强度理论，组合变形，压杆稳定)，下册含理论力学篇——运动学和动力学(点的运动学，刚体的基本运动，点的合成运动，刚体的平面运动，质点动力学的基本方程，动量定理，动量矩定理，动能定理，达朗伯原理，单自由度系统的振动)、材料力学篇——第二部分(交变应力，应变电测原理，能量方法，超静定系统，动载荷)。

本书适用于高校机械、化工、轻工、纺织、交通、冶金、地质等专业，对机械类专业的本、专科 80~100 学时的工程力学可选用上、下两册；对非机械类专业的本、专科 40~60 学时的工程力学可选用上册。下册除基本内容外，还增添了一些带"*"的选修内容，以备不同专业选学。

本书广泛吸收了有关院校近期工程力学教学改革的成果，围绕培养应用型人才的目标，本着以需要够用为度、理论推导从简、突出工程实用的原则，结合当前工程力学教学的实际情况，适当放低起点，尽力使文字叙述简明，内容精练，注重贯彻理论联系实际和简便、实用的原则。

为了便于教学及帮助读者掌握重点、弄清难点，在各章开始均有教学提示、教学要求，各章结束时均有小结和思考题，并有适量的习题。书后附有部分答案。

参加本书编写工作的教师如下：

上册：李新领(第 1~3 章)；张晓芳(第 4、5 章)；陈章耀(第 6 章)；倪秀英(第 7、8 章)；郑治国(第 9、13、14 章)；陈先忠(第 10~12 章)；张世芳(第 15 章)。

下册：张晓芳(第 1 章)；李纪刚(第 2~4 章)；梁忠雨(第 5~7 章)；蔺金太(第 8、9 章)；毕勤胜(第 10、12 章)；张世芳(第 11、15 章)；陈章耀(第 13、14 章)。

本书由江苏大学毕勤胜、河北农业大学李纪刚担任主编，由毕勤胜、李纪刚负责定稿，陈章耀、郑治国、陈先忠、张世芳任副主编，参编人员为张晓芳、倪秀英、蔺金太、梁忠雨、李新领。

本书承蒙江苏大学彭玉莺教授(审阅理论力学部分)、苏虹教授(审阅材料力学部分)审阅并对书稿提出了许多宝贵意见和建议，在此一并表示感谢。

因编者水平有限，书中难免有疏漏和不妥之处，恳请同行专家和读者批评指正。

本书在第 2 次印刷时，主审彭玉莺教授和主编毕勤胜、李纪刚重新审读原书稿，修改了错误和不妥之处，并对各章习题进行调整和补充。

编　者
2008 年 5 月于江苏大学京江学院

目 录

绪论 1
理论力学篇——静力学部分 3
第 1 章 静力学基本概念和物体的
　　　　 受力分析 5
　1.1 静力学基本概念 5
　　1.1.1 刚体的概念 5
　　1.1.2 力的概念 5
　1.2 静力学公理 6
　1.3 约束和约束反力 9
　　1.3.1 基本概念 9
　　1.3.2 约束类型 9
　1.4 物体的受力分析与受力图 12
第 2 章 平面汇交力系和平面力偶系 19
　2.1 平面汇交力系合成与平衡的几何法 19
　　2.1.1 平面汇交力系合成的几何法 19
　　2.1.2 平面汇交力系平衡的
　　　　 几何条件 20
　2.2 平面汇交力系合成和平衡的解析法 22
　　2.2.1 力在坐标轴上的投影 22
　　2.2.2 合力投影定理 22
　　2.2.3 平面汇交力系的平衡方程 23
　2.3 力矩和合力矩定理 26
　　2.3.1 力对点之矩 26
　　2.3.2 合力矩定理 26
　2.4 力偶和力偶矩 27
　　2.4.1 力偶 27
　　2.4.2 力偶矩 27
　　2.4.3 力偶等效定理 28
　2.5 平面力偶系的合成和平衡的条件 29
　　2.5.1 平面力偶系的合成 29
　　2.5.2 平面力偶系的平衡条件 29

第 3 章 平面一般力系 36
　3.1 力线平移定理 36
　3.2 平面一般力系向平面内一点的
　　　简化·主矢和主矩 37
　3.3 平面一般力系的简化结果分析 38
　3.4 平面一般力系的平衡条件和平衡
　　　方程 40
　3.5 平面平行力系的平衡方程 42
　3.6 静定和静不定问题、物体系统的
　　　平衡问题 43
　　3.6.1 静定与静不定问题的概念 43
　　3.6.2 物体系统的平衡问题 44
　3.7 平面简单桁架的内力计算 47
　　3.7.1 节点法 48
　　3.7.2 截面法 49
第 4 章 空间力系 59
　4.1 空间汇交力系 59
　　4.1.1 力在直角坐标上的投影 59
　　4.1.2 空间汇交力系的合成和平衡 ... 61
　4.2 力对轴之矩和力对点之矩 62
　　4.2.1 力对轴之矩 62
　　4.2.2 力对点之矩 64
　　4.2.3 力对点之矩与力对通过该点
　　　　 的轴之矩之间的关系 65
　4.3 空间力偶系 66
　　4.3.1 力偶矩矢 66
　　4.3.2 空间力偶系的合成和平衡 67
　4.4 空间任意力系向一点简化·主矢和
　　　主矩 68
　4.5 空间任意力系的简化结果分析 69
　4.6 空间任意力系的平衡方程 70
　4.7 重心 74

		4.7.1 重心概念及其坐标公式 74
		4.7.2 确定物体重心位置的方法 76

第5章 摩擦 88

- 5.1 滑动摩擦 88
  - 5.1.1 静滑动摩擦力 88
  - 5.1.2 最大静滑动摩擦力 89
  - 5.1.3 动滑动摩擦力 90
- 5.2 摩擦角与摩擦自锁 90
  - 5.2.1 摩擦角 90
  - 5.2.2 摩擦自锁 91
- 5.3 滑动摩擦平衡问题 93
- 5.4 滚动摩阻 96

材料力学篇——第一部分 105

第6章 材料力学基本概念 107

- 6.1 材料力学的任务 107
- 6.2 变形固体及其基本假设 108
- 6.3 内力、截面法和应力的概念 108
- 6.4 变形与应变 110
- 6.5 杆件变形的基本形式 112

第7章 轴向拉伸、压缩与剪切 115

- 7.1 轴向拉伸与压缩的概念和实例 115
- 7.2 拉(压)杆件的内力 116
  - 7.2.1 轴力 116
  - 7.2.2 轴力的计算 117
  - 7.2.3 轴力图 118
- 7.3 拉(压)杆的应力 119
  - 7.3.1 横截面上的应力 119
  - 7.3.2 斜截面上的应力 121
  - 7.3.3 圣维南原理 123
  - 7.3.4 应力集中 123
- 7.4 材料在拉伸与压缩时的力学性能 124
  - 7.4.1 材料在拉伸时的力学性能 124
  - 7.4.2 材料在压缩时的力学性能 129
  - 7.4.3 温度对材料力学性能的影响 130
- 7.5 许用应力与强度计算 131
  - 7.5.1 许用应力 131
  - 7.5.2 强度计算 132
- 7.6 拉(压)杆的变形与位移 135
  - 7.6.1 轴向变形与胡克定律 135
  - 7.6.2 横向变形与泊松比 137
  - 7.6.3 位移 139
- 7.7 简单拉压静不定问题 141
- 7.8 剪切和挤压的实用计算 144
  - 7.8.1 剪切的实用计算 145
  - 7.8.2 挤压的实用计算 146

第8章 平面图形的几何性质 156

- 8.1 静矩和形心 156
  - 8.1.1 静矩 156
  - 8.1.2 形心 157
  - 8.1.3 组合图形的形心 157
- 8.2 惯性矩、极惯性矩和惯性积 158
  - 8.2.1 惯性矩和极惯性矩 158
  - 8.2.2 惯性积 160
  - 8.2.3 主惯性轴和主惯性矩、形心主惯性轴和形心主惯性矩 161
- 8.3 平行移轴公式 161

第9章 扭转 167

- 9.1 扭转的概念和实例 167
- 9.2 扭矩及扭矩图 167
  - 9.2.1 外力偶矩的计算 167
  - 9.2.2 扭矩 168
  - 9.2.3 扭矩图 168
- 9.3 纯剪切 170
  - 9.3.1 纯剪切的概述 170
  - 9.3.2 切应力互等定理 170
  - 9.3.3 剪切胡克定律 171
- 9.4 圆轴扭转时的应力和强度条件 171
- 9.5 圆轴扭转时的变形和刚度条件 176
- 9.6 圆柱形密圈螺旋弹簧的应力和变形 177
  - 9.6.1 圆柱形密圈螺旋弹簧丝横截面上的应力 177
  - 9.6.2 圆柱形密圈螺旋弹簧的变形 178
- 9.7 非圆截面杆扭转的概念 179

9.7.1 限制扭转和自由扭转..............179
9.7.2 矩形截面杆的扭转切应力与扭转角..............180

第 10 章 弯曲内力..............187

10.1 概述..............187
   10.1.1 弯曲的概念..............187
   10.1.2 梁的类型..............187
10.2 剪力和弯矩..............188
10.3 剪力图和弯矩图..............191
   10.3.1 剪力方程和弯矩方程..............191
   10.3.2 剪力图和弯矩图..............191
10.4 剪力、弯矩与载荷集度之间的微分关系..............195

第 11 章 弯曲应力..............203

11.1 概述..............203
11.2 梁弯曲时的正应力..............203
   11.2.1 纯弯曲时梁横截面上的正应力..............203
   11.2.2 细长梁横力弯曲时横截面上的正应力..............206
11.3 梁弯曲时的切应力..............208
   11.3.1 矩形截面梁横截面上的切应力..............208
   11.3.2 其他形状截面梁横截面上的切应力..............210
11.4 横力弯曲时梁的强度条件..............213
11.5 提高梁抗弯强度的措施..............216

第 12 章 弯曲变形..............224

12.1 概述..............224
   12.1.1 工程中的弯曲变形问题..............224
   12.1.2 梁的挠曲线..............224
12.2 梁的挠曲线微分方程..............225
12.3 用积分法求弯曲变形..............226
12.4 用叠加法求弯曲变形..............228
12.5 梁的刚度条件及提高梁的抗弯刚度的措施..............232
12.6 简单静不定梁..............233

第 13 章 应力状态与强度理论..............239

13.1 应力状态概念及其表示方法..............239
13.2 平面应力状态应力分析——解析法..............240
   13.2.1 平面一般应力状态..............240
   13.2.2 平面一般应力状态斜截面上应力..............241
13.3 平面一般应力状态分析——应力圆法..............242
   13.3.1 应力圆..............242
   13.3.2 应力圆的作图方法..............242
13.4 极值应力与主应力..............244
   13.4.1 平面应力状态的极值应力..............244
   13.4.2 主应力..............245
13.5 空间应力状态的主应力与最大切应力..............246
   13.5.1 空间应力状态主应力..............246
   13.5.2 空间应力状态的最大切应力..............246
13.6 广义胡克定律..............247
13.7 强度理论..............248
   13.7.1 强度理论概述..............248
   13.7.2 关于脆性断裂的强度理论..............249
   13.7.3 关于塑性屈服的强度理论..............250
   13.7.4 强度理论的选用原则..............251

第 14 章 组合变形..............260

14.1 概述..............260
14.2 轴向拉伸或压缩与弯曲的组合..............261
14.3 偏心压缩和截面核心..............263
14.4 扭转与弯曲的组合..............265

第 15 章 压杆稳定..............275

15.1 压杆稳定的概念..............275
15.2 细长压杆的临界载荷的计算及欧拉公式..............276
   15.2.1 两端铰支细长压杆的临界载荷的计算..............276
   15.2.2 其他约束条件下细长压杆的临界力·欧拉公式..............277

15.3 欧拉公式的适用范围·经验公式......278
    15.3.1 临界应力与柔度......278
    15.3.2 欧拉公式的适用范围......278
    15.3.3 临界应力的经验公式与临界应力总图......279
15.4 压杆稳定性的校核......281
15.5 提高压杆稳定性的措施......283
    15.5.1 减小压杆长度......283
    15.5.2 选择合理的约束条件......283
    15.5.3 选择合理的截面形状......283
    15.5.4 选择合理的材料......284

附录Ⅰ 型钢规格表......289
附录Ⅱ 习题答案......299
参考文献......308

绪　　论

1. 工程力学的研究对象和内容

工程力学是一门研究物体机械运动一般规律及有关构件强度、刚度和稳定性等理论的科学，它包括理论力学和材料力学两门学科的有关内容。

理论力学是研究物体机械运动一般规律的科学。所谓机械运动就是物体在空间的位置随时间的变化规律。它是人们在日常生活和生产实践中最常见的一种运动形式，如各种机器的运转及车辆、船只的行驶等。理论力学的内容包括以下三个部分：静力学——研究物体平衡的一般规律，包括物体的受力分析、力系的简化方法、力系的平衡条件。运动学——从几何学角度来研究物体的运动(如轨迹、速度和加速度等)，而不研究引起物体运动的物理原因。动力学——研究受力物体的运动与作用力之间的关系。

工程上的各种机械、设备、结构都是由构件组成的。工作时它们都要受到载荷的作用，为使其正常工作，不发生破坏，也不产生过大变形，同时又能保持原有的平衡状态而不丧失稳定，就要求构件具有足够的强度、刚度和稳定性。材料力学就是研究构件的强度、刚度和稳定性等一般计算原理的科学。

2. 工程力学的研究方法

观察和实验是认识力学规律的重要实践环节。在观察和实践中，抓住主要因素，忽略次要因素，有助于理解问题的本质。同时，在抽象化过程中，将研究对象转化为力学模型，通过数学演绎和逻辑推理，得出工程上需要的数学表达式——力学公式。例如，在研究物体的运动和平衡规律时，将物体抽象为刚体；在运动学和动力学中，将物体抽象为点、质点；在材料力学中，用变形固体来代替真实的物体等。根据人们长期的生活、生产实践经验和实验观察结果，应用抽象化的方法，通过分析、归纳、综合得到一些最普遍的力学公理和定律，然后再应用数学演绎和逻辑推理得到力学普遍定理和工程上的力学公式。工程力学正是沿着这条途径建立起来的。实际计算表明，按此建立的力学定理和公式能满足工程计算对精度的要求。

3. 工程力学在专业学习中的地位和作用

工程力学是机械、机电、化工、轻工、纺织、冶金和地质等类专业的技术基础课。它所讲述的力学基础理论和基本知识，以及处理工程力学问题的基本方法，在专业课和基础课之间起到桥梁的作用，为机械设计基础等后续课程的学习提供了必要的理论基础。

学习工程力学，要深刻理解其基本概念和基本定律，熟练掌握定理和公式，并通过演算一定数量的习题，把所学到的理论知识应用于工程实际中，以进一步巩固和加深理解所学的知识并培养学生解决工程实际问题的能力。

理论力学篇——静力学部分

第1章 静力学基本概念和物体的受力分析

教学提示：静力学的基本概念、公理是研究静力学的基础。约束和约束反力的概念，几种常见的基本约束是物体受力分析与画受力图的重要依据之一。

教学要求：掌握静力学和基本概念公理(包括推论)，熟练掌握常见约束的性质及其约束反力，能够进行物体的受力分析以及画受力图。

1.1 静力学基本概念

1.1.1 刚体的概念

静力学的研究对象是刚体。所谓刚体是指在力的作用下不发生变形的物体。显然，这只是一个理想化的力学模型。实际上任何物体受力后或多或少都要发生变形，但工程中许多物体变形都非常微小。这些微小的变形对研究物体的平衡问题不起主导作用，可以忽略不计，因而可以把实际物体看作刚体，这样可以使问题研究大为简化。这种处理问题的方法是科学研究中重要的抽象化方法。但是不应该把刚体概念绝对化。例如研究飞机的平衡或飞行规律时，可以把飞机看作刚体。但是研究飞机的颤振问题时，机翼等的变形虽然微小，但必须把飞机看作弹性体。

静力学中研究的物体只限于刚体，因此静力学又称为刚体静力学。

1.1.2 力的概念

力是物体之间相互的机械作用。这种作用使物体的机械运动状态发生变化或使物体发生变形。前者称为力的运动效应，或外效应；后者称为力的变形效应，或内效应。静力学只讨论力的外效应。

应当指出，既然力是物体之间相互的机械作用，力就不能脱离物体而单独存在。在分析物体受力时，必须搞清哪个是施力体，哪个是受力体。

实践证明，力对物体的作用效应取决于以下三个要素：

(1) 力的大小。指物体间相互作用的强弱程度。国际单位制(SI)中，力的单位为牛[顿](N)或千牛[顿](kN)。

(2) 力的方向。通常包含力的方位和指向两个含义。例如重力的方向是"铅垂向下"，"铅垂"是指力的方位；"向下"是说力的指向。

(3) 力的作用点。力的作用点是指力在物体上作用的位置。

一般说来，力的作用位置并不在一个点上，而是分布在物体的某一部分面积或体积上。

例如，蒸汽压力作用于整个容器壁，这就形成了面积分布力；重力作用于物体的每一点，又形成了体积分布力。但是在很多情况下，可以把分布在物体上某一部分的面积或体积上的力简化为作用在一个点上。例如，手推车时，力是分布在与手相接触的面积上，但当接触面积很小时，可把它看作集中作用于一点；又如重力分布在物体的整个体积上，在研究物体的外效应时，也可将它看作集中作用于物体的重心。这种集中作用于一点的力，称为集中力。这个点称为力的作用点。

力的三要素表明力是一矢量。它可用一有向线段来表示，如图1.1所示。线段的长度按一定比例尺表示力的大小；线段的方位角和箭头的指向表示力的方向；线段的起点或终点表示力的作用点。通过力的作用点，沿力的方向画出的直线，称为力的作用线。本书中用黑斜体字母表示矢量，如力 $\boldsymbol{F}$ 表示力矢量；而用普通字母 F 表示这个矢量的大小。

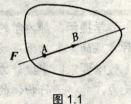

图1.1

1.2 静力学公理

研究力系的简化和平衡条件必须以力的基本性质为依据。人们通过长期的观察实验，在大量客观事实的基础上，对力的一些基本性质进行了概括和总结，得出了静力学公理。这些公理是静力学的基本规律，是力系的简化和平衡理论的依据。

1. 公理一——二力平衡公理

作用在同一刚体上的两个力，使刚体处于平衡状态的必要和充分条件是：这两个力大小相等，方向相反，并作用在同一直线上(简称等值、反向、共线)，如图1.2所示。

此公理揭示了作用于刚体上最简单的力系平衡时所必须满足的条件。它是推证各种力系平衡条件的基础。

必须指出，这里所说的是刚体的平衡。如果是变形体，上述平衡条件并非是充分条件。例如，软绳的两端受到两个等值、反向、共线的拉力作用时可以平衡，如改为受两个等值、反向、共线的压力作用就会发生蜷曲而不能平衡。

只在两个力作用下处于平衡的构件，称为二力构件(简称二力杆)。因此二力构件所受的两个力必然沿两个作用点的连线，并且等值、反向，如图1.3所示。注意，二力构件的形状并非都是直杆。

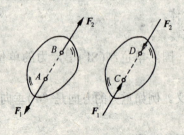

图1.2

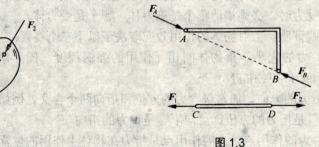

图1.3

2. 公理二——加减平衡力系公理

在作用于刚体的任意力系中，加上或去掉任何一个平衡力系并不改变原力系对刚体的作用。

这个公理是力系简化的依据。

根据公理一和公理二，可导出推论 I。

3. 推论 I——力的可传性原理

作用于刚体上的力可沿其作用线移至刚体的任一点，而不改变此力对刚体的作用效果。

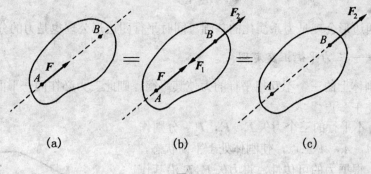

图 1.4

证明：设在刚体上 A 点有一力 F 的作用，如图 1.4(a)所示。根据加减平衡力系原理，可在力的作用线上任取一点 B，在 B 点加上一等值、反向、共线的平衡力 F_1、F_2，并使 $F = -F_1 = F_2$，如图 1.4(b)所示。此时 F 和 F_1 也是一对平衡力系，可以去掉。这时可以看成是 F_2 单独作用。即力 F_2 就是原来的力 F 沿其作用线移到了 B 点。这就证明力的可传性。

由此可见，对刚体来讲，力的三要素可改写为：力的大小、方向和作用线。这样的矢量称为滑动矢量。

必须指出，力的可传性原理只适用于刚体而不适用于变形体。对于变形体，加减任何平衡力系，或将力沿其作用线移至物体上任一点，都会改变其内效应。

4. 公理三——力的平行四边形公理

作用于物体上同一点的两个力可以合成为一个合力，合力也作用于该点。合力的大小和方向由以这两力为边所作平行四边形的对角线来表示，如图 1.5(a)所示，即

$$F_R = F_1 + F_2$$

上式为矢量等式。它表示合力矢 F_R 等于两个分力矢 F_1 和 F_2 的矢量和(或几何和)。这种合成方法称为矢量加法，它与代数式 $F_R = F_1 + F_2$ 的意义完全不同。

为了求出合力矢 F_R 的大小和方向，实际上不必作出整个平行四边形。只要从任一点 a 作矢量 ab 等于 F_1，再由力矢 F_1 的末端 b 作矢量 bc 等于力矢 F_2 (即 F_1F_2 首尾相接)，则矢量 ac 就代表合力矢 F_R，如图 1.5(b)所示，合力的作用点仍在 A 点。这种求合力的方法称为力的三角形法。若改变力矢 F_1F_2 的顺序，会得到不同形状的三角形，但是合力矢 F_R 的大小和方向不受影响，如图 1.5(c)所示。

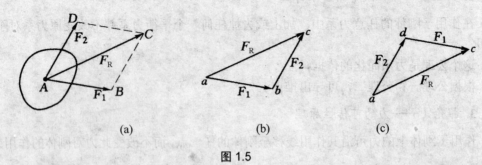

图 1.5

力的平行四边形公理是力系简化的基础。同时平行四边形公理也是力的分解法则。

5. 推论Ⅱ——三力平衡汇交定理

若作用于刚体上的三个不互相平行的力使其平衡，则此三力必在同一平面内，且三个力的作用线汇交于一点。

证明：设有不平行的三个力矢 F_1，F_2，F_3，分别作用在刚体上的 A_1，A_2，A_3 三点，使刚体处于平衡状态，如图 1.6 所示。根据力的可传性，将力矢 F_1，F_2 沿其作用线移到其交点 A，根据平行四边形法则，合成一合力矢 F_R，则力矢 F_3 应与 F_R 平衡。根据二力平衡条件，F_3 必与 F_R 共线，所以 F_3 也通过 F_1，F_2 的交点 A，且与 F_1，F_2 在同一平面内，于是定理得证。

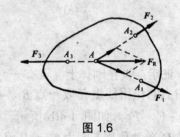

图 1.6

6. 公理四——作用与反作用公理

两物体间的作用力和反作用力，总是大小相等、方向相反，沿同一直线分别作用在这两个物体上。

该公理揭示了物体之间相互作用的定量关系，它是分析物体间作用力关系时必须遵循的原则。必须强调指出，力总是成对出现的，有作用力必有反作用力。但它们分别作用在两个物体上，因此不能把它们看成是一对平衡力。

7. 公理五——刚化公理

设变形体在已知力系作用下处于平衡状态，若将此变形体刚化为刚体，其平衡状态保持不变。

该公理提供了把变形体看做刚体模型的条件。

该公理指出：处于平衡状态的变形体，可视为刚体来研究。换言之，刚体静力学的平衡理论对已处于平衡状态的变形体同样适用。但刚体的平衡条件对变形体来说，只是平衡的必要条件，而不是充分条件。这个问题，前面已就二力平衡的简单情况以软绳平衡为例作了说明。

1.3 约束和约束反力

1.3.1 基本概念

1. 自由体和非自由体

凡是可以在空间任意运动的物体都称为自由体，例如在空中飞行的飞机、炮弹等。凡是受到周围物体的限制，不能在某些方向上运动的物体，称为非自由体。例如在轨道上行驶的火车，受到钢轨的限制，只能沿轨道方向运动；电机转子受轴承的限制，只能绕轴线转动。工程实际中大多数物体都是非自由体。

2. 约束和约束反力

对非自由体的某些方向的位移起到限制作用的周围物体称为约束。上述例子中，钢轨是火车的约束；轴承是电机转子的约束。

由于约束阻碍限制了物体的自由运动，所以约束对物体的作用实际上就是力。这种力称为约束反力或简称反力。约束反力的方向总是和约束所能阻碍的运动方向相反，作用在约束与被约束物体相互接触之处。

除约束反力以外，作用在物体上的力一般还有重力、风力、气体压力、电磁力等。因为这些力能主动地使物体运动变化或使物体有运动趋势，故称其为主动力。主动力一般都是已知的，而约束反力一般是未知的，需要通过静力学的力系平衡条件求得。所以，确定未知的约束反力是静力分析的重要任务之一。

1.3.2 约束类型

从工程实际出发，可将常见的约束归纳为几种基本类型。下面分析约束反力的特点。

1. 柔性约束

绳索、链条、皮带等构成的约束都属于柔性约束。这种约束的性质决定了它只能承受拉力，而不能承受压力和弯曲。所以，柔性体对物体的约束反力必定是沿着柔性体的中心线背离物体，即恒为拉力，如图 1.7(a)、(b) 和图 1.8(a)、(b) 所示。

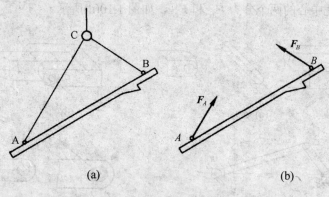

图 1.7

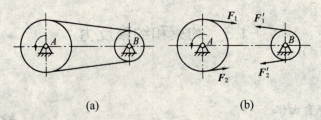

图 1.8

2. 光滑接触面约束

当接触面摩擦力很小或润滑条件较好时,可以认为是光滑接触面约束。这种约束不管接触面形状如何,它只能限制物体沿接触表面公法线而趋向支撑面的位移,而不能限制物体沿接触表面切线方向的位移。所以光滑面对物体的约束反力沿接触表面公法线并指向被约束物体,作用在接触点处,用 F_N 表示,如图 1.9(a)、(b)所示。

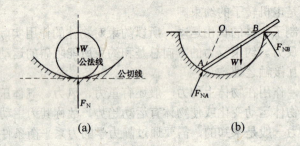

图 1.9

3. 中间铰链约束

中间铰链简称铰链。理想的中间铰链是由一个圆柱形销钉插入两构件的圆孔中而构成,如图 1.10(a)所示,而且认为销钉与圆孔的表面都是完全光滑的。例如门窗上的合页,机器上的轴承等都是中间铰链连接。

中间铰链的简图如图 1.10(b)所示。这类约束的特点是只能限制物体沿径向的相对移动,而不能限制物体绕轴线的转动和沿轴线的滑动。所以约束反力作用在接触点处,垂直于销钉轴线,并通过圆柱销中心,方向不定,表示为 F_C。为计算方便,通常表示为沿坐标轴正向且作用于圆柱孔中心的两个分力 F_{Ax} 和 F_{Ay},如图 1.10(d)所示。

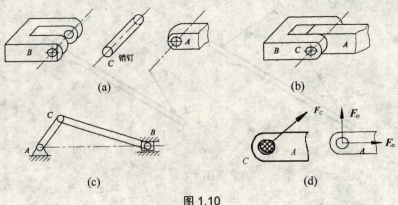

图 1.10

4. 固定铰链支座

在物体与固定于机架或地基的支座的连接处钻一圆柱形的孔，用一圆柱销钉将它们连接，这种约束称为固定铰链支座，如图 1.11 所示，简称固定铰支，其约束反力与中间铰链相似。

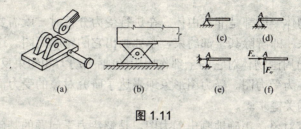

图 1.11

5. 活动铰支座(辊轴支座)

如图 1.12(a)所示。在工程中，常采用活动铰支座。这种支座是铰链支座与光滑支撑面之间，装有几个辊轴而构成的，又称辊轴支座，它保证物体发生微小变形时既能发生微小转动，又能发生微小移动。因此活动铰支只能限制物体沿支撑面公法线方向的移动。所以活动铰支座的约束反力 F_A 通过销钉中心，垂直于支撑面，指向不定。计算简图如图 1.12(b)、图 1.12(c)、图 1.12(d)，受力图如 1.12(e)所示。

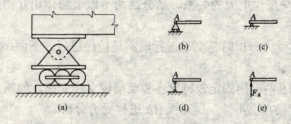

图 1.12

6. 球铰链

通过圆球和球壳将两个构件连接在一起的约束称为球铰链，如图 1.13（a）所示。它使构件的球心不能有任何位移，但构件可绕球心任意转动。若忽略摩擦，与中间铰链分析相似，其约束反力应是通过球心但方向不能预先确定的一个空间力，可用三个正交分力 F_{Ax}、F_{Ay} 和 F_{Az} 表示，其简图及约束反力如图 1.13（b）所示。

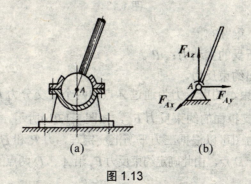

图 1.13

1.4 物体的受力分析与受力图

在解决物体的平衡问题时,首先要确定研究对象,然后分析考查它的受力情况。这个过程就是受力分析。

工程上遇到的物体一般都是非自由体。在进行受力分析时,就需要先把研究对象从周围的物体中分离出来,即解除其全部约束,单独画出它的轮廓简图。这一过程称为取分离体。在分离体上画出周围物体对它的全部作用力(包括主动力和约束反力)。这种表示物体受力的简明图形,称为受力图。受力图形象地表达了研究对象的受力情况。取分离体、画受力图是静力分析的关键步骤。

恰当地选取研究对象,正确地画出受力图,是解决力学问题的基础,画受力图的具体步骤如下:

(1) 确定研究对象(受力体)。可根据解题需要,选整体、单个物体,或者几个物体的组合(局部)为研究对象。

(2) 画出分离体所受的全部主动力。

(3) 正确画出约束反力(依据约束类型逐一画出约束力)。

(4) 利用二力构件的特点与三力平衡汇交定理,可以确定某些约束力的特征。

(5) 注意作用力与反作用力的关系。当分离两个以上物体相互约束的情形,更要注意这一关系。

以上五点在物体受力分析时是交替进行而不是按序进行。下面举例说明如何画物体的受力图。

【例 1.1】 简支梁 AB 两端用固定铰链支座和活动铰支座支撑,如图 1.13(a)所示,C 处作用一集中载荷 P。若梁自重不计,试对梁 AB 进行受力分析。

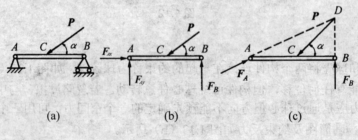

图 1.13

解: (1) 选取研究对象:梁 AB。

(2) 画出研究对象所受的主动力:P。

(3) 解除约束,画出约束反力。

A 处为固定铰链约束,约束反力可通过 A 点的两个正交分力 F_{Ax}、F_{Ay};B 端为活动铰支座,只有一个垂直于支撑面的约束反力 F_B,如图 1.13(b)所示。

另外,梁 AB 的受力图可以根据三力平衡汇交定理,力 P 和 F_B 相交于 D 点,则 A 点的力 F_A(A 点合力)也必交于 D 点,由此确定约束反力 F_A 沿 A、D 两点的连线,如图 1.13(c)所示。

【例 1.2】 如图 1.14(a)所示三铰拱桥,由左右两拱铰接而成。设各拱自重不计,在 AC 拱上作用有竖直载荷 P。试分别画出拱 AC 和 CB 拱的受力图。

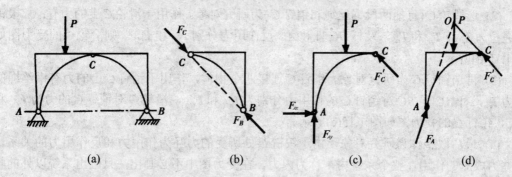

图 1.14

解: 分析对于 CB 拱,因自重不计它只在 B、C 二处受铰链约束,因此 CB 拱是一个二力构件。而 AC 拱三点受力,并且三个力彼此不平行,在同一平面内,可以应用三力汇交确定。

(1) 研究 CB 拱,CB 拱是一个二力杆。受力图如图 1.14(b),在铰 B、C 处所受到的约束反力分别为 F_B、F_C,并且 F_B、F_C 等值、反向、共线。因此 F_B、F_C 的作用线在 CB 的连线上,指向先假设,以后再根据主动力方向,以及平衡条件来确定。

(2) 研究 AC 拱,受到主动力 P;由于 AC 拱在 C 处受到 CB 拱给它的约束反力与 F_C 是作用力和反作用力的关系,所以用 F'_C 来表示,A 处是固定铰支座,约束反力为 F_{Ax},F_{Ay},如图 1.14(c)所示。

还可以根据三力平衡汇交,可以确定 F_{Ax},F_{Ay} 的合力 F_A 通过 P 和 F'_C 作用线的汇交于点 O,沿 OA 的连线。

【例 1.3】 构架如图 1.15(a)所示。重物重量为 P,A 和 B 为固定铰链约束,C 为中间铰链,钢丝绳一端拴在点 D,另一端绕过滑轮 C 和 H 拴在销钉 C 上。试分别画出滑轮 C、销钉 C 以及整个系统的受力图(各杆及滑轮重量均不计)。

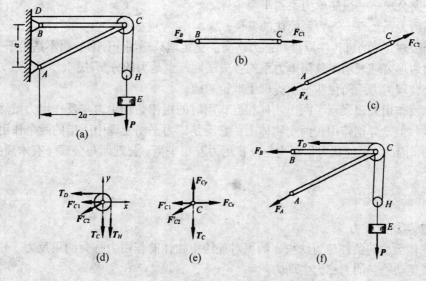

图 1.15

解：(1) 选 BC、AC 为研究对象，BC 及 AC 均为二力杆，力 F_{C1} 和 F_{C2} 分别沿杆 BC、AC 轴线，指向暂先假设，如图 1.15(b)、(c)所示。

(2) 选滑轮 C (包括两段钢丝绳和销钉 C) 为研究对象。作用于滑轮 C 上的力有：三根钢丝绳拉力 T_C、T_H 和 T_D，及杆 BC 杆和 AC 反作用力分别 F_{C1} 和 F_{C2}。则滑轮 C 的受力图如图 1.15(d)所示。

(3) 再选销钉 C 为研究对象。销钉 C 连接四个物体，作用于销钉 C 上的力有钢丝绳的拉力 T_C，杆 AC，BC 对销钉 C 的作用力分别为 F'_{C1} 和 F'_{C2}，滑轮 C 对销钉 C 的力为 F_{Cx} 和 F_{Cy}，销钉 C 的受力图如图 1.15(e)所示。

(4) 最后取整体为研究对象，由于铰链 C 处所受的力互为作用力和反作用力的关系，这些力成对的作用在整个系统内，称为内力，在受力图中不必画出，只画出系统以外的物体作用在系统的力(外力)。这个系统中，力 P 和约束反力 F_A、F_B 和 T_D 都是作用于整个系统的外力，因此整个系统的受力图如图 1.15(f)所示。

小 结

1. 基本概念

力、刚体和平衡是静力学的基本概念。

(1) 力对物体有两种效应：外效应和内效应。静力学只研究力的外效应。

(2) 刚体是不变形的物体。它是实际物体的一种抽象化模型。在静力学中视物体为刚体，使得所研究的问题大为简化。

(3) 平衡是指物体相对于地球做匀速直线运动或静止。

2. 静力学公理

静力学公理——静力学的理论基础。

二力平衡公理——最简单力系的平衡条件。

加减平衡力系公理——力系简化的条件。

这两个公理、力的可传性原理和三力平衡汇交定理只适用于刚体，而不适用于变形体。

平行四边形公理表示了最简单力系的合成法则，也是力的分解法则。

这三个公理为力系简化和平衡提供了理论基础。

作用与反作用公理表示了两个物体相互作用时的规律。作用力与反作用力虽然等值、反向、共线，但是分别作用在两个物体上。它不是二力平衡公理中所指的两个作用在同一刚体上的力，因此，不能认为作用力与反作用力互相平衡。公理四与公理一有本质的区别，不能混同。

3. 物体的受力分析

1) 约束与约束反力

限制物体运动的条件称为约束。约束对被约束物体的作用力称为约束反力。使物体有运动变化或运动趋势的力称为主动力。

2) 几种常见类型约束的约束反力

柔性体的约束反力沿柔性体本身且背向被约束物体(拉力)。

光滑接触面的约束反力通过接触点沿接触面公法线，指向被约束物体。

中间铰链的约束反力通过铰链中心，方向待定。通常用两个正交分力来表示，指向任意假定；对于二力构件，应确定铰链反力方位；活动铰支座的约束反力通过铰链中心，垂直于支撑面。

3) 受力图

画受力图是力学中重要的一环。若受力画图错了，必将导致错误的结果。因此，应认真对待，反复练习。

4) 画受力图的步骤

(1) 先根据问题的要求确定研究对象，并将确定的研究对象，从周围物体的约束中分离出来。

(2) 画出已知力，例如重力、载荷等。

(3) 画出约束反力。先分析研究对象和周围物体的连接属于哪类约束，再根据约束性质画约束反力。

5) 要特别注意两点

(1) 确定研究对象，明确分析"谁"的受力情况。

(2) 着重领会受力图的"受"字，只能将研究对象受到的力画在受力图上，不能将研究对象作用给别的物体的力画上去。

思 考 题

1-1 静力学中，哪些公理仅适用于刚体？哪些公理对刚体、变形体都适用？

1-2 说明下列各式的意义和区别：

(1) $F_1 = F_2$；

(2) $\boldsymbol{F}_1 = \boldsymbol{F}_2$；

(3) 力 F_1 等于力 F_2。

1-3 能否说合力一定大于分力？

1-4 什么称为二力构件，分析二力构件受力时与构件的形状有无关系？

1-5 三力平衡汇交定理是否为刚体平衡的充要条件；换言之，作用在刚体上的三力共面且汇交于一点，刚体是否一定平衡？三个汇交力平衡的充要条件是什么？

1-6 根据什么原则确定约束反力的方向，约束有哪几种基本类型？其约束反力方向如何表示？

1-7 如图 1.16 所示，下列各物体的受力图是否有错误？若有错如何改正(各杆自重不计)？

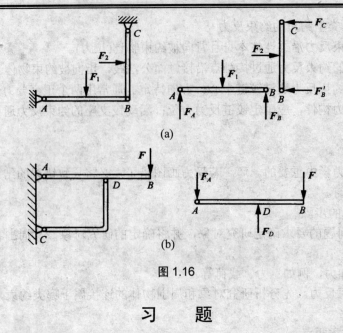

图 1.16

习 题

1-1 如图 1.17 所示，画出物体的受力图。未画重力的物体重量均不计，所有接触处均为光滑接触。

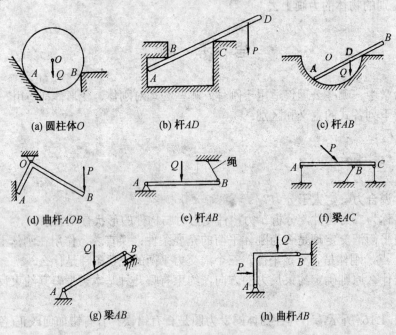

图 1.17

1-2 图 1.18 所示系统中，水平梁上有一起重机，假设起重机两轮与梁为光滑接触，C 为铰链。试画出整体系统和各个构件的受力图。未画重力的物体重量均不计，所有接触处均为光滑接触。

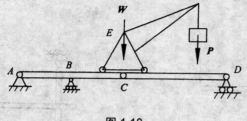

图 1.18

1-3 试画出图 1.19 所示各个物体系统中每个物体的受力图。未画重力的物体重量均不计,所有接触处均为光滑接触。

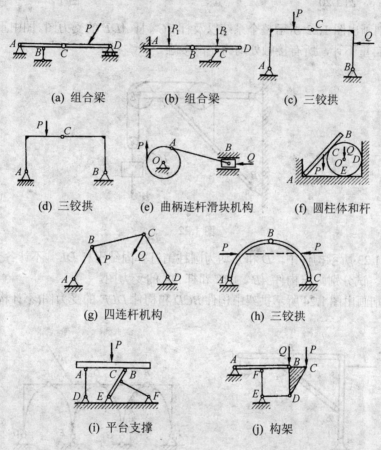

图 1.19

1-4 画出图 1.20 所示各个构件及整个刚架的受力图。各构件的自重不计,所有接触处均为光滑接触。

1-5 根据三力平衡汇交定理,画出图 1.21 所示各个构件的受力图。各构件的自重不计,所有接触处均为光滑接触。

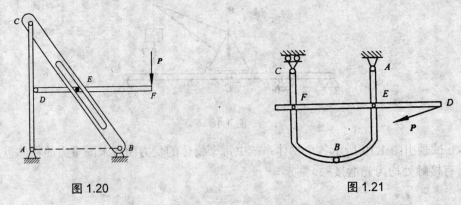

图 1.20　　　　　图 1.21

1-6 试分别画出图 1.22 所示整个系统以及杆 BC、杆 ADE 的受力图。图中重物重为 W，其它各构件的自重不计，所有接触处均为光滑接触。

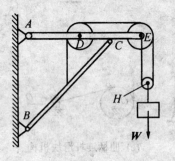

图 1.22

1-7 在图 1.23 所示构件中，D 和 E 均为圆柱销钉并固结于杆 DE。不计各个构架自重，均为光滑连接。试分别画出构件 AB、BC 和杆 DE 的受力图。

1-8 试分别画出图 1.24 所示拱架中构件 BCD 和构件 DEF 的受力图(不计构件自重且均为光滑连接)。

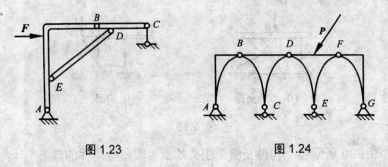

图 1.23　　　　　图 1.24

第 2 章　平面汇交力系和平面力偶系

教学提示：力系有各种不同的类型，因此它们的合成结果和平衡条件也不相同。本章研究平面力系最简单的两种情况——平面汇交力系和平面力偶系的合成和平衡，它们是研究平面一般力系的基础。

教学要求：熟练掌握平面汇交力系的合成的几何法和解析法，能够用平面汇交力系的平衡方程解题。熟悉力矩和力偶的概念、平面力偶系的性质，能够对平面力偶系进行合成，并学会利用平衡条件和平衡方程求解未知力。

2.1　平面汇交力系合成与平衡的几何法

如果一个力系的所有各力的作用线都位于同一平面内，且汇交于一点，则该力系称为平面汇交力系。

2.1.1　平面汇交力系合成的几何法

现在用几何法来研究平面汇交力系的合成。由于作用在刚体上的力可以分别将它们沿其作用线滑移到汇交点，并不影响其对刚体的作用效果，所以平面汇交力系与作用于同一点的平面力系(平面共点力系)对刚体的作用效果是一样的。因此，本章只需研究平面共点力系。

如图 2.1(a)所示，设有一作用于刚体上的平面共点力系 F_1、F_2、F_3。设其作用线共同相交于同一 A 点，求该力系的合力。

可连续应用力的平行四边形法则或三角形法则将各力依次合成。即先将力 F_1 与 F_2 合成为一合力 F_{R1}，再将力 F_{R1} 与 F_3 合成一合力 F_{R2}。这个合力 F_{R2} 就是 F_1、F_2、F_3 的合力。显然合力的作用线必过交点 A，其大小及方向如图 2.1(b)所示。继续采用这种方法，可以把共点力系的全部力合成。实际上，作图时力 F_{R1}、F_{R2} 可不必画出，只要把各力首尾相接，最后连接第一个力的始端与最后一个力的终端的矢量就是合力 F_R，力系中各力称为合力 F_R 的分力，如图 2.1(c)所示。这样作出的多边形就是力多边形。合力就是力多边形的封闭边。这种用力多边形求解合力的方法就是力多边形法则。

可以证明，任意改变力的合成的先后次序，虽然所得到的力的多边形形状不同，但是合力 F_R 完全相同，即力合成的多边形法则合成的合力 F_R 与各个分力合成的先后次序无关。

综上所述，可得到以下结论：平面汇交力系的合成结果为一合力，其大小和方向由力的多边形的封闭边来表示，作用线通过各力的汇交点，即合力等于各个分力的矢量和(或几何和)。矢量式为

$$F_R = F_1 + F_2 + \cdots + F_n = \sum_{i=1}^{n} F_i \tag{2-1}$$

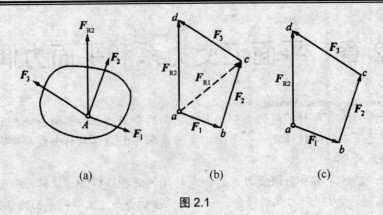

图 2.1

2.1.2 平面汇交力系平衡的几何条件

由力多边形法则知，平面汇交力系可用其合力来代替，显然，平面汇交力系平衡的必要和充分条件是该力系的合力 F_R 等于零。如果用矢量形式表示，即

$$F_R = \sum_{i=1}^{n} F_i = 0 \tag{2-2}$$

而平面汇交力系的合力 F_R 是由力多边形的封闭边来表示的。在平衡的情形下合力 F_R 为零，也就是力多边形中最后一力终点与第一个力的起点重合，此时的力多边形称为封闭的力多边形。于是得到如下结论：平面汇交力系平衡的必要和充分条件是力多边形自行封闭。这就是平面汇交力系平衡的几何条件。

运用平面汇交力系平衡的几何条件求解问题时，需要首先按比例画出封闭的力多边形，然后用尺和量角器在图上量得所要求的未知量；也可根据图形的几何关系，用三角公式计算出所要求的未知量，这种解题方法称为几何法。

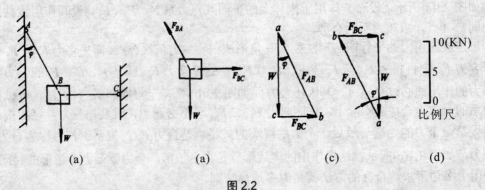

图 2.2

【例 2.1】 一重物 W 重量为 20kN，如图 2.2(a)所示位置平衡。如不计绳索的自重和伸长，BC 处于水平位置，$\varphi = 30°$，试求绳索 AB 和 BC 的张力。

解：选取重物为研究对象，受力图如图 2.2(b)所示，显然这是一个平面汇交力系。

根据平面汇交力系平衡的几何条件，这三个力应构成一个自行封闭的力三角形。如用作图法求解，可按照比例，先画出已知力 $W = ac$，然后过 a、c 两点分别作直线平行于 F_{AB} 和 F_{BC}，这两条直线相交于 b 点，于是得到力的三角形△abc，如图 2.2(c)所示，F_{AB} 和 F_{BC}

的指向应符合首尾相接的规则。然后按照比例尺，可以从力的三角形中得到
$$F_{AB} = 23\text{kN}, \ F_{BC} = 12\text{kN}$$

或者由图 2.2(c)各矢量的三角关系，可得：
$$F_{AB} = \frac{W}{\cos\varphi} = \frac{20}{\cos 30°} = 23.1 kN\ ;\ F_{BC} = \frac{W}{\tan\varphi} = \frac{20}{\tan 30°} = 11.5 kN$$

【例 2.2】 支架的横梁 AB 与斜杆 DC 彼此以铰链 C 相连接，并以铰链 A、D 连接于竖直墙上，如图 2.3(a)所示。已知 $AC = CB$；杆 DC 与水平线成 $45°$；载荷 $P = 10$kN，作用于 B 处。梁和杆的自重忽略不计，求铰链 A 的约束反力和杆 DC 所受的力。

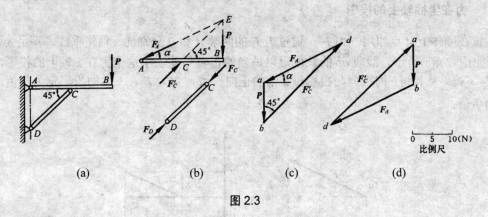

图 2.3

解：(1) 取杆 DC 为研究对象，显然 DC 为二力杆，受力图如图 2.3(b)所示。

(2) 取横梁 AB 为研究对象。横梁在 B 处受载荷 P 作用。在横梁 C 处受到杆 DC 在 C 处的反作用力 F'_C。铰链 A 的约束反力 F_A 的作用线可根据三力平衡汇交定理确定，即通过另两力的交点 E，如图 2.3(b)所示。

根据平面汇交力系平衡的几何条件，这三个力应组成一封闭的力三角形，选定力的比例尺，先画出已知力矢 $ab = P$，再由 a、b 两点分别作直线平行于 AE 和 CE，这两条直线相交于 d 点，由力三角形△abd 封闭的特性，可确定 F_A、F'_C 的指向，如图 2.3(c)所示。

在力三角形中，线段 bd 和线段 da 分别表示力 F'_C 和 F_A 的大小，量出它们的长度，按比例换算可得
$$F_A = 22.4\text{kN}, \ F_C = 28.3\text{kN}$$

根据作用力和反作用力的关系，作用于杆 DC 在 C 端的力 F_C 与 F'_C 的大小相等，方向相反，由此可知杆 DC 是受压杆，如图 2.3(b)所示。

应该指出，封闭的力的多边形也可以根据三角几何关系，作成如图 2.3(d)所示的力三角形，同样可求得力 F_C 和 F_A，且结果相同。

通过以上例题，可知用几何法求解平衡问题的主要步骤如下：

(1) 选取研究对象。根据题意，分析已知量与待求量，选取恰当的平衡物体作为研究对象，并画出分离体简图。

(2) 分析研究对象的受力情况，正确地画出其相应的受力图。在研究对象上，画出其所受的全部外力。若某个约束反力的作用线不能根据约束特性直接确定，而物体又只受三个力作用时，则可根据三力平衡汇交的条件来确定未知力的作用线方位。

(3) 作封闭的力多边形图，求解未知量。可以应用比例尺直接量出待求的未知量，也可以根据几何三角关系计算出来。

2.2 平面汇交力系合成和平衡的解析法

在求解平面汇交力系问题时，除了应用前面所述的几何法以外，比较常用的方法是解析法。解析法是以力在坐标轴上的投影为基础的。为此，先介绍力在坐标轴上的投影。

2.2.1 力在坐标轴上的投影

设在刚体上 A 点作用一力 F，通过力 F 的两端 A 和 B 分别向 x 轴作垂线，垂足为 a 和 b，如图 2.4(a)所示。线段 ab 的长度冠以适当的正负号就表示这个力在 x 轴上的投影，记为 F_x。如果从 a 到 b 的指向与投影轴 x 轴的正向一致，则力 F 在 x 轴的投影定为正值，反之为负值。

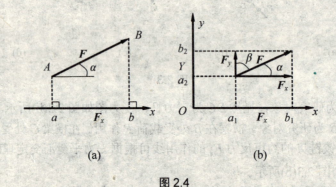

图 2.4

若力 F 与 x 轴之间的夹角为 α，则有

$$F_x = F\cos\alpha \tag{2-3}$$

即力在某轴上的投影，等于力的大小乘以力与该轴的正向间夹角的余弦。当 α 为锐角时，F_x 为正值；当 α 为钝角时，F_x 为负值。可见，力在轴上的投影是个代数量。

为了计算方便，经常需要求力在直角坐标轴上的投影。如图 2.4(b)所示，将力 F 分别在正交的 Ox、Oy 上投影，则有

$$\left. \begin{array}{l} F_x = F\cos\alpha \\ F_y = F\cos\beta \end{array} \right\} \tag{2-4}$$

2.2.2 合力投影定理

设由 F_1、F_2、F_3 组成的平面汇交力系，根据力多边形法则可以将其合成为力的多边形 $ABCD$，如图 2.5 所示。AD 为封闭边，即合力 F_R。任选坐标系 Oxy，将合力 F_R 和各分力 F_1、F_2、F_3 分别向 x 轴投影，得到

$$F_{Rx} = ad, \ F_{x1} = ab, \ F_{x2} = bc, \ F_{x3} = -cd$$

由图可见

$$ad = ab + bc - dc$$

因此，得到
$$F_{Rx} = F_{x1} + F_{x2} + F_{x3}$$

同理，可以得到合力 F_R 在 y 轴上的投影
$$F_{Ry} = F_{y1} + F_{y2} + F_{y3}$$

式中，F_{1y}、F_{2y}、F_{3y} 分别为 F_1、F_2、F_3 在 y 轴上的投影。

若将上述合力投影与分力投影推广到一般平面汇交力系中，得到

$$\left. \begin{array}{l} F_{Rx} = F_{x1} + F_{x2} + \cdots + F_{xn} = \sum_{i=1}^{n} F_{xi} \\ F_{Ry} = F_{y1} + F_{y2} + \cdots + F_{yn} = \sum_{i=1}^{n} F_{yi} \end{array} \right\} \tag{2-5}$$

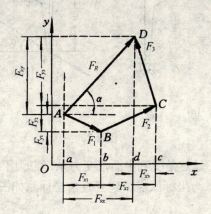

图 2.5

合力投影定理：合力在任一轴上的投影等于各分力在同一轴上的投影的代数和。

由此可得到合力的大小和方向

$$\left. \begin{array}{l} F_R = \sqrt{F_{Rx}^2 + F_{Ry}^2} = \sqrt{\left(\sum F_{xi}\right)^2 + \left(\sum F_{yi}\right)^2} \\ \tan\alpha = \left|\dfrac{F_{Ry}}{F_{Rx}}\right| = \left|\dfrac{\sum F_{yi}}{\sum F_{xi}}\right| \end{array} \right\} \tag{2-6}$$

式中，α 为合力 F_R 与 x 轴之间的锐角。

2.2.3 平面汇交力系的平衡方程

由前面可知，平面汇交力系平衡的必要和充分条件是：力系的合力等于零。由式 2-2 可知，要使合力 $F_R = 0$，需要满足

$$F_R = \sqrt{\left(\sum F_{xi}\right)^2 + \left(\sum F_{yi}\right)^2} = 0 \tag{2-7}$$

所以，满足

$$\left. \begin{array}{l} \sum F_{xi} = 0 \\ \sum F_{yi} = 0 \end{array} \right\} \tag{2-8}$$

由此，可以得到平面汇交力系平衡的必要和充分条件是：各力在 x 轴和 y 轴投影的代数和分别为零。这就是平面汇交力系的平衡方程。这是两个独立方程，因此可以求解两个未知量。

用解析法求解平衡问题时，未知铰链约束反力的方向一般不能直接确定，可以先假设指向，一般假设为坐标轴的正向。如计算结果为正，说明假设方向与实际方向相同；如计算结果为负，说明假设方向与实际方向相反。

【例 2.3】 刚架如图 2.6(a)所示。已知水平力 P，不计刚架自重，试用解析法求 A、B 处支座反力。

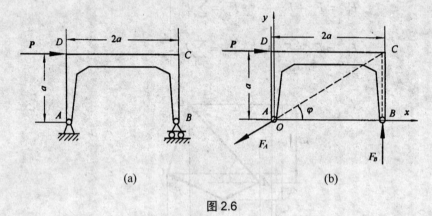

图 2.6

解：对刚架进行受力分析，显然是受到平面汇交力系，三力汇交于 C 点，如图 2.6(b)所示。

建立坐标系：选择 A 点为坐标原点，建立直角坐标系如图 2.6(b)所示。根据平面汇交力系的平衡方程，得

$$\begin{cases} \sum F_{xi} = 0, \ P - F_A \cos\varphi = 0 \\ \sum F_{yi} = 0, \ -F_A \sin\varphi + F_B = 0 \end{cases}$$

式中，$\cos\varphi = \dfrac{2a}{\sqrt{5a^2}} = \dfrac{2\sqrt{5}}{5}$，$\sin\varphi = \dfrac{a}{\sqrt{5a^2}} = \dfrac{\sqrt{5}}{5}$。

所以求得

$$F_A = \frac{\sqrt{5}}{2} P, \quad F_A = \frac{1}{2} P$$

【例 2.4】 一拱形桥由三个铰拱组成，如图 2.7(a)所示。各拱重量不计，已知作用于 H 点的水平力 F_P，试求 A、B、C 和 D 处各个支座反力。

解：分析：为应用平面汇交力系来求解各个支座反力，必须将拱桥拆成四部分进行受力分析。经过受力分析，显然可以确定 AE 为二力杆，因此以此为出发点，其余的三部分分别受到不平行的三个力作用，可以应用三力平衡汇交，从而可以根据主动力 F_P 来确定各个约束反力。

依次取研究对象 AE、EBF、FCG 和 GD，受力图分别如图 2.7(b)、图 2.7(c)、图 2.7(d)、图 2.7(e)所示。为了解题方便，取直角坐标系 Oxy 如图 2.7 所示。

(1) 取 GD 为研究对象，建立平衡方程：

$$\begin{cases} \sum F_{xi} = 0, \ F'_G - F_P \cos 45° = 0 \\ \sum F_{yi} = 0, \ F_P \sin 45° - F_D = 0 \end{cases}$$

解得
$$F_D = F'_G = \frac{\sqrt{2}}{2}F_P$$

(2) 取 FCG 为研究对象，建立平衡方程：
$$\begin{cases} \sum F_{xi} = 0, & F_C \cos 45° - F_G = 0 \\ \sum F_{yi} = 0, & F_C \sin 45° - F_F = 0 \end{cases}$$

解得
$$F_C = F_P, \quad F_F = \frac{\sqrt{2}}{2}F_P$$

(3) 取 EBF 为研究对象，建立平衡方程：
$$\begin{cases} \sum F_{xi} = 0, & F'_E - F_B \cos 45° = 0 \\ \sum F_{yi} = 0, & F'_F - F_B \sin 45° = 0 \end{cases}$$

解得
$$F_B = F_P, \quad F'_E = \frac{\sqrt{2}}{2}F_P$$

(4) 最后，取 AE 为研究对象。AE 为二力杆，显然有
$$F_A = F_E = \frac{\sqrt{2}}{2}F_P$$

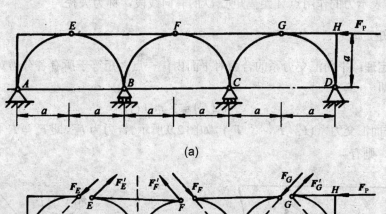

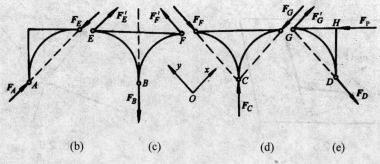

图 2.7

注意：解题过程中，建立坐标系时，坐标轴尽可能与未知力垂直或平行。

2.3 力矩和合力矩定理

2.3.1 力对点之矩

在生产实践中，人们使用杠杆、滑轮等简单机械搬运或提升重物，以及用扳手旋动螺帽，形成了力对点之矩这一概念。如图 2.8 所示，平面上有一作用力 F，在同平面内任取一点 O，O 点称为矩心，O 点到力的作用线的垂直距离 h 称为力臂，则在平面问题中力对点之矩的定义如下。

力对点之矩是一个代数量，其绝对值等于力的大小与力臂的乘积，其正负习惯上按下述方法确定：力使物体绕矩心逆时针转动时为正，反之为负。记作：

$$m_O(F) = \pm F \cdot h \tag{2-9}$$

由定义可知，力矩是相对某一矩心而言的，离开了矩心，力矩就没有意义。而矩心的位置可以是力作用面内任一点，并非一定是刚体内固定的转动中心。

从几何上看，力 F 对 O 点的矩在数值上等于 OAB 面积的 2 倍，如图 2.8 所示。显然，当力沿作用线移动时，力对点之矩保持不变；当力的作用线过矩心，则它对矩心的力矩为零。

在国际单位制中，力矩的单位是牛[顿]米($N \cdot m$)或千牛[顿]米($kN \cdot m$)。

力对点之矩可用矢量积来表示，即

$$m_O(F) = |r \times F| \tag{2-10}$$

其中，r 表示力的作用点 A 距离矩心 O 的有向线段，称为矢径。

2.3.2 合力矩定理

合力矩定理：平面汇交力系的合力对平面内任一点之矩等于所有各分力对同一点之矩的代数和，即

$$m_O(F) = \sum m_O(F_i)$$

证明：平面汇交力系 $(F_1, F_2, \cdots, F_n)$，如图 2.9 所示。合力为 F_R，即 $F_R = F_1 + F_2 + \cdots + F_n$，任取矩心 O，则有

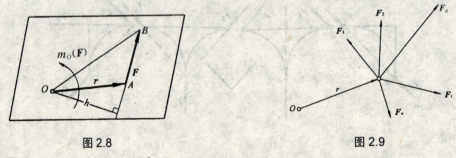

图 2.8　　　　　　　　　　图 2.9

$$m_O(F_R) = |r \times F| = |r \times (F_1 + F_2 + \cdots F_n)| = |r \times F_1 + r \times F_2 + \cdots + r \times F_n|$$
$$= m_O(F_1) + m_O(F_2) + \cdots + m_O(F_n) = \sum m_O(F_i) \tag{2-11}$$

因此定理得证。

此定理不仅对平面汇交力系适用，对于其他平面力系也适用。

2.4 力偶和力偶矩

在实践中，汽车司机用双手转动转向盘，如图 2.10(a)所示；钳工用丝锥攻螺纹，如图 2.10(b)以及日常生活中人们用手拧水龙头开关，用手指旋转钥匙，等等。都是施加力偶的实例。其中作用于转向盘、丝锥扳手和水龙头开关的力分别成对出现，它们大小相等，方向相反，作用线平行。力学中，把这些成对的平行力作为整体来考虑。

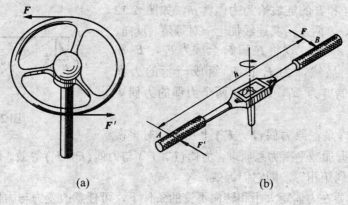

图 2.10

2.4.1 力偶

由大小相等，方向相反，作用线平行的二力组成的力系称为力偶，如图 2.11 所示。力偶与力一样，也是力学中的一种基本物理量。力偶用符号 (F, F') 表示。力偶所在的平面称为力偶作用面，力偶的二力间的垂直距离称为力偶臂，记为 h。

由力偶的性质可知，力偶不能和一力等效，即力偶不能合成为一个合力，或者说力偶无合力，所以一个力偶不能与一力相平衡，力偶只能与力偶相平衡。

2.4.2 力偶矩

由于力偶无合力，因而力偶对刚体不产生移动效应。实践证明力偶只能使刚体产生转动效应。力偶对刚体的这种转动效应可用力偶矩来度量，即用力偶的两个力对其作用面内某点之矩的代数和来度量。

设有力偶 (F, F')，其力偶臂为 h，如图 2.11 所示。力偶对 O 点之矩为 $m_O(F, F')$，则有

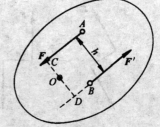

图 2.11

$$m_O(F, F') = m_O(F) + m_O(F') = F \cdot OC + F \cdot OD = F(OC + OD) = F \cdot h \tag{2-12}$$

由于矩心 O 是任选的，可见，力偶的作用效应取决于力的大小和力偶臂的长短以及转向，而与矩心的选择无关。因此力学中把力与力偶臂的乘积并冠以正负号称为力偶矩，记作 $m(F, F')$，简记为 m，即

$$m(F, F') = m = \pm F \cdot h \tag{2-13}$$

因此，可以得到以下结论：平面力偶矩是一个代数量，其绝对值等于力的大小和力偶臂的乘积，正负号表示力偶的转向。通常规定逆时针为正，反之为负。与力矩单位一样，力偶矩的单位是 N·m 或 kN·m。

2.4.3 力偶等效定理

力偶等效定理：在同一平面内的两个力偶，只要力偶矩大小相等，转向相同，则两个力偶必然等效。

证明：设有一力偶 (F, F')，作用于刚体上，其力 F 和 F' 的作用点 A 和 B 的连线恰为力偶臂 d，如图 2.12 所示。分别在 A、B 两点沿其连线加上一对等值、反向、共线的平衡力 F_T 和 F_T'。现将 F 和 F_T 合成为 F_1，F' 和 F_T' 合成为 F_1'。显然，力 F_1 和 F_1' 组成一新的力偶 (F_1, F_1')，其力偶臂为 d_1，而且这两个力偶的力偶矩相等。

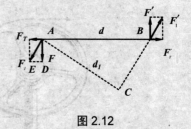

图 2.12

力偶 (F_1, F_1') 是在原力偶 (F, F') 上加上一对平衡力而得到的，根据加减平衡力系原理，力偶 (F, F') 与力偶 (F_1, F_1') 等效。这就证明了共面的两个力偶的力偶矩相等，即它们等效。

推论 1：只要在力偶矩大小和转向不变的条件下，可任意改变力与力偶臂大小，而不改变力偶对刚体的效应，如图 2.13(c)、图 2.13(d)所示。

推论 2：力偶可以在作用面内任意移转，而不影响它对物体的作用效应。换句话说，力偶对刚体的作用效果与它在作用面内的位置无关，如图 2.13(a)、图 2.13(b)所示。

由此可见，力偶中力的大小和力偶臂的长短都不是力偶的特征量。力偶矩才是力偶作用效果的唯一度量。因此常用图 2.13(e)所示符号表示力偶，其中 m 表示力偶矩的大小，带箭头的圆弧线表示力偶的转向。

应当注意，以上结论不适合用于变形体效应的研究。

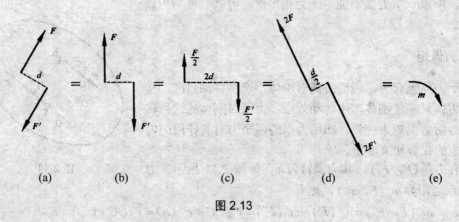

图 2.13

2.5 平面力偶系的合成和平衡的条件

2.5.1 平面力偶系的合成

设在同一平面内有两个力偶 (F_1, F_1') 和 (F_2, F_2')，它们的力偶臂各为 d_1 和 d_2，如图 2.14(a)所示。这两个力偶的矩分别为 m_1 和 m_2，求它们的合成结果。

为此，在保持力偶矩不变的情况下，同时改变这两个力偶的力的大小和力偶臂的长短，使它们具有相同的臂 d，并将它们在平面内移转，使力的作用线重合，如图 2.14(b)所示。然后求各共线力系的代数和，每个共线力系得一个合力，这两个合力等值、反向、平行，距离为 d，构成一个与原力偶系等效的合力偶，如图 2.14(c)所示。其力偶矩为

$$m(F, F') = F \cdot d = \sum_{i=1}^{n} m_i \qquad (2\text{-}14)$$

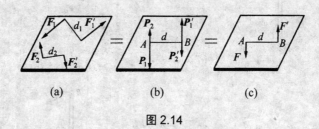

图 2.14

由此可知：平面力偶系可以用一个合力偶等效代替，其合力偶矩等于原来各个分力偶的代数和。

2.5.2 平面力偶系的平衡条件

由平面力偶系的合成结果可知，力偶系平衡时，其合力偶矩等于零；反过来合力偶矩等于零，则平面力偶系平衡。因此平面力偶系平衡的必要和充分条件是：合力偶矩的代数和等于零。即

$$\sum m_i = 0 \qquad (2\text{-}15)$$

这就是平面力偶系的平衡方程。应用这个平衡方程可以求解一个未知量。

【例 2.5】 简支梁 AB，如图 2.15(a)所示，其上作用一力偶矩 m 的力偶，已知梁长为 L，不计自重，求支座反力。

解：取梁 AB 为研究对象。作用于梁上的力只有力偶矩 m 的力偶和 A、B 处的约束反力。B 处反力的方位垂直于支撑面法线方向，指向假设向下，如图 2.15(b)所示。根据平面力偶平衡条件，A 处反力和 B 处反力必组成一力偶，列出平面力偶系平衡方程：

$$\sum m_i = 0, \quad F_A \cdot L - m = 0$$

解得

$$F_A = F_B = \frac{m}{L}$$

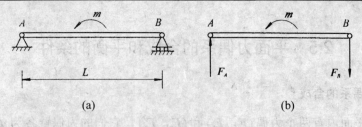

图 2.15

【例 2.6】 铰接四杆机构 $OABO_1$ 在图示位置平衡,如图 2.16(a)所示。已知:$OA = 40\text{cm}$,$O_1B = 60\text{cm}$,作用在 OA 上的力偶的力偶矩 $m_1 = 1\text{N} \cdot \text{m}$。试求力偶矩 m_2 的大小和杆 AB 所受的力,各杆自重均不计。

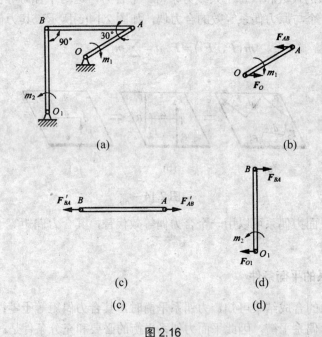

图 2.16

解:(1) 选取 OA 杆为研究对象。AB 杆是二力杆,假设 AB 受力图如图 2.16(c)所示。对 OA 进行受力分析,受到矩为 m_1 的力偶,由于 OA 两个点约束,故 OA 杆受力组成一力偶(F_O,F_{AB}) OA 杆受力图如图 2.16(b)所示。

根据平面力偶系的平衡条件列方程:
$$\sum m_i = 0, \quad F_{AB} \cdot OA \sin 30° - m_1 = 0$$
解得
$$F_{AB} = 5\text{N}$$

(2) 选取 O_1B 杆为研究对象。O_1B 杆受力图如图 2.16(d)所示。列平衡方程:
$$\sum m_i = 0, \quad m_2 - F_{BA} \cdot O_1B = 0$$
解得
$$m_2 = 3\text{N} \cdot \text{m}$$

小　结

(1) 平面汇交力系合成

平面汇交力系合成为一个合力 F_R，合力等于各个分力的矢量和，即

$$F = F_1 + F_2 + \cdots + F_n = \sum_{i=1}^{n} F_i$$

① 几何法：用力多边形的封闭边来表示合力 F_R 的大小和方向。

② 解析法：合力的大小和方向的计算公式

$$F_R = \sqrt{F_{Rx}^2 + F_{Ry}^2} = \sqrt{\left(\sum F_{xi}\right)^2 + \left(\sum F_{yi}\right)^2}$$

$$\tan\alpha = \left|\frac{F_{Ry}}{F_{Rx}}\right| = \left|\frac{\sum F_{yi}}{\sum F_{xi}}\right|$$

(2) 平面汇交力系平衡

平面汇交力系平衡的充要条件是合力 F_R 为零。

① 几何法：力的多边形自行封闭。

② 解析法：平面汇交力系的平衡方程

$$\begin{cases} \sum F_{xi} = 0 \\ \sum F_{yi} = 0 \end{cases}$$

(3) 力矩

力矩是衡量力对物体转动效应的度量。计算公式

$$m_O(F) = \pm F \cdot h$$

(4) 力偶和力偶矩的概念

① 大小相等，方向相反，且作用线平行的二力组成的力系称为力偶。

② 力偶无合力，因而力偶对刚体不产生移动效应。因此不能用一个力与之平衡。

③ 在同一平面内的两个力偶，只要力偶矩大小相等，转向相同，则两个力偶必然等效。

(5) 平面力偶系的合成

平面力偶系可以合成一个合力偶，合力偶矩等于各个力偶矩的代数和。即

$$m = \sum m_i$$

(6) 平面力偶系的平衡方程

$$\sum m_i = 0$$

思　考　题

2-1 试指出图 2.17 所示各力的多边形中，哪个是自行封闭的？哪个不是自行封闭的？并指明哪些力是分力？哪些力是合力？

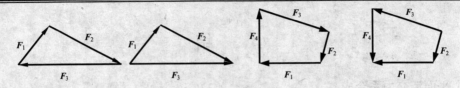

图 2.17

2-2 试写出图 2.18 所示各力在 x 轴和 y 轴的投影的计算式。

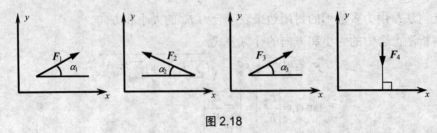

图 2.18

2-3 若选择在同一平面内既不平行又不垂直的两轴 x 和 y 作为坐标轴,如图 2.19 所示,且物体上的平面汇交力系满足方程式:$\sum F_{xi}=0$,$\sum F_{yi}=0$。能否说明该物体一定平衡?为何?

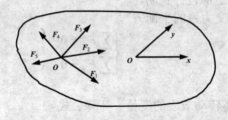

图 2.19

2-4 用解析法求平面汇交力系的合力时,是否一定应用直角坐标系?若取不同的直角坐标系,所得的合力是否相同?

2-5 用解析法求解平面汇交力系的平衡问题时,投影轴 x 和 y 是否一定要相互垂直?为何?

2-6 试比较力矩与力偶矩二者的异同?

2-7 力偶可否用一个力来平衡?为何?

2-8 图 2.20(a)所示刚体受同一平面内的两力偶 (F_1,F_3) 和 (F_2,F_4) 的作用,其力的多边形自行封闭,如图 2.20(b)所示。试问物体是否处于平衡?为何?

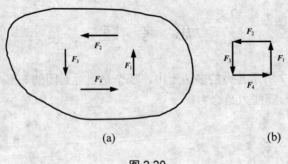

图 2.20

2-9 若有两力偶 (F_1,F_1') 和 (F_2,F_2')，其中 $F_1=10\text{kN}$，$F_2=15\text{kN}$，能否说力偶 (F_2,F_2') 对物体的作用效果比 (F_1,F_1') 的作用效果大？应该怎样比较两力偶对物体的转动效果？

习　题

2-1 铆接薄板在孔心 A、B 和 C 处受三力作用，如图所示，$P_1=100\text{N}$ 沿竖直方向向上；$P_3=50\text{N}$，沿水平方向，并通过 A 点；$P_2=50\text{N}$，力的作用线通过 B 点也通过 A 点，距离水平和竖直方向的投影分别为 6cm 和 8cm，求力系的合力。

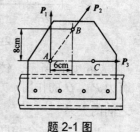

题 2-1 图

2-2 如图所示四个支架，在销钉上作用有一竖直力 P。如各杆自重不计，试分析 AB 和 AC 所受的力，并说明是拉力还是压力。

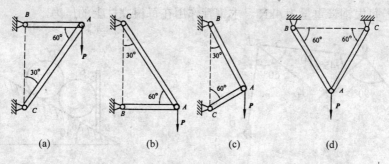

题 2-2 题

2-3 如图所示，梁 AB 中点作用一力 $P=20\text{kN}$，力 P 与梁的轴线组成 45°夹角。若梁自重不计，试求(a)和(b)两种情况各支座的约束反力。

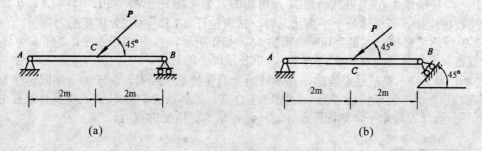

题 2-3 图

2-4 图示拱架，中间铰链连接，AC 受到一竖直方向力 P 的作用。如不计自重，求铰链支座 A、B、C 的约束反力。

2-5 如图所示拱架，受到水平力 F 的作用。若不计自重，求铰链支座 A 和 B 的约束反力。

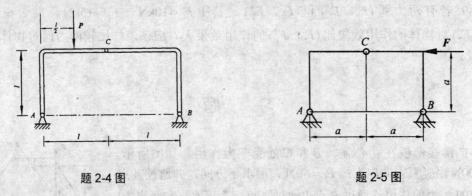

题 2-4 图　　　　　　　　　　题 2-5 图

2-6　如图所示，铰接四杆机构 $CABD$ 的 C、D 端通过固定铰链连接，在铰链 A、B 处有力 P、Q 的作用，方向如图 2.26 所示。如不计各杆自重，求机构处于平衡状态时 P、Q 之间的关系。

2-7　两根完全相同的钢管 C 和钢管 D 搁在斜坡上，钢管 C 用两根铅垂立柱挡住两端，如图所示，若每根钢管重量为 4kN。求钢管作用在每根立柱上的压力。

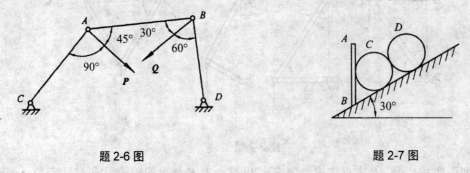

题 2-6 图　　　　　　　　　　题 2-7 图

2-8　物体重量 $W=20\text{kN}$，用绳子挂在支架的滑轮 B 上，绳子的另一端接在绞车 D 上。如图所示。转动绞车，物体便能升起。设滑轮的大小及其中的摩擦略去不计，A、B、C 三处均为铰链连接。当物体处于平衡状态时，试求拉杆 AB 和支杆 CB 所受的力。

2-9　一组绳悬挂一重量为 1kN 的重物 M，如图所示，1、3 绳子水平，2 和 4 绳与水平和竖直方向夹角分别为 $\alpha=45°$，$\beta=30°$，求各段绳子的拉力。

2-10　为了将木桩从地中拔出，在木桩的上端 A 处系一绳索，绳子另一端固定在 B 处，然后在 C 点系另一绳子，绳子另一端固定在 D 点。如体重 $P=700\text{N}$ 的人将身体悬在 E 点，使绳子铅垂，CE 段水平，如图所示，$\alpha=4°$，求木桩所受的拉力。

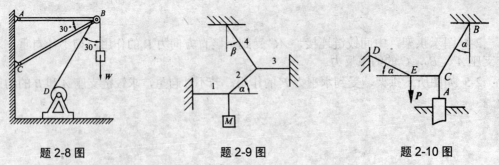

题 2-8 图　　　　　题 2-9 图　　　　　题 2-10 图

2-11　求图中 P 对 O 点之矩。已知受力 P，尺寸如图示。

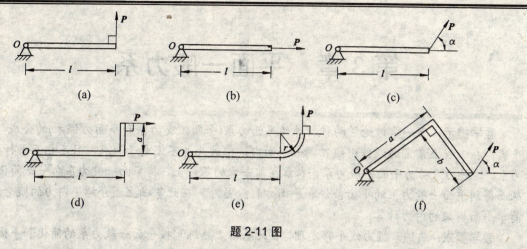

题 2-11 图

2-12 如图所示，减速箱的两个外伸轴上分别作用有力偶，其力偶矩为 $m_1 = 2000\text{N}\cdot\text{m}$，$m_2 = 1000\text{N}\cdot\text{m}$，减速箱用两个相距 400mm 的螺钉 A 和螺钉 B 固定在地面上。求螺钉 A 和螺钉 B 处的垂直约束力。

2-13 已知：杆重不计，力偶矩 M，尺寸 a，如图所示。求 A、B、C 三处约束反力。

2-14 如图所示曲柄滑道机构中，杆 AE 上有一导槽，套在杆 BD 上的销钉 C 上，销钉 C 可在光滑的导槽内滑动，已知 $m_1 = 4\text{kN}\cdot\text{m}$，方向如图 2.34，$AB = 2\text{m}$，$\theta = 30°$，AE 处于水平位置时，系统平衡。求 m_2 及铰链 A 和 B 处的约束反力。

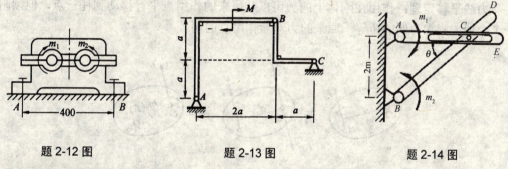

题 2-12 图　　　　题 2-13 图　　　　题 2-14 图

2-15 十字形杆的支撑和受力情况如图所示，已知 $F_1 = F_1' = 50\text{kN}$，$F_2 = F_2' = 20\text{kN}$，A 和 B 处可视为活动铰支，若不计杆自重。求两处的约束反力。

2-16 杆 AB 和 CD 在 C 处光滑接触，它们分别受力偶矩为 m_1 和 m_2 的力偶的作用，转向如图所示。求比值 m_1/m_2 多大时机构才处于平衡状态？

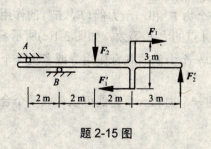
题 2-15 图

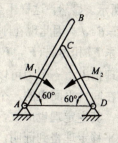
题 2-16 图

第3章 平面一般力系

教学提示：上一章讨论了两种特殊的平面力系(平面汇交力系和平面力偶系)的合成与平衡。在工程上常常遇到作用线在同一平面内，但彼此并不汇交于一点，且不相互平行的力系，这种力系称为平面一般力系。本章在前一章的基础上，将平面一般力系向一点简化，从而得到平面一般力系的平衡条件和平衡方程。另外，在此基础上还介绍了内力的概念和简单平面桁架的内力计算。

教学要求：熟练掌握力线平移定理，在此基础上熟练掌握平面一般力系的简化和平衡，并能根据平衡条件求解单个物体和简单物体系统的平衡问题。

3.1 力线平移定理

平面一般力系的合成有多种方法，一般采用将平面力系向一点简化的方法。在讲述这个方法以前，先引入力线平移定理。

力线平移定理：作用在刚体上的力可以从原来的作用点平行移动到任一点，但须附加一个力偶，附加力偶的矩等于原来的力对新作用点的矩。

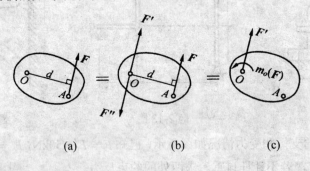

图 3.1

证明：设在刚体上某点 A 作用一力 F，如图 3.1(a)所示。为了使这个力平行移动到刚体内任意给定的一点 O 上，则在 O 点加上一对平衡力 (F', F'')，并使得 $F' = -F'' = F$，如图 3.1(b)所示。显然，这样不会改变原力系对刚体的效应。而 (F, F'') 组成一力偶，力偶矩为 $m_O(F) = F \cdot d$。因此现在刚体可以看成受一个力 F' 和一个力偶 (F, F'') 的作用。所以在 O 点的力系 F' 和力偶 (F', F'') 与原来作用在 A 点的力 F 等效，如图 3.1(c)所示。

该定理指出，一个力可以等效为一个力和一个力偶的联合作用，或者说一个力可以分解为作用在同一平面内的一个力和一个力偶。

反之，其逆定理也成立，即同一平面内的一个力和一个力偶可以合成一个合力。可以根据力线平移定理得到证明，这里不再赘述。

力线平移定理的应用：在钳工台上攻螺纹时，必须两手握扳手，而且用力要相等。如果用单手攻螺纹，如图 3.2(a)所示，由于作用在扳手 AB 一端的力 F 向 C 点简化的结果为一个力 F' 和一个力偶矩 m，如图 3.2(b)所示。力偶使丝锥转动，而力 F' 却往往使攻螺纹不正，影响加工精度，而且丝锥易折断。这就是为什么攻螺纹时，必须两手握扳手，而且用力要相等的原因。

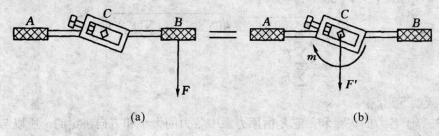

图 3.2

3.2 平面一般力系向平面内一点的简化·主矢和主矩

设一刚体受平面一般力系作用，各力分别为 F_1，F_2，$\cdots$，F_n，如图 3.3(a)所示。

下面将该力系向平面内某一点进行简化。应用力线平移定理，任取平面内一点作为简化中心 O，则各力向 O 点平移并附加一力偶，于是得到一个作用于 O 点的平面汇交力系 F'_1，F'_2，$\cdots$，F'_n 和力偶矩为 m_1，m_2，$\cdots$，m_n 的平面力偶系，如图 3.3(b)所示。因此平面一般力系的简化就转化为此平面内的平面汇交力系和平面力偶系的合成。然后将平面汇交力系和平面力偶系合成，就得到作用于 O 点的力 F'_R 和力偶矩为 M_O 的一个力偶，如图 3.3(c)所示。

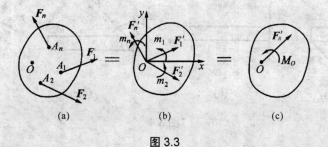

图 3.3

根据平面汇交力系合成，得到

$$F'_R = F'_1 + F'_2 + \cdots + F'_n = F_1 + F_2 + \cdots + F_n = \sum F_i \tag{3-1}$$

F'_R 为该力系的主矢。显然，主矢 F'_R 的大小与方向均与简化中心的位置无关。另外，根据平面力偶系合成的理论，则有：

$$M_O = m_1 + m_2 + \cdots + m_n \tag{3-2}$$

而各附加力偶矩分别等于原来各力分别对于 O 点之矩，故

$$M_O = m = m_O(F_1) + m_O(F_2) + \cdots + m_O(F_n) = \sum m_O(F) \tag{3-3}$$

M_O 称为该力系对于简化中心 O 的主矩。主矩与简化中心的位置有关，取不同的点为

简化中心,即各力对简化中心的矩也就不同,因而主矩也就不同。

为了计算主矢和主矩,常用解析法。通过简化中心 O 建立直角坐标系 xOy,如图 3.3(b) 所示。将主矢 F'_R 及各个力分别向两个坐标轴投影,则有

$$F'_{Rx} = \sum F_{xi}, \quad F'_{Ry} = \sum F_{yi} \tag{3-4}$$

这样,可以得到主矢 F'_R 的大小和方向为

$$\left. \begin{array}{l} F'_R = \sqrt{{F'_{Rx}}^2 + {F'_{Ry}}^2} = \sqrt{\left(\sum F_{xi}\right)^2 + \left(\sum F_{yi}\right)^2} \\ \tan\alpha = \dfrac{\sum F_{yi}}{\sum F_{xi}} \end{array} \right\} \tag{3-5}$$

必须注意以下几点:

(1) 主矢等于各力的矢量和,它是由原力系中各力的大小和方向决定的,所以与简化中心的位置无关。

(2) 主矩等于各力对简化中心的矩的代数和。简化中心选择不同时,各力对简化中心的矩也不同,所以在一般情况下主矩与简化中心的位置有关。以后在说到主矩时,必须指出是力系对哪一点的主矩。

(3) 主矩表达式 $M_O = \sum m_O(F)$ 中既包含力偶矩,又包含力对点的矩。

工程中,固定端约束也是一种常见的约束。例如插入地基中的电线杆。这类物体连接方式的特点是连接处刚性很大。两物体既不能产生相对平动,也不能产生相对转动,这种约束称为固定端约束,如图 3.4(a)所示。计算时所用的计算简图如图 3.4(b)所示,可以根据平面一般力系向一点简化的方法来分析,将任意分布的平面约束反力系简化为一个力和一个力偶矩,如图 3.4(c)所示。这个力的大小和方向为未知量,一般用两个分力来代替。因此对于 A 端平面固定端约束可以简化两个约束反力 F_{Ax}、F_{Ay} 和一个反力偶矩 m_A,如图 3.4(d)所示。

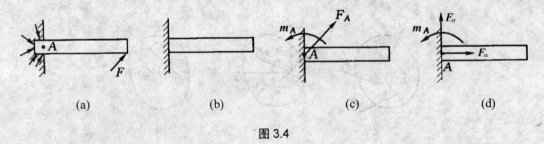

图 3.4

3.3 平面一般力系的简化结果分析

平面力系向刚体上任意一点简化可得力系的主矢和主矩,如图 3.5(a)所示,但这并不一定是力系简化的最终的最简单的结果。下面由这两个基本物理量来讨论力系简化的最后结果。

(1) 当 $F'_R = 0$,$M_O = 0$ 时,说明原力系处于平衡状态。

(2) 当 $F'_R = 0$,$M_O \neq 0$ 时,则原力系与一力偶等效,此力偶称为平面力系的合力偶,其力偶矩等于主矩,即 $M_O = \sum m_O(F)$。由力偶的性质可知,这种情形主矩与简化中心的选

取无关。

(3) $F_R' \neq 0$，$M_O = 0$，则原力系等效于作用线过简化中心的一个合力。合力矢 F_R 由力系的主矢 F_R' 确定，即 $F = F_R'$。

(4) $F_R' \neq 0$，$M_O \neq 0$，这种情形还可以作进一步简化。根据力的平移定理知，F_R' 和 M_O 可以由一个合力 F_R 等效替换，且 $F_R' = F_R$，但是其作用线不过简化中心 O，如图 3.5(b)所示。若设合力作用线到简化中心 O 的距离为 d，则 $d = \dfrac{M_O}{F_R'}$。图 3.5 可说明上述简化过程。

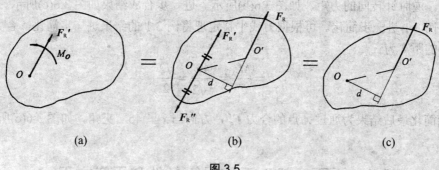

图 3.5

由图 3.5 可得

$$M_O(F_R) = \sum m_O(F_R) \tag{3-6}$$

合力矩定理：平面一般力系简化为一合力，则合力对于该力系平面内任意一点之矩等于各分力对于同一点之矩的代数和。

【例 3.1】 已知 $F_1 = 2\text{kN}$，$F_2 = 4\text{kN}$，$F_3 = 10\text{kN}$，三力分别作用在边长为 a 的正方形的 C、O、B 三点上，如图 3.6(a)所示。试将此力系向 O 点简化。

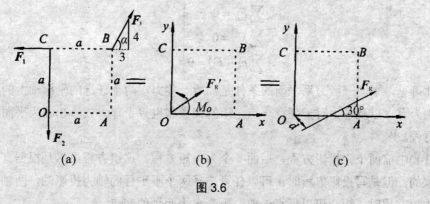

图 3.6

解：任取一点 O 作为简化中心，将各力向此点简化，则有

$$F_{Rx}' = \sum F_{xi} = -F_1 + F_3 \cos\alpha = (-2 + 10 \times \frac{3}{5})\text{kN} = 4\text{kN}$$

$$F_{Ry}' = \sum F_{yi} = -F_2 + F_3 \sin\alpha = (-4 + 10 \times \frac{4}{5})\text{kN} = 4\text{kN}$$

所以

$$F'_R = \sqrt{\left(\sum F_{xi}\right)^2 + \left(\sum F_{yi}\right)^2} = 4\sqrt{2}\text{kN}$$
$$M_O = \sum m_O(\boldsymbol{F}) = F_1 \cdot a + F_3 \cdot a\sin\alpha - F_3 \cdot a\cos\alpha = 4a\text{kN} \cdot \text{m}$$
$$\tan\alpha = \left|\frac{\sum F_{yi}}{\sum F_{xi}}\right| = 1$$

所以与 x 轴夹角为 $45°$。

力系向 O 点简化的结果为一个大小为 $4\sqrt{2}\text{kN}$、与 x 轴呈 $45°$ 角的力 $\boldsymbol{F}'_R$，以及一个矩为 $4a\text{kN} \cdot \text{m}$，逆时针转向的力矩，如图 3.6(b)所示。进一步合成结果如图 3.6(c)所示。

如将例 3.1 进一步简化。可根据力线平移定理将例 3.1 的结果进一步简化，合力 $\boldsymbol{F}'$ 到简化中心的距离为

$$d = \frac{M_O}{F_R} = \frac{4a}{4\sqrt{2}} = \frac{\sqrt{2}}{2}a$$

力系简化最后结果为通过 A 点的合力 $\boldsymbol{F}'_R$，方向与 x 呈 $45°$ 夹角，如图 3.6(c)所示。

3.4 平面一般力系的平衡条件和平衡方程

平面一般力系的主矢和主矩同时等于零时，刚体处于平衡状态，即

$$\left.\begin{array}{l} F'_R = \sqrt{\left(\sum F_{xi}\right)^2 + \left(\sum F_{yi}\right)^2} = 0 \\ M_O = \sum m_O(\boldsymbol{F}) = 0 \end{array}\right\} \quad (3\text{-}7)$$

因此，需要满足

$$\left.\begin{array}{l} \sum F_{xi} = 0 \\ \sum F_{yi} = 0 \\ \sum m_O(\boldsymbol{F}) = 0 \end{array}\right\} \quad (3\text{-}8)$$

由此可见，平面一般力系平衡的条件是：所有各力在两个任选的坐标轴上的投影的代数和分别为零，以及各力对于任意一点之矩的代数和也等于零。式(3-8)即为平面一般力系的平衡方程。

式(3-8)中前两个为投影方程，后面一个为力矩方程。这组方程虽然是根据直角坐标系推导出来的，但是写投影方程时，可以任意选择两个不平行的轴为投影轴，两轴不一定垂直；写力矩方程时，矩心可以任意选取，不一定为两轴的交点。

【**例 3.2**】 悬臂吊车如图 3.7(a)所示，横梁 AB 长 $l = 2.5\text{m}$，重量 $P = 1.2\text{kN}$，拉杆 CB 的倾角为 $\alpha = 30°$，不计重量。载荷 $Q = 7.5\text{kN}$，求在图示位置 $a = 2\text{m}$ 时，拉杆的拉力和铰链 A 处的约束反力。

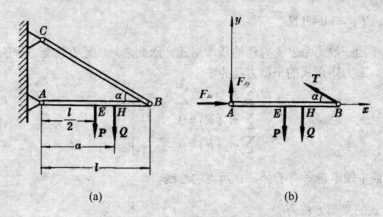

图 3.7

解：(1) 选取梁 AB 作为研究对象。

(2) 进行受力分析，画受力图，如图 3.7(b)所示。

(3) 建立坐标系如图 3.7(b)所示，根据平衡条件列平衡方程

$$\sum F_{xi}=0, \quad F_{Ax}-T\cos\alpha=0 \tag{a}$$

$$\sum F_{yi}=0, \quad F_{Ay}-P-Q+T\sin\alpha=0 \tag{b}$$

$$\sum m_A(\boldsymbol{F})=0, \quad T\sin\alpha \cdot l - P\frac{l}{2} - Q\cdot a = 0 \tag{c}$$

代入数值，解得

$$F_{Ax}=11.43\text{kN}, \quad F_{Ay}=2.1\text{kN}, \quad T=13.2\text{kN}$$

在本题中，写出对某一轴的投影方程和对 A、B 两点的力矩方程，同样可以求解，即

$$\sum F_{xi}=0, \quad F_{Ax}-T\cos\alpha=0 \tag{d}$$

$$\sum m_A(\boldsymbol{F})=0, \quad T\sin\alpha \cdot l - P\frac{l}{2} - Q\cdot a = 0 \tag{e}$$

$$\sum m_B(\boldsymbol{F})=0, \quad P\frac{l}{2} + Q\cdot(l-a) - F_{Ay}\cdot l = 0 \tag{f}$$

由(e)解得，$T=13.2\text{kN}$。
由(f)解得，$F_{Ay}=2.1\text{kN}$。
由(d)解得，$F_{Ax}=11.43\text{kN}$。

如写出对 A、B、C 三点的力矩方程，同样可以求解，即

$$\sum m_A(\boldsymbol{F})=0, \quad T\sin\alpha \cdot l - P\frac{l}{2} - Q\cdot a = 0 \tag{g}$$

$$\sum m_B(\boldsymbol{F})=0, \quad P\frac{l}{2} + Q\cdot(l-a) - F_{Ay}\cdot l = 0 \tag{h}$$

$$\sum m_C(\boldsymbol{F})=0, \quad F_{Ax}\tan\alpha \cdot l - P\frac{l}{2} - Q\cdot a = 0 \tag{i}$$

由(g)解得，$T=13.2\text{kN}$。

由(h)解得，$F_{Ay}=2.1\text{kN}$。

由(i)解得，$F_{Ax}=11.43\text{kN}$。

式(3-8)是平面一般力系平衡方程的基本形式，除此之外，还有平衡方程的二力矩形式和三力矩形式。二力矩形式的平衡方程为

$$\left.\begin{array}{l}\sum F_{xi}=0 \text{或} \sum F_{yi}=0 \\ \sum m_A(\boldsymbol{F})=0 \\ \sum m_B(\boldsymbol{F})=0\end{array}\right\} \tag{3-9}$$

其中 x 轴或 y 轴不得垂直于 A、B 两点的连线。

三力矩形式的平衡方程为

$$\left.\begin{array}{l}\sum m_A(\boldsymbol{F})=0 \\ \sum m_B(\boldsymbol{F})=0 \\ \sum m_C(\boldsymbol{F})=0\end{array}\right\} \tag{3-10}$$

三力矩形式的平衡方程是任选不在同一直线上的三点 A、B 和 C 为矩心而得到的平衡方程。

尽管平衡方程可以写成不同的形式，但是平面一般力系的独立方程只有三个，因此只能求解三个未知数。为了简化计算，可以适当地选取投影轴和矩心(投影轴的选取应选取尽可能使更多的力在投影轴上，矩心应尽量选择力的交汇处)，尽可能使一个方程中只有一个未知量，尽量不解或少解联立方程组。例 3.2 就说明这一点，列出三力矩形式就避免了联立方程求解。因此在今后的解题中应注意这一点，这样能够减少计算错误。

平面汇交力系、平面力偶系的平衡方程也可以从上面结果中得到。

3.5 平面平行力系的平衡方程

工程中，还常常会遇到平面平行力系的问题。所谓平面平行力系就是各力的作用线在同一平面内且互相平行的力系。

平面平行力系是平面一般力系的一种特殊情况。设物体受平面平行力系 $F_1, F_2, \cdots, F_n$ 的作用，如图 3.8 所示。若取 Ox 轴与各力垂直，Oy 轴与各力平行，则不论平面平行力系是否平衡，各力在 x 轴的投影恒等于零，即 $\sum F_{xi}=0$，因此平面平行力系的平衡方程为

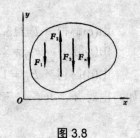

图 3.8

$$\left.\begin{array}{l}\sum F_{yi}=0 \\ \sum m_o(\boldsymbol{F})=0\end{array}\right\} \tag{3-11}$$

因此，物体在平面平行力系作用下平衡的必要和充分条件是：力系中各力在不与力作用线垂直的坐标轴上的投影的代数和等于零，且各力对任一点之矩的代数和等于零。

平面平行力系的平衡方程也可用两个二力矩方程的形式表示，即

$$\left.\begin{array}{l}\sum m_A(\boldsymbol{F})=0\\ \sum m_B(\boldsymbol{F})=0\end{array}\right\} \tag{3-12}$$

其中 A、B 两点的连线不得与各力的作用线平行。

由此可见，平面平行力系只有两个独立平衡方程，因此最多只能求解两个未知量。

【例 3.3】 水平外伸梁如图 3.9(a)所示。若均布载荷 $q=20\text{kN/m}$，$P=20\text{kN}$，力偶矩 $m=16\text{kN}\cdot\text{m}$，$a=0.8\text{m}$，求 A、B 点的约束反力。

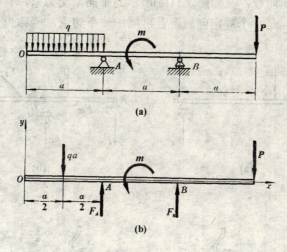

图 3.9

解：选取梁为研究对象，画出受力图，如图 3.9(b)所示。作用于梁上有力 P，均布载荷 q 的合力 $\boldsymbol{Q}$（$Q=qa$，作用在分布载荷的中点），以及力偶矩为 m 的力偶和支座反力 F_A、F_B，显然，它们是一个平面平行力系。建立坐标如图 3.9(b)所示，列平衡方程

$$\sum F_{yi}=0,\; -qa-P+F_A+F_B=0 \tag{a}$$

$$\sum m_A(\boldsymbol{F})=0,\; m+qa\cdot\frac{a}{2}-P\times 2a+F_B\times a=0 \tag{b}$$

由式(b)解得

$$F_B=-\frac{m}{a}-\frac{qa}{2}=2P=12\text{kN}$$

将 F_B 代入式(a)，得：$F_A=24\text{kN}$

3.6 静定和静不定问题、物体系统的平衡问题

3.6.1 静定与静不定问题的概念

在静力平衡问题中，若未知量数目等于独立平衡方程的数目时，则全部未知量都能由力平衡方程求出，这类问题称为"静定问题"。显然上节中所举的各例题都是静定问题。如果未知量的数目多于独立平衡方程的数目，则由静力平衡方程就不能求出全部未知

量，这类问题称为"静不定问题"，又称"超静定问题"。在静不定问题中，未知量数目减去独立平衡方程数目就称为静不定次数。

在工程实际中，有时为了提高结构的刚度和坚固性，经常在结构上增加多余约束，这原来的静定结构就变成了超静定结构。如图 3.10(a)所示的简支梁 AB，有三个未知量，作为平面力系，可列出三个独立的平衡方程，是一个静定问题；如在梁中间增加一个支座 C，如图 3.10(b)所示，则有四个未知量，独立的平衡方程数仍为三个，即未知量比独立方程多一个，故为一次静不定问题。又如图 3.11(a)所示为平面汇交力系，有两个未知量，可列出两个独立的平衡方程，是一个静定问题；若再增加一个约束，就称为一次静不定问题，如图 3.11(b)。

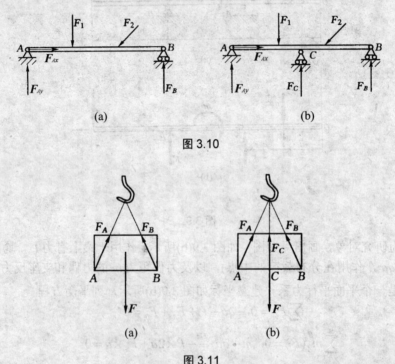

图 3.10

图 3.11

求解静不定问题时，必须考虑物体在受力后产生的变形，根据物体的变形协调条件，列出足够的补充方程，才能求出全部未知量。这类问题将在材料力学中进行研究，在本篇中只研究静定问题。

3.6.2 物体系统的平衡问题

前面分析了单个物体的平衡问题，本节研究物体系统的平衡问题。由若干个物体通过适当的连接方式(约束)组成的，统称为物体系统，简称物系。工程实际中的结构或机构，如多跨梁、三铰拱、组合构架、曲柄滑块机构等都可看做物体系统。

在研究物体系统的平衡问题时，必须注意以下几点：

(1) 应根据问题的具体情况，恰当地选取研究对象，这是对问题求解过程的繁简起决定性作用的一步。

(2) 必须综合考查整体与局部的平衡。当物体系统平衡时，组成该系统的任何一个局部系统或任何一个物体也必然处于平衡状态。不仅要研究整个系统的平衡，而且要研究系统内某个局部或单个物体的平衡。

(3) 在画物体系统、局部、单个物体的受力图时，特别要注意施力体与受力体、作用力与反作用力的关系，由于力是物体之间相互的机械作用，因此对于受力图上的任何一个力，必须明确它是哪个物体所施加的，决不能凭空臆造。

(4) 在列平衡方程时，适当地选取矩心和投影轴，选择的原则是尽量做到一个平衡方程中只有一个未知量，以避免求解联立方程。

【例 3.4】 多跨静定梁由 AB 梁和 BC 梁用中间铰 B 连接而成，支撑和荷载情况如图 3.12(a) 所示，已知 $P=20\text{kN}$，$q=5\text{kN/m}$，$\alpha=45°$。求支座 A、C 的反力和中间铰 B 处的反力。

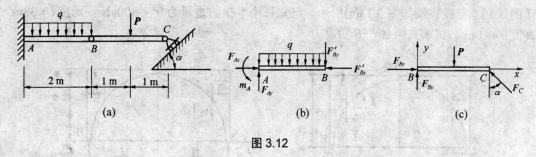

图 3.12

解： 分析 A 端为固定端约束，有三个未知力 F_{Ax}、F_{Ay}、m_A；B 处为中间铰链约束，有两个未知力 F_{Bx}、F_{By}；C 端为滑动铰链约束，有一个未知力 F_C。若以整体为研究对象，有四个未知量，不能全部求解出来；若以 BC 为研究对象，通过平面一般力系的平衡条件，就可以求解出全部三个未知量，然后再以 AB 或是整体为研究对象，就能求解出 A 处的约束反力。

(1) 以 BC 为研究对象，进行受力分析，如图 3.12(c)所示。
根据平衡条件列平衡方程

$$\sum m_B(F)=0, \quad F_C\cos 45°\times 2-P\times 1=0$$

$$F_C=\frac{P}{2\cos 45°}=14.14\text{kN}$$

$$\sum F_{xi}=0, \quad -F_C\sin 45°+F_{Bx}=0$$

$$F_{Bx}=F_C\sin 45°=10\text{kN}$$

$$\sum F_{yi}=0, \quad F_{By}-P+F_C\cos 45°=0$$

$$F_{By}=P-F_C\cos 45°=10\text{kN}$$

(2) 取 AB 为研究对象，进行受力分析，如图 3.12(b)所示。
根据平衡条件列平衡方程

$$\sum m_A(F)=0, \quad m_A - \frac{1}{2}q\times 2^2 - F'_{By}\times 2 = 0$$

$$\sum F_{xi}=0, \quad F_{Ax} - F'_{Bx} = 0$$

$$\sum F_{yi}=0, \quad F_{Ay} - 2q - F'_{By} = 0$$

解得

$$m_A = 30\text{kN}\cdot\text{m}$$
$$F_{Ax} = 10\text{kN}$$
$$F_{Ay} = 20\text{kN}$$

【例 3.5】 三铰拱架如图 3.13(a)所示，已知每个半拱的重量为 $W=300\text{kN}$，跨度 $l=32\text{m}$，高度 $h=10\text{m}$。试求支座 A、B 的反力。

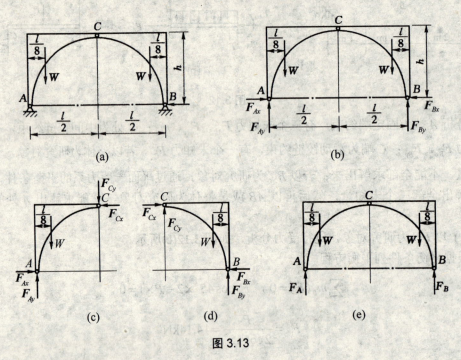

图 3.13

解：(1) 取整体为研究对象。整体受力图如图 3.13(b)所示。列出平衡方程

$$\sum m_A(F)=0, \quad F_{By}l - W\frac{7}{8}l - W\frac{1}{8}l = 0$$

$$\sum m_B(F)=0, \quad -F_{Ay}l + W\frac{7}{8}l + W\frac{1}{8}l = 0$$

$$\sum F_{xi}=0, \quad F_{Ax} - F_{Bx} = 0$$

代入数值求解方程得

$$F_{Ay} = F_{By} = 300\text{kN}$$

尚有两个未知量 F_{Ax} 和 F_{Bx}，不能从方程中解出。为了求解 F_{Ax} 和 F_{Bx}，必须考查与这些

未知量有关的其他刚体的平衡。

(2) 以右半拱为研究对象，其受力图如图 3.13(d)取左半拱为研究对象，其受力图如图 3.13(c)所示，列平衡方程

$$\sum m_C(F) = 0, \quad F_{By}\frac{l}{2} - F_{Bx}h - W\frac{3}{8}l = 0$$

$$\sum F_{xi} = 0, \quad F_{Cx} - F_{Bx} = 0$$

$$\sum F_{yi} = 0, \quad F_{Cy} + F_{By} + W = 0$$

代入数值求解方程得

$$F_{Bx} = F_{Cx} = 120\text{kN}, \quad F_{Cy} = -300\text{kN}$$

从而得到

$$F_{Ax} = 120\text{kN}$$

工程中，经常遇到对称结构上作用对称载荷的情况，在这种情形下，结构的支座反力也对称。有时，可以根据这种对称性直接判断出某些约束力的大小，但这些结果及关系都包含在平衡方程中。例如，本例题中，根据对称性，可得 $F_{Ax} = F_{Bx}$，再根据铅垂方向的平衡方程，容易得到 $F_{Ay} = F_{By} = W$。

从本例题还可看出，所谓"某一方向的主动力只会引起该方向的约束力"的说法是错误的。本题中，在研究整体的平衡时，图 3.13(e)所示的受力图是错误的，根据这种受力分析，整体虽然是平衡的，但局部(左半拱或右半拱)却是不平衡的。

3.7 平面简单桁架的内力计算

桁架是工程中常用一种的结构，如钢架桥梁、房屋建筑中的一些屋架、油田井架、起重机的机身及电视塔等。所谓桁架是指由一些直杆在两端用铰链彼此连接而成的结构，它在受力后几何形状不变。

所有杆件的轴线都在同一平面的桁架称为平面桁架，杆件的连接点称为节点。桁架的优点是使用材料比较经济，本身重量较轻，它主要承受拉力或压力。

桁架承受载荷以后，一般各杆件将要受力，对整个桁架来说，这些力是内力。分析桁架的目的就是求解内力，用以作为设计的依据。

为了既能反映出桁架结构的特点，简化桁架的计算，工程实际中通常采用以下几个假设：
(1) 桁架中各杆件都是直杆；
(2) 杆件用光滑铰链连接；
(3) 桁架上所受的力(载荷)都作用在节点上，且位于桁架轴线的平面内；
(4) 各杆件自重不计，或将其重力平均分配到杆件两端的节点上。
这样的桁架，称为理想桁架。

实际的桁架，当然与上述假设有差别，如桁架的节点不是铰接的，杆件的中心线也不可能是绝对直的。但在工程实际中，上述假设能够简化计算，而且所得的结果能够满足工程实际的要求。根据这些假设，桁架的杆件都看成为二力杆。因此各杆件所受的力必须沿

着杆的方向,只受拉力或压力。

桁架的杆件与杆件相结合的点,称为节点。若所有杆件都在同一平面内,且载荷作用在相同的平面内,这种桁架称为平面桁架,否则称为空间桁架。本节只讨论平面桁架的静定问题。

下面介绍两种计算桁架杆件内力的方法:节点法和截面法。

3.7.1 节点法

桁架的每个节点都受一个平面汇交力系的作用。为了求解每个杆件的内力,可以逐个地取节点为研究对象,由已知力求出全部未知力(杆件的内力),这就是节点法。用节点法分析力,求解的步骤一般是先求出桁架整体结构的外部的支反力,再根据已知条件逐步求出所有未知力。一般先假设各杆均受拉,若结果是负值,则说明是受压。

现举例说明节点法的方法和步骤。

【例 3.6】 平面桁架的尺寸和支座如图 3.14(a)所示,在节点 D 处受一集中载荷 P,试求各杆所受的内力。

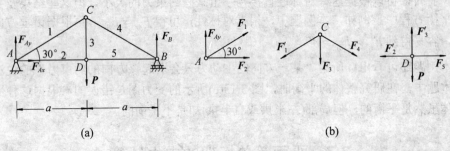

图 3.14

解: (1) 首先求解支座反力。以整体为研究对象,桁架受力图如图 3.14(a)所示。列出平衡方程

$$\sum F_{xi} = 0, \quad F_{Ax} = 0$$
$$\sum F_{yi} = 0, \quad F_{Ay} + F_{By} - P = 0$$
$$\sum M_A(\boldsymbol{F}) = 0, \quad F_{By} \cdot 2a - P \cdot a = 0$$

解得

$$F_{Ax} = 0, \quad F_{Ay} = F_{By} = \frac{P}{2}$$

(2) 依次取各点为研究对象,计算内力。对于 A、D、C 三个节点,受力图如图 3.14(b)所示。三个节点中,A 节点的未知力是两个,故先对其进行分析,列出平衡方程

$$\sum F_{xi} = 0, \quad F_1 \cos 30° + F_2 = 0$$
$$\sum F_{yi} = 0, \quad F_{Ay} + F_1 \sin 30° = 0$$

解得

$$F_1 = -P \qquad F_2 = \frac{\sqrt{3}P}{2}$$

分析 C 节点,在上一步的基础上,列出平衡方程

$$\sum F_{xi} = 0, \quad -F_1\cos 30° + F_4\cos 30° = 0$$
$$\sum F_{yi} = 0 \quad -(F_1 + F_4)\sin 30° - F_3 = 0$$

解得
$$F_3 = P \qquad F_4 = -P$$

最后研究 D 节点，只有一个未知力。列平衡方程
$$\sum F_{xi} = 0, \quad -F_2 + F_5 = 0$$

解得
$$F_5 = \frac{\sqrt{3}P}{2}$$

可再对 B 节点进行分析，校核一下答案的正确性。

3.7.2 截面法

若只需求出某些杆件的内力，则以适当地选取一截面，假想地把桁架截开，取其中一部分为研究对象，用平面任意力系平衡方程求出这些内力，这种方法称为截面法。求解的步骤一般是先求出外部支反力，再假想地在未知力杆件处截断，让内力变成为外力，利用平衡方程求解。注意一次只可求解 3 个未知力。

【例 3.7】 如图 3.15(a)所示平面桁架，各杆的长度均为 1m，载荷 $P_1 = 100$kN，$P_2 = 70$kN。求杆件 1、2 和 3 的内力。

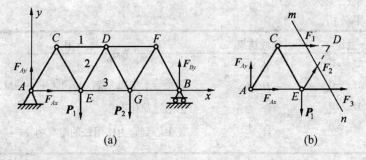

图 3.15

解：与前例相同，先求支座反力。取桁架整体为研究对象，列平衡方程
$$\sum F_{xi} = 0, \quad F_{Ax} = 0$$
$$\sum F_{yi} = 0, \quad F_{Ay} + F_{By} - P_1 - P_2 = 0$$
$$\sum m_B(\boldsymbol{F}) = 0, \quad P_1 \times 2 + P_2 \times 1 - F_{Ay} \times 3 = 0$$

代入数值，求解得
$$F_{Ax} = 0, \quad F_{Ay} = 90\text{kN}, \quad F_{By} = 80\text{kN}$$

为求三根杆件的内力，可作一截面将三杆截断。取左半部为研究对象，桁架的内力现在变成了该研究对象的外力，如图 3.15(b)所示。列平衡方程

$$\sum F_{yi} = 0, \quad F_{Ay} + F_2 \sin 60° - P_1 = 0$$

$$\sum m_D(\boldsymbol{F}) = 0, \quad P_1 \times 0.5 + F_3 \times 1 \times \sin 60° - F_{Ay} \times 1.5 = 0$$

$$\sum m_E(\boldsymbol{F}) = 0, \quad -F_1 \times 1 \times \sin 60° - F_{Ay} \times 1 = 0$$

代入数值,求解得

$$F_1 = -10.4\text{kN}(压), \quad F_2 = 1.16\text{kN}(拉), \quad F_3 = 9.82\text{kN}(拉)$$

需要指出的是,平面一般力系只有3个独立方程,因此假想截面时,一般每次最多只能截断3根杆。另外,对于平面桁架的内力计算,也可将节点法和截面法联合应用。

小 结

本章用解析法研究平面一般力系的简化和平衡,以力线平移定理为基础,将平面一般力系向一点简化,得到一个主矩和一个主矢,从而得到平面一般力系的平衡条件和平衡方程。

1. 力线平移定理

作用在刚体上的力可以从原来的作用点平行移动到任一点,但须附加一个力偶,附加力偶的力偶矩等于原力对平移点的矩。这是力系简化的基础。

2. 平面一般力系的简化

(1) 简化结果:主矢和主矩。
(2) 简化结果分析。

主矢	主矩	合成结果	附注
$\boldsymbol{F}_R' = 0$	$M_O = 0$	平 衡	
	$M_O \neq 0$	力 偶	力偶矩等于主矩 M_O,与简化中心的位置无关
$\boldsymbol{F}_R' \neq 0$	$M_O = 0$	合 力	合力通过简化中心
	$M_O \neq 0$	合 力	简化中心到合力作用线的距离为 $d = \dfrac{M_O}{F_R}$

3. 平面一般力系的平衡方程

一般式	二力矩式	三力矩式
$\sum F_{xi} = 0$	$\sum F_{xi} = 0$ 或 $\sum F_{yi} = 0$	$\sum m_A(\boldsymbol{F}) = 0$
$\sum F_{yi} = 0$	$\sum m_A(\boldsymbol{F}) = 0$	$\sum m_B(\boldsymbol{F}) = 0$
$\sum m_O(\boldsymbol{F}) = 0$	$\sum m_B(\boldsymbol{F}) = 0$	$\sum m_C(\boldsymbol{F}) = 0$

4. 平面桁架的内力计算

(1) 节点法。
(2) 截面法。

思 考 题

3-1 力系的主矢和合力有什么关系？

3-2 将图 3.16(a)中的力 F_A 向 B 平移，其附加力偶如图 3.16(b)所示，对不对？为什么？

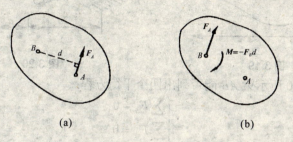

图 3.16

3-3 若平面一般力系向一点简化得一合力，如另选适当简化中心，问力系能否简化为一力偶？为什么？

3-4 将图 3.17 中作用于 D 点的力 P 平移至 E 点成为力 P'，附加相应的力偶，然后求铰链 C 的约束反力，对不对？为什么？

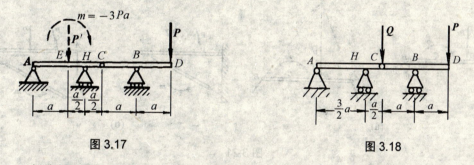

图 3.17　　　　　　　　图 3.18

3-5 组合梁如图 3.18 所示，解题时需要选取梁 CD 作为研究对象画受力图，试问应如何处理作用在销钉 C 上的力 Q？

3-6 将平面汇交力系向汇交点以外的任意一点简化，力系初步简化结果是什么？

3-7 试根据平面一般力系的平衡方程推出平面内其他力系的平衡方程。

3-8 平面一般力系的三个独立平衡方程能否都用投影方程？为什么？

3-9 试推导平面汇交力系平衡方程的其他形式及其限制条件。例如，一个投影方程和一个力矩方程或两个力矩方程。

3-10 推导平面平行力系方程时，若所选取的 x 和 y 都不与各力平行或垂直，如图 3.19 所示，为什么是平面平行力系的平衡方程仍为

$$\begin{cases} \sum F_{yi}=0 \\ \sum m_o(F)=0 \end{cases}$$

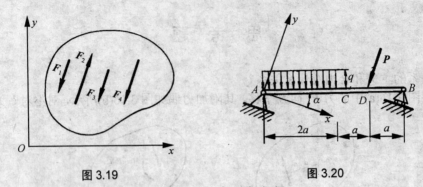

图 3.19　　　　　　　　图 3.20

3-11 对于图 3.20 所示梁 AB 能否列出四个平衡方程：

$$\begin{cases} \sum F_{xi} = 0 \\ \sum F_{yi} = 0 \\ \sum m_A(\boldsymbol{F}) = 0 \\ \sum m_B(\boldsymbol{F}) = 0 \end{cases}$$

3-12 如图 3.21 所示，各物体处于平衡，不计重量和摩擦，试判断各个受力图是否正确？原因是什么？并更改错误的受力图。

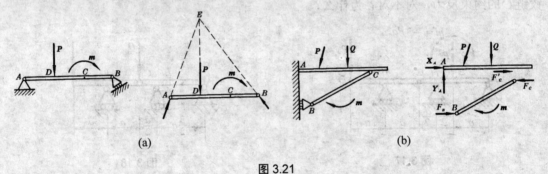

图 3.21

习　题

3-1 已知 $F_1 = 150\text{N}$，$F_2 = 200\text{N}$，$F_3 = 300\text{N}$，$F = F' = 200\text{N}$。求力系向点 O 的简化结果，并求系合力的大小及其与原点 O 的距离 d。

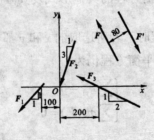

题 3-1 图

3-2 在如图所示直杆 DC 和杠杆 CAB 组成的机构中，已知力 $F=10\text{kN}$，求杆 DC 所受的力以及铰链 A 的约束反力(各杆的自重均不计)。

3-3 梁 AB 受到 $\boldsymbol{F}_1$、$\boldsymbol{F}_2$ 的作用，如图所示，若不计梁自重，且 $F_1=F_2=20\text{kN}$，求支座 A 和 B 的约束反力。

3-4 简支梁 AB 受力如图所示，已知力偶矩 $M=20\text{kN}\cdot\text{m}$，均布载荷 $q=20\text{kN}/\text{m}$。不计梁自重的情况下求支座 A 和 B 的约束反力。

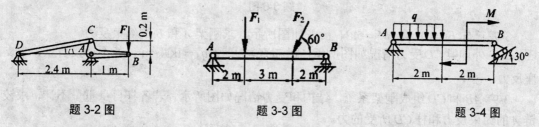

题 3-2 图   题 3-3 图   题 3-4 图

3-5 如图所示，在子图(a)、(b)、(c)、(d)、(e)各连续梁中，已知 q、M、a 及 α，不计各梁自重，试求 A、B、C 三处的约束反力。

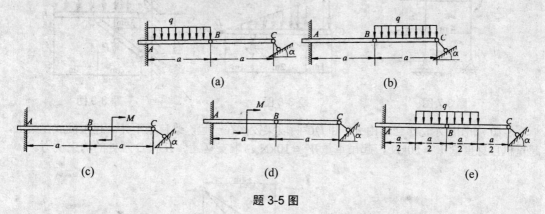

题 3-5 图

3-6 各个刚架的载荷和尺寸如图所示，其中图 3.27(c)中 $m_2>m_1$，试求各个刚架的支座反力。

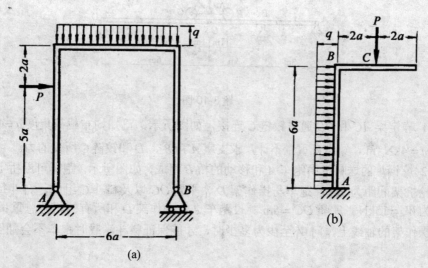

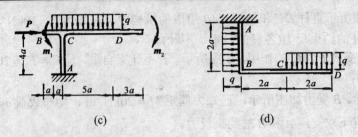

(c)　　　　　　　　　　(d)

题 3-6 图

3-7 已知 $F=10\text{kN}$, $M=5\text{kN}\cdot\text{m}$, 如图所示, 求刚架 A 和 B 的约束反力。

3-8 外伸梁 CD 受力情况如图所示, 已知 $F=2\text{kN}$, $q_0=1\text{kN/m}$, 若不计梁自重, 求支座反力。

3-9 AB 和 CD 组成刚架系统, 结构和受力情况如图所示。若各杆自身重量不计, 求铰链 A 的约束反力和杆 CD 所受的力。

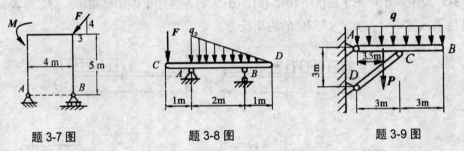

题 3-7 图　　　　题 3-8 图　　　　题 3-9 图

3-10 如图所示, 组合梁由 AC 和 DC 两段梁铰接在一起, 梁自重不计, 起重机放在梁上, 起重机自身重量 $W_1=50\text{kN}$, 起吊重量 $W_2=10\text{kN}$。求支座 A、B 和 D 三处的约束反力。

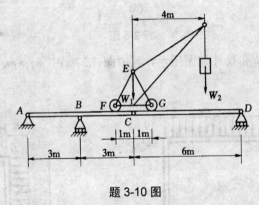

题 3-10 图

3-11 静定梁 AC 和 CD 通过铰链 C 连接, 如图所示, 已知均布载荷集度 $q=10\text{kN/m}$, 力偶矩 $m=4\text{kN}\cdot\text{m}$, 梁自身重量不计, 求支座 A、B、D 和铰链 C 所受的力。

3-12 炼钢炉的送料机由跑车 A 和移动的桥 B 组成, 如图所示, 跑车可沿桥上的轨道行驶, 两轮机架间距为 $2m$, 跑车与操作架 D、平臂 OC 以及料斗 C 组成, 料斗每次装载物料重量为 $W_2=15\text{kN}$, 平臂 $OC=5m$。设跑车 A, 操作架 D 和所有的附件总重量为 W_1, 只作用在操作架的轴线上, 问 W_1 至少为多少时, 才能保证料斗满载时跑车不会翻倒。

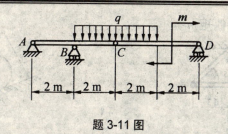

题 3-11 图

3-13 如图所示,行动式起重机不计平衡锤的重为 $W_1=500\text{kN}$,其重心在离右轨 1.5m 处。起重机的起重重量为 $W_2=250\text{kN}$,突臂伸出右轨长 10m。欲使跑车满载或空载时起重机不致翻倒,求平衡锤的最小重量 W_3 以及平衡锤离左轨的最大距离 x(跑车重量不计)。

3-14 如图所示,已知构架中 $P=40\text{kN}$,$R=0.3\text{m}$,求铰链 A、B 的约束反力以及销钉 C 对杆 ADC 的约束反力。

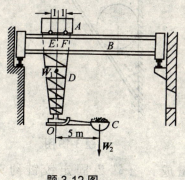

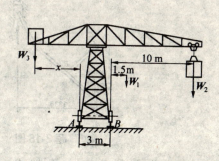

题 3-12 图

题 3-13 图

3-15 曲柄滑道机构如图所示,已知 $m=600\text{N}\cdot\text{m}$,$OA=0.6\text{m}$,$BC=0.75\text{m}$,机构在图示位置平衡,$\alpha=30°$,$\beta=60°$。求平衡时 P 的值及铰链 O 和 B 的反力。

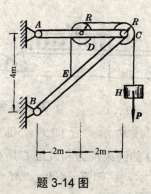

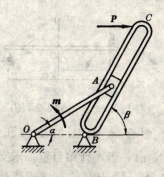

题 3-14 图

题 3-15 图

3-16 一重物悬挂如图所示,已知 $P=1.8\text{kN}$,不计其他重量,求铰链 A 的约束反力和杆 BC 所受的力。

3-17 已知圆柱体重 $P=1\text{kN}$,放在斜面上,由支架支撑,如图所示,$r=0.4\text{m}$,若不计支架自重,求铰链 A 的约束反力和杆 BC 所受的力。

3-18 插床机构如图所示,已知:OO_1A 在铅垂位置;O_1C 在水平位置,机构平衡,$OA=310\text{mm}$,$O_1B=AB=BC=655\text{mm}$,$CD=600\text{mm}$,$OO_1=545\text{mm}$,$P=25\text{kN}$,试求作

用在 OA 上的主动力偶的力偶矩 m。

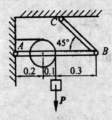

题 3-16 图

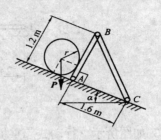

题 3-17 图

3-19 如图所示，重量为 W 的均质球半径为 a，放在墙与杆 AB 之间。杆长为 l，与墙的夹角为 α。如不计杆自重，求绳索拉力。当 α 为何值时，绳子拉力最小？

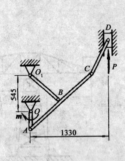

题 3-18 图

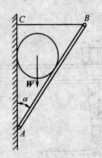

题 3-19 图

3-20 如图所示，水平架由 AC、BC 组成，A 端为固定铰链约束，已知 $P = 4 \text{kN}$，$m = 6 \text{kN} \cdot \text{m}$ 时 A、B 两处的约束反力。

3-21 组合梁受力情况如图所示，已知 $q = 20 \text{kN/m}$，$M = 40 \text{kN} \cdot \text{m}$。试求支座 A、C 以及铰链 B 的反力。

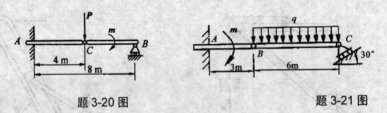

题 3-20 图　　　　　　　　　　题 3-21 图

3-22 组合梁 ACD 的支撑和载荷情况如图所示，已知 $F = 50 \text{kN}$，$q = 25 \text{kN/m}$，$M = 50 \text{kN} \cdot \text{m}$，若不计梁自重，求支座 A、B、D 的约束反力和铰链 C 所受的力。

3-23 组合梁 ABC 的支撑和载荷情况如图所示，已知 $F = 40 \text{kN}$，$M = 60 \text{kN} \cdot \text{m}$，若不计梁自重，求支座 A、C 的约束反力和铰链 B 所受的力。

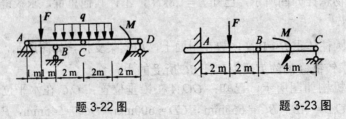

题 3-22 图　　　　　　　　　　题 3-23 图

3-24 某刚架系统，尺寸和受力情况如图所示，已知 $F=50\text{kN}$，$q=20\text{kN/m}$，若不计刚架自重，试求支座 A、B 反力和中间铰链 C 所受的力。

3-25 某刚架系统，尺寸和受力情况如图所示，已知 $q=15\text{kN/m}$，若不计各杆自重，试求支座 A、B 反力和中间铰链 C 所受的力。

3-26 一桁架已知 $G_1=G_2=20\text{kN}$，$W_1=W_2=10\text{kN}$，结构尺寸如图所示，试求各杆内力。

3-27 某一桁架已知 $F_1=F_2=F_4=F_5=30\text{kN}$，$F_3=10\text{kN}$，结构尺寸如图所示，求 1，2，3，4 各杆内力。

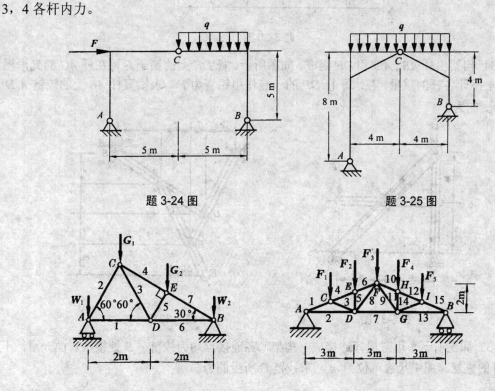

题 3-26 图　　　　　　　　题 3-27 图

3-28 桥式起重机的尺寸如图所示。$P_1=100\text{kN}$，$P_2=50\text{kN}$，试求 1，2，3，4 各杆内力。

3-29 某一房屋的桁架载荷 $G_1=G_2=G_3=G_4=G_5=G$，几何尺寸如图所示。试求 5 和 6 各杆内力。

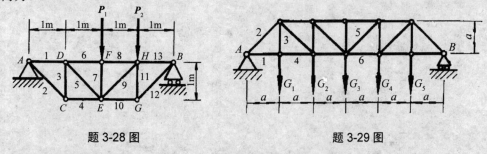

题 3-28 图　　　　　　　　题 3-29 图

3-30 用恰当的方法求解如图所示桁架 1，2，3 杆的内力。

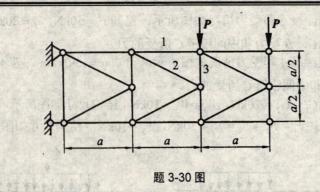

题 3-30 图

3-31 构架由杆 AB，AC 和 DF 组成，如图所示。杆 DF 上的销子 E 可在杆 AC 的光滑槽内滑动，不计各杆的重量，在水平杆 DF 的一端作用铅直力 F。求铅直杆 AB 上的铰链 A，D 和 B 所受的力。

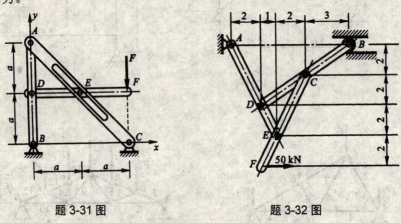

题 3-31 图　　　　　　　　题 3-32 图

3-32 如图所示，用三根杆连接成一构架，各连接点均为铰链，B 处接触表面光滑，不计各杆的重量。图中尺寸单位为 m。求铰链 D 所受的力。

第4章 空间力系

教学提示：各力的作用线在空间呈任意分布的力系称空间力系，因而它是物体最一般的受力情形。其他各种力系均可视作该力系的特例。本章首先研究空间力系中两种特殊力系：空间汇交力系和空间力偶系的合成和平衡问题，引入了力对点的矩矢、力对轴的矩等概念，接着研究了空间任意力系的合成和平衡问题，最后介绍了重心的计算方法。

教学要求：掌握空间汇交力系的合成与平衡，力对点的矩和力对轴的矩的计算。了解空间任意力系的简化过程和简化结果。能应用空间任意力系平衡方程求解单个物体的平衡问题。掌握重心的计算。

空间力系是物体受力最普遍和最一般的情形。本章研究空间力系简化和平衡。工程中常见物体所受各力的作用线并不都在同一平面内，而是空间分布的，例如车床主轴、起重设备、高压输电线塔和飞机的起落架等结构。设计这些结构时，需用空间力系的平衡条件进行计算。

与平面力系一样，空间力系可以分为空间汇交力系、空间力偶系和空间任意力系来研究。所涉及的基本原理和方法仅是平面力系的进一步推广。

4.1 空间汇交力系

4.1.1 力在直角坐标上的投影

1．一次(直接)投影法

如已知力 F 与正交坐标系各轴的夹角分别为 α、β、γ，如图 4.1 所示。则力在三个轴上的投影等于力 F 的大小乘以与各轴夹角的余弦，即

$$\left. \begin{array}{l} F_x = F\cos\alpha \\ F_y = F\cos\beta \\ F_z = F\cos\gamma \end{array} \right\} \tag{4-1}$$

2．二次(间接)投影法

当力 F 与坐标轴 Ox、Oy 间的夹角不易确定时，可将力 F 先投影到某一坐标平面，例如 Oxy 平面，得到力 F_{xy}，再将此力投影到 x、y 轴上。如图 4.2 所示，已知角 γ 和 φ，则力 F 在三个坐标轴上的投影分别为

$$\left. \begin{array}{l} F_x = F\sin\gamma\cos\varphi \\ F_y = F\sin\gamma\sin\varphi \\ F_z = F\cos\gamma \end{array} \right\} \tag{4-2}$$

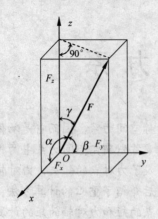
图 4.1

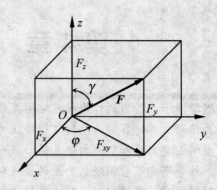
图 4.2

3. 力的投影与分力

若以 F_x、F_y、F_z 表示力 F 沿直角坐标轴 x、y、z 的正交分量，以 i、j、k 分别表示沿坐标轴方向的单位矢量，如图 4.3 所示，则

$$F = F_x + F_y + F_z = F_x i + F_y j + F_z k \tag{4-3}$$

由此，力 F 在坐标轴上的投影和力沿坐标轴的正交分矢量间的关系可表示为

$$F_x = F_x i, \quad F_y = F_y j, \quad F_z = F_z k \tag{4-4}$$

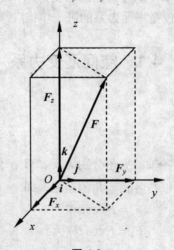
图 4.3

【例 4.1】 半径 r 的斜齿轮，其上作用力 F，压力角为 α，螺旋角为 β，如图 4.4(a)所示。求力 F 在坐标轴上的投影。

解：用二次投影法求力 F 在坐标轴上的投影，由图 4.4(b)得

$$F_x = F\cos\alpha\sin\beta$$
$$F_y = -F\cos\alpha\cos\beta$$
$$F_z = -F\sin\alpha$$

如已知力在坐标轴上的投影 F_x、F_y、F_z，则力 F 的大小和方向余弦为

$$F = \sqrt{F_x^2 + F_y^2 + F_z^2}$$
$$\cos\alpha = \frac{F_x}{F} \quad \cos\beta = \frac{F_y}{F} \quad \cos\gamma = \frac{F_z}{F}$$
(4-5)

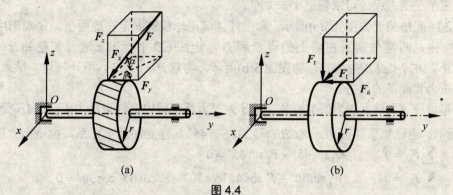

图 4.4

力 F 沿各轴的分力为 $\boldsymbol{F}_t = F_x\boldsymbol{i}$ 称为圆周力，$\boldsymbol{F}_a = F_y\boldsymbol{j}$ 称为轴向力；$\boldsymbol{F}_r = F_z\boldsymbol{k}$ 称为径向力，如图 4.4(b)。

4.1.2 空间汇交力系的合成和平衡

1. 合成

将平面汇交力系的合成法则扩展到空间，可知空间汇交力系合成为通过汇交点的一个合力，合力矢

$$\boldsymbol{F}_R = \boldsymbol{F}_1 + \boldsymbol{F}_2 + \cdots + \boldsymbol{F}_n = \sum \boldsymbol{F}_i \tag{4-6}$$

由式(4-3)可得

$$\boldsymbol{F}_R = \sum F_{xi}\boldsymbol{i} + \sum F_{yi}\boldsymbol{j} + \sum F_{zi}\boldsymbol{k} \tag{4-7}$$

式中，$\sum F_{xi}$、$\sum F_{yi}$、$\sum F_{zi}$ 分别为合力 $\boldsymbol{F}_R$ 沿 x、y、z 轴的投影。

由此可得合力的大小和方向余弦为

$$F_R = \sqrt{(\sum F_{xi})^2 + (\sum F_{yi})^2 + (\sum F_{zi})^2}$$
$$\cos\alpha = \frac{\sum F_{xi}}{F_R}, \quad \cos\beta = \frac{\sum F_{yi}}{F_R}, \quad \cos\gamma = \frac{\sum F_{zi}}{F_R}$$
(4-8)

2. 平衡条件

由于一般空间汇交力系合成为一个合力，因此，空间汇交力系平衡的必要和充分条件是力系的合力等于零，即

$$F_R = 0 \tag{4-9}$$

由式(4-7)可知，为使合力 F_R 为零，必须同时满足：

$$\left.\begin{array}{l}\sum F_{xi} = 0 \\ \sum F_{yi} = 0 \\ \sum F_{zi} = 0\end{array}\right\} \tag{4-10}$$

即力系中各力在坐标轴上投影的代数和分别等于零。式(4-10)称为空间汇交力系的平衡方程。

应用解析法求解空间汇交力系的平衡问题的步骤，与平面汇交力系问题相同，只不过需列出三个平衡方程，可求解三个未知量。

【例 4.2】起吊装置如图 4.5(a)所示，起重杆 A 端用球铰链固定在地面上，B 端则用绳 CB 和 DB 拉住，两绳分别系在墙上的点 C 和 D，连线 CD 平行于 x 轴。若已知 $\alpha = 30°$，$CE = EB = DE$，$\angle EBF = 30°$，如图 4.5(b)所示，物重 $P=10\text{kN}$。不计杆重，试求起重杆所受的压力和绳子的拉力。

解：取起重杆 AB 与重物为研究对象，AB 为二力杆，球铰链约束反力 $\boldsymbol{F}_A$ 沿 AB 受力如图 4.5(a)所示。由已知条件可知，$\angle CBE = \angle DBE = 45°$。建立图示坐标系，由平衡方程

$$\sum F_{xi} = 0, \quad F_1 \sin 45° - F_2 \sin 45° = 0$$

$$\sum F_{yi} = 0, \quad F_A \sin 30° - F_1 \cos 45° \cos 30° - F_2 \cos 45° \cos 30° = 0$$

$$\sum F_{zi} = 0, \quad F_1 \cos 45° \sin 30° + F_2 \cos 45° \sin 30° + F_A \cos 30° - P = 0$$

解得

$$F_1 = F_2 = 3.54 \text{kN}$$
$$F_A = 8.66 \text{kN}$$

F_A 为正值，表明所设 $\boldsymbol{F}_A$ 的方向正确，AB 为压杆。

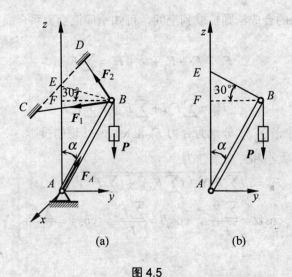

图 4.5

4.2 力对轴之矩和力对点之矩

4.2.1 力对轴之矩

工程中，经常遇到刚体绕定轴转动的情形，为了度量力对绕定轴转动刚体的作用效果，必须了解力对轴之矩的概念。

如图 4.6 所示，门上作用一力 $\boldsymbol{F}$，使其绕固定轴 z 转动。现将力 $\boldsymbol{F}$ 分解为平行于 z 轴的

分力 F_z 和垂直于 z 轴的分力 F_{xy}(此力即为力 F 在垂直于 z 轴的平面 xOy 上的投影)。由经验可知,分力 F_z 不能使静止的门绕 z 轴转动,故力 F_z 对 z 轴之矩为零;只有分力 F_{xy} 才能使静止的门绕 z 轴转动;现用符号 $M_z(F)$ 表示力 F 对 z 轴之矩,O 点为平面 xOy 与 z 轴的交点,h 为 O 点到力 F_{xy} 作用线的距离。因此,力 F 对 z 轴之矩就是分力 F_{xy} 对 O 点之矩。

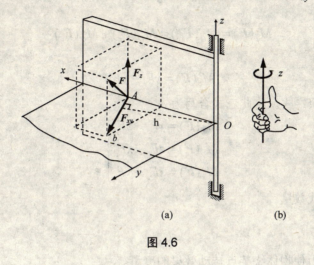

图 4.6

即
$$M_z(F) = M_O(F_{xy}) = \pm F_{xy} \cdot h = \pm 2 \triangle OAb \tag{4-11}$$

1. 定义

力对轴之矩是力使刚体绕该轴转动效果的度量,是一个代数量,其绝对值等于该力在垂直于该轴的平面上的投影对于这个平面与该轴之交点之矩的大小。其正负号如下确定:从轴正端来看,若力的这个投影使物体绕该轴按逆时针转向转动,则取正号,反之取负号。也可按右手螺旋规则来确定其正负号,如图 4.6(b)所示,拇指指向与 z 轴一致为正,反之为负。

力与轴平行或相交时,力对该轴之矩等于零。

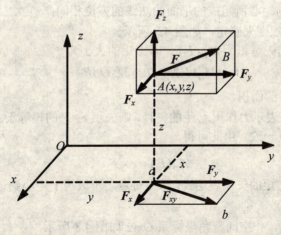

图 4.7

力对轴之矩的单位为 N·m。

在平面力系中，力对点之矩实为力对通过该点且垂直于力系所在平面的某轴之矩。

2. 力对轴之矩的解析式

如图 4.7 所示，F_x、F_y、F_z 和 x、y、z 分别为力在坐标轴上投影和力作用点的坐标。由合力矩定理得到

$$M_z(\boldsymbol{F}) = M_O(\boldsymbol{F}_{xy}) = M_O(\boldsymbol{F}_x) + M_O(\boldsymbol{F}_y)$$

即

$$M_z(\boldsymbol{F}) = xF_y - yF_x$$

同理，可得其余二式。将此三式合写为

$$\left. \begin{array}{l} M_x(\boldsymbol{F}) = yF_z - zF_y \\ M_y(\boldsymbol{F}) = zF_x - xF_z \\ M_z(\boldsymbol{F}) = xF_y - yF_x \end{array} \right\} \tag{4-12}$$

式中各量均为代数量。

4.2.2 力对点之矩

力对点之矩是力使物体绕某点转动效果的度量。

对于平面力系，用代数量表示力对点之矩足以概括它的全部要素。但是在空间的情况下，不仅要考虑力矩的大小、转向，而且还要考虑力与矩心所组成的平面的方位。方位不同，即使力矩大小一样，作用效果将完全不同。例如，作用在飞机尾部铅垂舵和水平舵上的力对飞机绕重心转动的效果不同，前者能使飞机转弯，而后者则能使飞机发生俯仰。因此，在研究空间力系时，力对点之矩这个概念除了包括力矩的大小和转向外，还应包括力的作用线与矩心所组成的平面的方位。这三个要素可以用一个矢量表示，矢量的模等于力的大小与矩心到力作用线的垂直距离 h(力臂)的乘积；矢量的方位和力与矩心所组成的平面的法线的方位相同；矢量的指向按右手螺旋规则来确定，如图 4.8 所示。

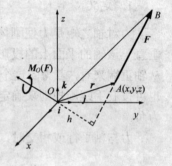

图 4.8

力 $\boldsymbol{F}$ 对 O 点之矩的矢量记为 $\boldsymbol{M}_O(\boldsymbol{F})$。即力矩的大小为

$$|\boldsymbol{M}_O(\boldsymbol{F})| = Fh = 2\triangle OAB$$

式中，$\triangle OAB$ 为 $\triangle OAB$ 的面积。

由图 4.8 易见，以 $\boldsymbol{r}$ 表示力作用点 A 的矢径，则矢积 $\boldsymbol{r} \times \boldsymbol{F}$ 的模等于 $\triangle OAB$ 面积的 2 倍，其方向与力矩矢 $\boldsymbol{M}_O(\boldsymbol{F})$ 一致。由此可得

$$\boldsymbol{M}_O(\boldsymbol{F}) = \boldsymbol{r} \times \boldsymbol{F} \tag{4-13}$$

式(4-13)为力对点之矩的矢积表达式，即力对点之矩矢等于矩心到该力作用点的矢径与该力的矢量积。

若以矩心 O 为原点，作空间直角坐标系 $Oxyz$ 如图 4.8 所示，令 $\boldsymbol{i}$、$\boldsymbol{j}$、$\boldsymbol{k}$ 分别为坐标轴方向的单位矢量。设力作用点 A 的坐标为 $A(x, y, z)$，力在三个坐标轴上的投影分别为 F_x，F_y，F_z，则矢径 $\boldsymbol{r}$ 和力 $\boldsymbol{F}$ 分别为

$$r = xi + yj + zk$$
$$F = F_x i + F_y j + F_z k$$

代入式(4-13)，得力对点之矩的解析式为

$$M_O(F) = r \times F = \begin{vmatrix} i & j & k \\ x & y & z \\ F_x & F_y & F_z \end{vmatrix}$$

$$= (yF_z - zF_y)i + (zF_x - xF_z)j + (xF_y - yF_x)k \tag{4-14}$$

由于力矩矢量 $M_O(F)$ 的大小和方向都与矩心 O 的位置有关，故力矩矢的始端必须在矩心，不可任意挪动，这种矢量称为定位矢量。

4.2.3 力对点之矩与力对通过该点的轴之矩之间的关系

将式(4-14)投影到三个坐标轴上，得式(4-15)

$$\left. \begin{array}{l} [M_O(F)]_x = yF_z - zF_y \\ [M_O(F)]_y = zF_x - xF_z \\ [M_O(F)]_z = xF_y - yF_x \end{array} \right\} \tag{4-15}$$

比较式(4-15)与式(4-12)，可得

$$\left. \begin{array}{l} [M_O(F)]_x = M_x(F) \\ [M_O(F)]_y = M_y(F) \\ [M_O(F)]_z = M_z(F) \end{array} \right\} \tag{4-16}$$

式(4-16)说明：力对点之矩在通过该点的某轴上的投影等于力对该轴之矩。式(4-14)可表为

$$M_O(F) = M_x(F)i + M_y(F)j + M_z(F)k \tag{4-17}$$

式(4-16)建立了力对点之矩与力对轴之矩之间的关系。因为在理论分析时用力对点之矩矢较简便，而在实际计算中常用力对轴之矩，所以建立它们二者之间的关系是很有必要的。

由式(4-17)可进一步得到力对 O 点之矩的大小和方向余弦。

$$\left. \begin{array}{l} |M_O(F)| = \sqrt{[M_x(F)]^2 + [M_y(F)]^2 + [M_z(F)]^2} \\ \cos\alpha = \dfrac{M_x(F)}{|M_O(F)|}, \quad \cos\beta = \dfrac{M_y(F)}{|M_O(F)|}, \quad \cos\gamma = \dfrac{M_z(F)}{|M_O(F)|} \end{array} \right\} \tag{4-18}$$

式中，α、β、γ 分别为力对 O 点之矩 $M_O(F)$ 与 x、y、z 轴间的夹角。

【**例4.3**】手柄 $ABCE$ 在平面 Axy 内，在 D 处作用一个力 F，如图 4.9 所示，它在垂直于 y 轴的平面内，偏离铅直线的角度为 α。如 $CD = a$，杆 BC 平行于 x 轴，杆 CE 平行于 y 轴，AB 和 BC 的长度都等于 l。试求力 F 对 x、y 和 z 三轴之矩。

解：将力 F 沿坐标轴分解为 F_x 和 F_z 两个分力，其中 $F_x = F\sin\alpha$，$F_z = F\cos\alpha$。

注意到力与轴平行或相交时对该轴之矩为零，由合力矩

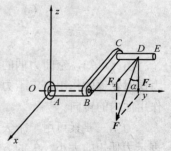

图 4.9

定理，有

$$M_x(\boldsymbol{F}) = M_x(\boldsymbol{F}_z) = -F_z(AB+CD)$$
$$= -F(l+a)\cos\alpha$$
$$M_y(\boldsymbol{F}) = M_y(\boldsymbol{F}_z) = -F_zBC = -Fl\cos\alpha$$
$$M_z(\boldsymbol{F}) = M_z(\boldsymbol{F}_x) = -F_x(AB+CD)$$
$$= -F(l+a)\sin\alpha$$

4.3 空间力偶系

4.3.1 力偶矩矢

由平面力偶理论知道，只要不改变力偶矩的大小和力偶的转向，力偶可以在它的作用面内任意移转；只要保持力偶矩的大小和力偶的转向不变，也可以同时改变力偶中力的大小和力偶臂的长短，却不改变力偶对刚体的作用。实践经验还告诉我们，力偶的作用面也可以平移。例如用螺钉旋具(又称螺丝刀)拧螺钉时，只要力偶矩的大小和力偶的转向保持不变，长螺丝刀或短螺丝刀的效果是一样的。即力偶的作用面可以垂直于螺丝刀的轴线平行移动，而并不影响拧螺钉的效果。由此可知，空间力偶的作用面可以平行移动，而不改变力偶对刚体的作用效果。反之，如果两个力偶的作用面不相互平行(即作用面的法线不相互平行)，即使它们的力偶矩大小相等，这两个力偶对物体的作用效果也不同。

如图 4.10 所示的三个力偶，分别作用在三个同样的物块上，力偶矩都等于 200 N·m。因为前两个力偶的转向相同，作用面又相互平行，因此这两个力偶对物块的作用效果相同[图 4.10(a)、(b)]。第三个力偶作用在平面Ⅱ上[图 4.10(c)]，虽然力偶矩的大小相同，但是它与前两个力偶对物体的作用效果不同，前者使静止物块绕平行于 x 轴转动，而后者则使物块绕平行于 y 轴转动。

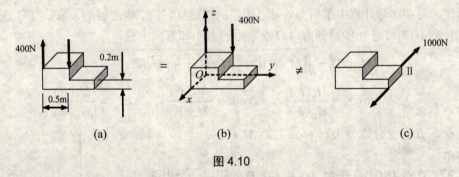

图 4.10

由此可知，空间力偶的作用面可以平行移动而不改变力偶对物体的作用。因此，空间力偶对物体的作用决定于力偶三要素：力偶矩的大小；力偶作用面在空间的方位；力偶在作用面内的转向。

力偶三要素可用一个矢量表示，称为力偶矩矢，记作 $\boldsymbol{M}$，如图 4.11 所示。矢的长度表示力偶矩的大小，矢的方位垂直力偶作用面，矢的指向与力偶转向间的关系服从右手螺旋规则。力偶对刚体的作用完全决定于力偶矩矢。

应该指出，由于力偶可以在同平面内任意移转，并可搬移到平行平面内，而不改变它对刚体的作用效果，故力偶矩矢可以平行搬移，且不需要确定矢的初端位置。这样的矢量称为自由矢量。

若两力偶的力偶矩矢相等，则两力偶等效。

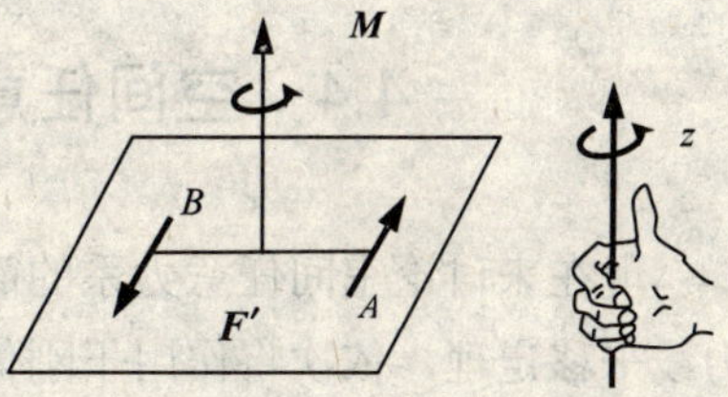

图 4.11

4.3.2 空间力偶系的合成和平衡

1. 力偶系的合成

空间力偶系可合成为一个合力偶，合力偶矩矢等于分力偶矩矢的矢量和，即

$$M = M_1 + M_2 + \cdots M_n = \sum M_i \tag{4-19}$$

将式(4-19)向 x、y、z 轴投影，有

$$\left. \begin{aligned} M_x &= M_{1x} + M_{2x} + \cdots M_{nx} = \sum M_{ix} \\ M_y &= M_{1y} + M_{2y} + \cdots M_{ny} = \sum M_{iy} \\ M_z &= M_{1z} + M_{2z} + \cdots M_{nz} = \sum M_{iz} \end{aligned} \right\} \tag{4-20}$$

则

$$M = \sum M_{ix} \boldsymbol{i} + \sum M_{iy} \boldsymbol{j} + \sum M_{iz} \boldsymbol{k} \tag{4-21}$$

由式(4-21)可进一步计算合力矩的大小和方向余弦。

$$\left. \begin{aligned} M &= \sqrt{\left(\sum M_{ix}\right)^2 + \left(\sum M_{iy}\right)^2 + \left(\sum M_{iz}\right)^2} \\ \cos\alpha &= \frac{M_x}{M}, \quad \cos\beta = \frac{M_y}{M}, \quad \cos\gamma = \frac{M_z}{M} \end{aligned} \right\} \tag{4-22}$$

式中，α、β、γ 为合力偶矩矢 M 与 x、y、z 轴间的夹角。

2. 平衡条件

空间力偶系平衡的必要和充分条件是：各分力偶矩矢的矢量和等于零。

即

$$\sum M_i = 0 \tag{4-23}$$

平衡方程为

$$\left. \begin{aligned} \sum M_{ix} &= 0 \\ \sum M_{iy} &= 0 \\ \sum M_{iz} &= 0 \end{aligned} \right\} \tag{4-24}$$

式(4-24)为空间力偶系的平衡方程。即空间力偶系平衡的必要和充分条件为：该力偶系中所有各力偶矩矢在三个坐标轴上投影的代数和分别等于零。

三个独立的平衡方程，可解三个未知量。

4.4 空间任意力系向一点简化·主矢和主矩

现在来讨论空间任意力系的简化问题。与第 3 章平面任意力系的简化方法一样，应用力线平移定理，依次将作用于刚体上的每个力向任意简化中心 O 平移，同时附加一个相应的力偶。这样就得到与原力系等效的空间汇交力系和空间力偶系，如图 4.12(a)、图 4.12(b)所示，其中

$$F'_1 = F_1, \quad F'_2 = F_2, \quad \cdots, \quad F'_n = F_n$$
$$M_1 = M_O(F_1), \quad M_2 = M_O(F_2), \quad \cdots, \quad M_n = M_O(F_n)$$

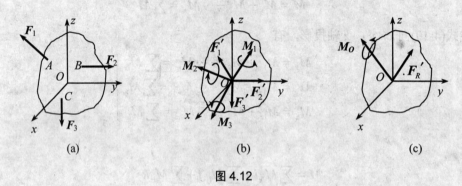

图 4.12

再进一步合成这两个力系，得到一个力和一个力偶，如图 4.12(c)所示。力矢和力偶矩矢分别为

$$F'_R = \sum_{i=1}^{n} F'_i = \sum_{i=1}^{n} F_i = \sum_{i=1}^{n} F_{xi} \boldsymbol{i} + \sum_{i=1}^{n} F_{yi} \boldsymbol{j} + \sum_{i=1}^{n} F_{zi} \boldsymbol{k} \tag{4-25}$$

$$M_O = \sum_{i=1}^{n} M_i = \sum_{i=1}^{n} M_O(F_i) \tag{4-26}$$

和平面力系一样，力系中各力的矢量和 $\sum F$ 称为力系的主矢量，各力对简化中心之矩的矢量和 $\sum M_O(F)$ 称为力系对简化中心之主矩。

由此得如下结论：

空间任意力系向任选点简化，可得一力和一力偶。力的大小、方向等于力系的主矢量，作用线通过简化中心；而力偶的矩矢等于力系对简化中心之主矩。主矢与简化中心位置无关，主矩则与简化中心位置有关。

由式(4-25)，此力系主矢的大小和方向余弦为

$$\left. \begin{array}{l} F'_R = \sqrt{(\sum F_{xi})^2 + (\sum F_{yi})^2 + (\sum F_{zi})^2} \\ \cos\alpha = \dfrac{\sum F_{xi}}{F_R}, \quad \cos\beta = \dfrac{\sum F_{yi}}{F_R}, \quad \cos\gamma = \dfrac{\sum F_{zi}}{F_R} \end{array} \right\} \tag{4-27}$$

式中，α、β、γ 分别为力系主矢 F'_R 与 x、y、z 轴间的夹角。

由式(4-26)，此力系对 O 点之主矩的大小和方向余弦为

$$\left. \begin{array}{l} M_O = \sqrt{\left[\sum M_x(\pmb{F}_i)\right]^2 + \left[\sum M_y(\pmb{F}_i)\right]^2 + \left[\sum M_z(\pmb{F}_i)\right]^2} \\ \cos\alpha = \dfrac{\sum M_x(\pmb{F}_i)}{M_O}, \quad \cos\beta = \dfrac{\sum M_y(\pmb{F}_i)}{M_O}, \quad \cos\gamma = \dfrac{\sum M_z(\pmb{F}_i)}{M_O} \end{array} \right\} \quad (4\text{-}28)$$

式中，α、β、γ 分别为力系对点之主矩 $\pmb{M}_O$ 与 x、y、z 轴间的夹角。

4.5 空间任意力系的简化结果分析

空间任意力系

向一点简化可能出现下列四种情况，即 $\pmb{F}'_R = 0$，$\pmb{M}_O \neq 0$；$\pmb{F}'_R \neq 0$，$\pmb{M}_O = 0$；$\pmb{F}'_R \neq 0$，$\pmb{M}_O \neq 0$；$\pmb{F}'_R = 0$，$\pmb{M}_O = 0$。现分别加以讨论。

1. 空间任意力系简化为一合力偶的情形

当空间任意力系向任一点简化时，若主矢 $\pmb{F}'_R = 0$，主矩 $\pmb{M}_O \neq 0$，这时得一力偶。显然，此力偶与原力系等效，即原力系合成为一合力偶，这合力偶矩矢等于原力系对简化中心之主矩。由于力偶矩矢与矩心位置无关，因此，在这种情况下，主矩与简化中心的位置无关。

2. 空间任意力系简化为一合力的情形·合力矩定理

当空间任意力系向任一点简化时，若主矢 $\pmb{F}'_R \neq 0$，而主矩 $\pmb{M}_O = 0$，这时得一力。显然，这力与原力系等效，即原力系合成为一合力，在这种情况下，合力的作用线通过简化中心 O，其大小和方向等于原力系的主矢。

若空间任意力系向一点简化的结果为主矢 $\pmb{F}'_R \neq 0$，又主矩 $\pmb{M}_O \neq 0$，且 $\pmb{F}'_R \perp \pmb{M}_O$[图 4.13(a)]。这时，力 $\pmb{F}'_R$ 和力偶矩矢为 $\pmb{M}_O(\pmb{F}'_R, \pmb{F}_R)$ 的力偶在同一平面内[图 4.13(b)]，则可将力 $\pmb{F}'_R$ 与力偶($\pmb{F}'_R, \pmb{F}_R$)进一步合成，得作用于 O' 点的一个力 $\pmb{F}_R$ [图 4.13(c)]。此力即为原力系的合力，其大小和方向等于原力系的主矢，即

$$\pmb{F}_R = \sum \pmb{F}_i$$

其作用线离简化中心 O 的距离为

$$d = \frac{|\pmb{M}_O|}{F_R} \quad (4\text{-}29)$$

由图 4.13(b)可知，力偶($\pmb{F}''_R, \pmb{F}_R$)之矩 $\pmb{M}_O$ 等于合力 $\pmb{F}_R$ 对 O 点之矩，即

$$\pmb{M}_O = \pmb{M}_O(\pmb{F}_R)$$

又由式(4-26)有

$$\pmb{M}_O = \sum \pmb{M}_O(\pmb{F}_i)$$

得关系式

$$\pmb{M}_O(\pmb{F}_R) = \sum \pmb{M}_O(\pmb{F}_i) \quad (4\text{-}30)$$

将式(4-30)投影到通过 O 点的任一轴 OZ 上，则有

$$[\pmb{M}_O(\pmb{F}_R)]_Z = \sum [\pmb{M}_O(\pmb{F}_i)]_Z = \sum M_Z(\pmb{F}_i) \quad (4\text{-}31)$$

式(4-30)和式(4-31)是最一般情况的合力矩定理。即合力对任一点之矩矢等于力系中各力对该点之矩矢的矢量和；合力对任一轴之矩等于力系中各力对该轴之矩的代数和。

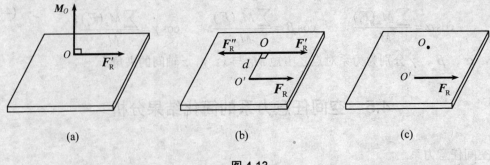

图 4.13

3. 空间任意力系简化为力螺旋的情形

如果空间任意力系向一点简化后，若主矢和主矩都不等于零，且 $F_R \,//\, M_O$ 或 F_R 与 M_O 成 α 角，这两种情况都合成为力螺旋。所谓力螺旋就是由一力和一力偶组成的力系，其中的力垂直于力偶的作用面(图 4.14)。例如，钻孔时的钻头对工件的作用以及拧木螺钉时螺丝刀对螺钉的作用都是力螺旋。F_R 与 M_O 成 α 角时如何合成得到力螺旋，这里不作详细讨论。

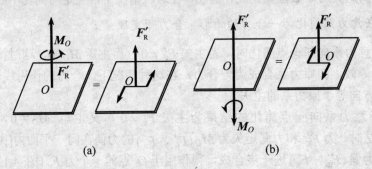

图 4.14

4. 空间任意力系简化为平衡的情形

当空间任意力系向任一点简化时，若主矢 $F_R' = 0$，主矩 $M_O = 0$，这是空间任意力系平衡的情形，将在下节详细讨论。

4.6 空间任意力系的平衡方程

空间任意力系平衡的必要和充分条件是：力系的主矢和对任一点之主矩都等于零，即

$$F_R' = 0$$
$$M_O = 0$$

平衡的解析条件为

$$\left.\begin{array}{l}\sum F_{xi}=0\\ \sum F_{yi}=0\\ \sum F_{zi}=0\\ \sum M_x(F_i)=0\\ \sum M_y(F_i)=0\\ \sum M_z(F_i)=0\end{array}\right\} \qquad (4\text{-}32)$$

即空间任意力系平衡的必要和充分条件是：力系中各力在三个坐标轴上投影的代数和分别等于零，各力对每个轴之矩的代数和也等于零。

与平面力系相同，空间力系的平衡方程也有其他的形式。可以从空间任意力系的普遍平衡规律中导出特殊情况的平衡规律。例如空间平行力系、空间汇交力系和平面任意力系等平衡方程。现以空间平行力系为例，其余情况读者可自行推导。

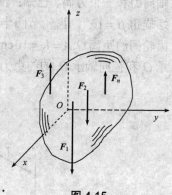

图 4.15

设物体受一空间平行力系作用，如图 4.15 所示。令 z 轴与这些力平行，则各力对于 z 轴之矩等于零；又由于 x 和 y 轴都与这些力垂直，所以各力在这两轴上的投影也等于零。因而在平衡方程组(4.32)中，第一、第二和第六个方程为恒等式。因此，空间平行力系只有三个平衡方程，即

$$\left.\begin{array}{l}\sum F_{zi}=0\\ \sum M_x(F_i)=0\\ \sum M_y(F_i)=0\end{array}\right\} \qquad (4\text{-}33)$$

空间任意力系的平衡方程有六个。所以对于在空间任意力系作用下平衡的物体，只能求解六个未知量，如果未知量多于六个，就是静不定问题；对于在空间平行力系作用下平衡的物体，则只能求解三个未知量。因此，在解题时必须先分析物体受力情况。

【例 4.4】 图 4.16 所示的三轮小车，自重 $P=8\text{kN}$，作用于点 E，载荷 $P_1=10\text{kN}$ 作用于 C 点。求小车静止时地面对车轮的约束力。

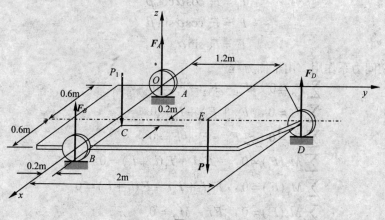

图 4.16

解：取小车为研究对象，受力如图 4.16 所示。五个力构成空间平行力系。其中 P_1 和 P 是主动力，F_A、F_B 和 F_D 为地面的约束反力。建立图示坐标系 $Oxyz$，由平衡方程

$$\sum F_{zi} = 0, \quad -P_1 - P + F_A + F_B + F_D = 0$$

$$\sum M_x(F_i) = 0, \quad -0.2P_1 - 1.2P + 2F_D = 0$$

$$\sum M_y(F_i) = 0, \quad 0.8P_1 + 0.6P - 0.6F_D - 1.2F_B = 0$$

解得

$$F_D = 5.8 \text{kN}, \quad F_B = 7.777 \text{kN}, \quad F_A = 4.423 \text{kN}$$

【例 4.5】 如图 4.17 所示涡轮发动机叶片受到的燃气压力可简化为作用在涡轮盘上的一个轴向力和一个力偶。已知：轴向力 $F = 2\text{kN}$，力偶矩 $M_O = 1\text{kN·m}$。斜齿的压力角 $\alpha = 20°$，螺旋角 $\beta = 10°$，齿轮节圆半径 $r = 10\text{cm}$。轴承间距 $O_1O_2 = l_1 = 50\text{cm}$，径向轴承 O_2 与斜齿轮间的距离 $O_2A = l_2 = 10\text{cm}$。不计发动机自重，试求斜齿轮上所受的作用力 F_N 及推力轴承 O_1 和径向轴承 O_2 的约束力。

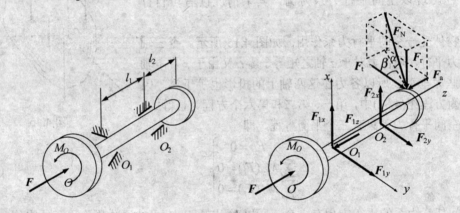

图 4.17

解：取图 4.17 所示涡轮轴系统为研究对象，系统受力图及坐标系 O_1xyz 如图 4.17 所示。其中推力轴承 O_1 的约束力有三个分量，径向轴承 O_2 的约束力有两个分量。斜齿轮所受的压力 F_N 可分解成三个分量：周向力 F_t、径向力 F_r 和轴向力 F_a。各分力的大小与有

$$F_t = F_N \cos\alpha \cos\beta \tag{a}$$

$$F_a = F_N \cos\alpha \sin\beta \tag{b}$$

$$F_r = F_N \sin\alpha \tag{c}$$

系统受空间力系作用，由平衡方程

$$\sum F_{xi} = 0, \quad F_{x1} + F_{x2} - F_r = 0 \tag{d}$$

$$\sum F_{yi} = 0, \quad F_{y1} + F_{y2} + F_t = 0 \tag{e}$$

$$\sum F_{zi} = 0, \quad -F_{z1} - F_a + F = 0 \tag{f}$$

$$\sum M_x(F_i) = 0, \quad -F_{y2}l_1 - F_t(l_1 + l_2) = 0 \tag{g}$$

$$\sum M_y(F_i) = 0, \quad F_{x2}l_1 + F_a r - F_r(l_1 + l_2) = 0 \tag{h}$$

$$\sum M_z(F_i) = 0, \quad F_t r - M_O = 0 \tag{i}$$

由式(i)解得 $F_t = 10\text{kN}$，代入式(a)得

$$F_N = \frac{F_t}{\cos 20° \cos 10°} = \frac{10\text{kN}}{0.94 \times 0.98} = 10.8 \text{kN}$$

代入式(b)和式(c)，得

$$F_a = F_N \cos 20° \sin 10° = (10.8 \times 0.94 \times 0.17)\text{kN} = 1.73 \text{kN}$$
$$F_r = F_N \sin 20° = (10.8 \times 0.34)\text{kN} = 3.67 \text{kN}$$

将所求各值分别代入(f)、(g)、(h)、(d)和(e)得

$$F_{z1} = -F + F_a = 1.77\text{kN} - 2\text{kN} = -0.27\text{kN}$$
$$F_{y2} = -\frac{F_t(l_1 + l_2)}{l_1} = -\frac{10(50+10)}{50}\text{kN} = -12\text{kN}$$
$$F_{x2} = \frac{F_r(l_1 + l_2) - F_a r}{l_1} = \frac{3.67(50+10) - 1.73 \times 10}{50}\text{kN}$$
$$= 4.06\text{kN}$$
$$F_{x1} = -F_r - F_{x2} = 3.67\text{kN} - 4.06\text{kN} = -0.39\text{kN}$$
$$F_{y1} = -F_{y2} - F_t = 12\text{kN} - 10\text{kN} = 2\text{kN}$$

【例 4.6】 图 4.18 所示均质方板由六根杆支撑于水平位置，直杆两端各用球铰链与板和地面连接。板重量为 P，在 A 处作用一水平力 F，且 $F = 2P$，不计杆重。求各杆的内力。

解： 取方板为研究对象。设各杆均受拉力。板的受力如图 4.18 所示。由平衡方程

$$\sum M_{AB}(F_i) = 0 \qquad -F_6 a - P\frac{a}{2} = 0$$

得

$$F_6 = -\frac{P}{2} \quad (\text{压力})$$
$$\sum M_{AE}(F_i) = 0, \quad F_5 = 0$$
$$\sum M_{AC}(F_i) = 0, \quad F_4 = 0$$
$$\sum M_{EF}(F_i) = 0$$

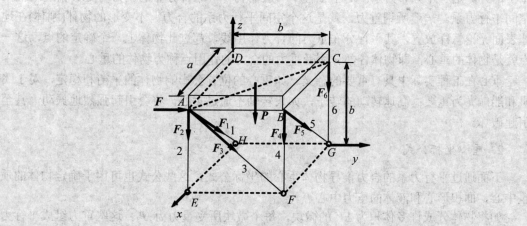

图 4.18

$$-P\frac{a}{2}-F_6 a-F_1\frac{a}{\sqrt{a^2+b^2}}b=0$$

得

$$F_1=0$$
$$\sum M_{FG}(\boldsymbol{F}_i)=0$$
$$-P\frac{b}{2}+Fb-F_2 b=0$$

得

$$F_2=1.5P\ (拉力)$$
$$\sum M_{BC}(\boldsymbol{F}_i)=0$$
$$-P\frac{b}{2}-F_2 b-F_3\cos 45°b=0$$

得

$$F_3=-2\sqrt{2}P\quad(压力)$$

此例中用六个力矩方程求六根杆的内力。一般力矩方程比较灵活，常可使一个方程只含一个未知数。当然也可以采用其他形式的平衡方程求解。例如四矩式，五矩式。但独立的平衡方程数只有六个。由于空间情况比较复杂，这里就不讨论其独立性条件。

4.7 重 心

4.7.1 重心概念及其坐标公式

1. 重心

在地球附近的物体都受到地球对它的作用力，即物体的重力；重力作用于物体内每一微小部分，是一个分布力系；对于工程中一般的物体，这种分布的重力可足够精确地视为空间平行力系。一般所谓重力，就是这个空间平行力系的合力。不变形的物体(刚体)在地球表面无论怎样放置，其平行分布重力的合力作用线，都过此物体上一个确定的点，这一点就是物体的重心，即物体各部分所受重力的合力的作用点称为物体的重心。

重心在工程实际中具有重要的意义。如重心的位置会影响物体的平衡和稳定，对于飞机和船舶尤为重要；高速转动的转子，如果转轴不通过重心，将会引起强烈地振动，甚至引起破坏。

2. 重心坐标公式

下面通过平行力系的合力推导物体重心的坐标公式，这些公式也可用于确定物体的质量中心、面积形心和液体的压力中心等。

如将物体分成许多体积为 ΔV_i 的微块，每个微块所受重力为 $\boldsymbol{P}_i$。这些重力组成平行力系，其合力 $\boldsymbol{P}$ 的大小就是整个物体的重量，即

$$\boldsymbol{P}=\sum \boldsymbol{P}_i \tag{4-34}$$

取图 4.19 坐标系，使重力及其合力与轴平行。设任一微块的坐标为 x_i、y_i、z_i，重心 C

的坐标为 x_C、y_C、z_C。根据合力矩定理，对 x 轴取矩，有

$$-Py_C = -(P_1y_1 + P_2y_2 + \cdots + P_ny_n) = -\sum P_iy_i$$

再对 y 轴取矩，有

$$Px_C = P_1x_1 + P_2x_2 + \cdots + P_nx_n = \sum P_ix_i$$

由于重心在物体内占有确定的位置，为求坐标 z_C，可将物体连同坐标系 $Oxyz$ 一起绕 x 轴顺时针方向转 $90°$，使 y 轴向下，这样各重力 $\boldsymbol{P}_i$ 及其合力 $\boldsymbol{P}$ 都与 y 轴平行。这也相当于将各重力及其合力相对于物体按逆时针方向转 $90°$，使之与 y 轴平行，如图 4.19 中虚线箭头所示。这时，再对 x 轴取矩，得

$$-Pz_C = -(P_1z_1 + P_2z_2 + \cdots + P_nz_n) = -\sum P_iz_i$$

由以上三式可得计算重心坐标的公式，即

$$x_C = \frac{\sum P_ix_i}{\sum P_i}, \quad y_C = \frac{\sum P_iy_i}{\sum P_i}, \quad z_C = \frac{\sum P_iz_i}{\sum P_i} \tag{4-35}$$

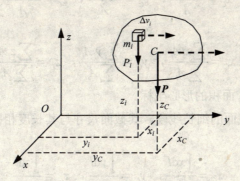

图 4.19

物体分割得越多，即每一小块体积越小，则按式(4-35)计算的重心位置愈准确。在极限情况下可用积分计算。

如果物体，单位体积的重量为 $\gamma =$ 常值，以 ΔV_i 表示微小体积，物体总体积为 $V = \sum V_i$。将 $P_i = \gamma \Delta V_i$ 代入式(4-35)，得

$$\left.\begin{array}{l}x_C = \dfrac{\sum x_iV_i}{\sum V_i} = \dfrac{\sum x_iV_i}{V} \\[6pt] y_C = \dfrac{\sum y_iV_i}{\sum V_i} = \dfrac{\sum y_iV_i}{V} \\[6pt] z_C = \dfrac{\sum z_iV_i}{\sum V_i} = \dfrac{\sum z_iV_i}{V}\end{array}\right\} \tag{4-36}$$

式(4-36)的极限为

$$x_C = \frac{\int_v x\mathrm{d}v}{v}, \quad y_C = \frac{\int_v y\mathrm{d}v}{v}, \quad z_C = \frac{\int_v z\mathrm{d}v}{v}$$

可见均质物体的重心与其单位体积的重量无关，只决定于物体的形状。即重心与物体的几何中心重合，后者称为形心。

工程中常采用薄壳结构，例如厂房的顶壳、薄壁容器、飞机机翼等，其厚度与其表面积 S 相比是很小的，如图 4.20 所示。若薄壳是等厚的，则其重心公式为

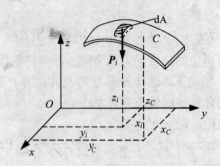

图 4.20

$$x_C = \frac{\int_s x\mathrm{d}A}{A}, \quad y_C = \frac{\int_s y\mathrm{d}A}{A}, \quad z_C = \frac{\int_s z\mathrm{d}A}{A} \tag{4-37}$$

若为均质板也可写成

$$x_C = \frac{\sum x_i A_i}{\sum A_i}, \quad y_C = \frac{\sum y_i A_i}{\sum A_i}, \quad z_C = \frac{\sum z_i A_i}{\sum A_i}$$

这里 x_i，y_i，z_i 为 A_i 面积的形心坐标。

如果物体是均质等截面的细长线段，其截面尺寸与其长度相比是很小的，则其重心公式为

$$x_C = \frac{\int_l x\mathrm{d}l}{l}, \quad y_C = \frac{\int_l y\mathrm{d}l}{l}, \quad z_C = \frac{\int_l z\mathrm{d}l}{l} \tag{4-38}$$

4.7.2 确定物体重心位置的方法

1. 简单几何形状的物体的重心

如均质物体有对称面，或对称轴，或对称中心，不难看出，该物体的重心必相应地在这个对称面，或对称轴，或对称中心上。例如正圆锥体或正圆锥面、正棱柱体或正棱柱面的重心都在其轴线上；椭球体或椭圆面的重心在其几何中心上；平行四边形的重心在其对角线的交点上；等等。简单形状物体的重心可从工程手册上查到。表 4-1 列出了常见的几种简单形状物体的重心。工程中常用的型钢(如工字钢、角钢、槽钢等)的截面的形心，也可以从型钢表中查到。

表 4-1　简单形体重心坐标公式

图　形	重心位置
三角形	在中线的交点 $y_C = \dfrac{1}{3}h$
梯形	$y_C = \dfrac{h(2a+b)}{3(a+b)}$
圆弧	$x_C = \dfrac{r\sin\alpha}{\alpha}$ 对于半圆弧 $\alpha = \dfrac{\pi}{2}$，则 $x_C = \dfrac{2r}{\pi}$
弓形	$x_C = \dfrac{2}{3}\dfrac{r^3\sin^3\alpha}{S}$ [面积 $S = \dfrac{r^2(2\alpha - \sin 2\alpha)}{2}$]
扇形	$x_C = \dfrac{2}{3}\dfrac{r\sin\alpha}{\alpha}$ 对于半圆 $\alpha = \dfrac{\pi}{2}$，则 $x_C = \dfrac{4r}{3\pi}$
部分圆环	$x_C = \dfrac{2}{3}\dfrac{R^3 - r^3}{R^2 - r^2}\dfrac{\sin\alpha}{\alpha}$
抛物线面	$x_C = \dfrac{3}{5}a$ $y_C = \dfrac{3}{8}b$

图　形	重心位置
抛物线面	$x_C = \dfrac{3}{4}a$ $y_C = \dfrac{3}{10}b$
半圆球	$z_C = \dfrac{3}{8}r$
正圆锥体	$z_C = \dfrac{1}{4}h$
正角锥体	$z_C = \dfrac{1}{4}h$
锥形筒体	$y_C = \dfrac{4R_1 + 2R_2 - 3t}{6(R_1 + R_2 - t)} \times L$

表 4-1 中列出的重心位置，均可按前述公式积分求得。

【**例 4.7**】 试求图 4.21 所示半径为 R、同心角为 2α 的扇形面积的重心。

解：取中心角的平分线为 y 轴。由于对称关系，重心必在这个轴上，即 $x_C = 0$，现在只需求出 y_C。

把扇形面积分成无数无穷小的面积素（可看做三角形），每个小三角形的重心都在距顶点为 $\dfrac{2}{3}R$ 处。任一位置 θ 处的微小面积 $dA = \dfrac{1}{2}R^2 d\theta$，其重心的 y 坐标为

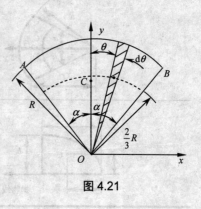

图 4.21

$y = \frac{2}{3} R\cos\theta$。扇形总面积为

$$A = \int dA = \int_{-\alpha}^{\alpha} \frac{1}{2} R^2 d\theta = R^2 \alpha$$

由形心坐标公式(4-37)，可得

$$y_C = \frac{\int y dA}{S} = \frac{\int_{-\alpha}^{\alpha} \frac{2}{3} R\cos\theta \cdot \frac{1}{2} R^2 d\theta}{R^2 \alpha} = \frac{2}{3} R \frac{\sin\alpha}{\alpha}$$

如果以 $\alpha = \frac{\pi}{2}$ 代入，就可得半圆形的重心

$$y_C = \frac{4R}{3\pi}$$

2. 组合法求物体重心

1) 分割法

若一个物体由几个简单形状的物体组合而成，而这些物体的重心是已知的，那么整个物体的重心即可用式(4-35)求出。

2) 负面积法(负体积法)

若在物体或薄板内切去一部分(例如有空穴或孔的物体)，则这类物体的重心，仍可应用与分割法相同的公式来求得，只是切去部分的体积或面积应取负值。例 4.8 也可用负面积法计算。

【例 4.8】 求图 4.22(a)所示的均质薄板的重心位置，图中长度单位为 cm。

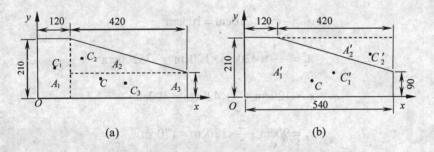

图 4.22

解：作固连于薄板的坐标系如图 4.22(a)所示

[解法一]用分割法求重心位置

整块薄板可看成是由虚线所划分的 A_1、A_2、A_3 三部分组成。以 x_i、y_i 代表面积 $A_i (i = 1, 2, 3)$ 的重心的坐标，则

$$A_1 = 210\text{cm} \times 120\text{cm} = 25200\text{cm}^2$$

$$x_1 = \frac{1}{2} \times 120\text{cm} = 60\text{cm}$$

$$y_1 = \frac{1}{2} \times 210\text{cm} = 105\text{cm}$$

$$A_2 = \frac{1}{2} \times 420(210-90)\text{cm}^2 = 25200\text{cm}^2$$

$$x_2 = 120\text{cm} + \frac{1}{3} \times 420\text{cm} = 260\text{cm}$$

$$y_2 = 90\text{cm} + \frac{1}{3}(210-90)\text{cm} = 130\text{cm}$$

$$A_3 = 420\text{cm} \times 90\text{cm} = 37800\text{cm}^2$$

$$x_3 = 120\text{cm} + \frac{1}{2} \times 420\text{cm} = 330\text{cm}$$

$$y_3 = \frac{1}{2} \times 90\text{cm} = 45\text{cm}$$

由式(4-35)得整块薄板重心 C 的坐标

$$x_C = \frac{A_1 x_1 + A_2 x_2 + A_3 x_3}{A_1 + A_2 + A_3} = 233\text{cm}$$

$$y_C = \frac{A_1 y_1 + A_2 y_2 + A_3 y_3}{A_1 + A_2 + A_3} = 86.4\text{cm}$$

[解法二] 用负面积法求重心位置

把板看成长方形 A'_1(540cm×210cm)割去虚线所示三角形 A'_2 而成[图 4.22(b)]，将割去的面积 A'_2 看做负值，先求出各部分的面积和重心坐标

$$A'_1 = 540\text{cm} \times 210\text{cm} = 113400\text{cm}^2$$

$$x'_1 = \frac{1}{2} \times 540\text{cm} = 270\text{cm}$$

$$y'_1 = \frac{1}{2}\text{cm} \times 210\text{cm} = 105\text{cm}^2$$

$$A'_2 = -\frac{1}{2} \times 420\text{cm} \times 120\text{cm} = -25200\text{cm}^2$$

$$x'_2 = 120\text{cm} + \frac{2}{3} \times 420\text{cm} = 400\text{cm}$$

$$y'_2 = 90\text{cm} + \frac{2}{3} \times 120\text{cm} = 170\text{cm}$$

薄板的重心 C 的坐标

$$x_C = \frac{A'_1 x'_1 + A'_2 x'_2}{A'_1 + A'_2} = 233\text{cm}$$

$$y_C = \frac{A'_1 y'_1 + A'_2 y'_2}{A'_1 + A'_2} = 86.4\text{cm}$$

3. 实验法测定重心的位置

工程中一些外形复杂或质量分布不均的物体很难用计算方法求其重心，此时可用实验方法测定重心位置。下面介绍两种方法。

1) 悬挂法

如果需求一薄板的重心，可先将板悬挂于任一点 A，如图 4.23(a)所示。根据二力平衡

条件，重心必在过悬挂点的铅直线上，于是可在板上画出此线。然后再将板悬挂于另一点 B，同样可画出另一直线。两直线相交于 C 点，这个 C 点就是重心，如图 4.23(b)所示。

2) 称重法

如图 4.24 所示，为确定具有对称轴的内燃机连杆的重心坐标 x_C，先称出连杆的质量，再算出其重量 P，然后将其一端支承于 A 点，另一端放在磅秤 B 上。测得两支点的水平距离 l 及 B 处约束力 F_B。由平衡方程

$$\sum m_A(\boldsymbol{F}) = 0, \quad -P \cdot x_C + F_B \cdot l = 0$$

得

$$x_C = \frac{F_B l}{P} = \frac{G}{P} l$$

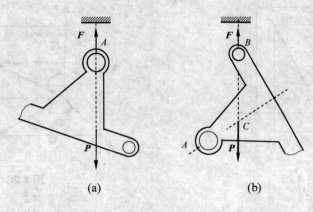

图 4.23

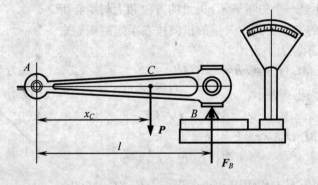

图 4.24

小　　结

1. 力在直角坐标上的投影

1) 直接投影法

如已知力 $\boldsymbol{F}$ 与正交坐标系各轴的夹角分别为 α、β、γ，如图 4.25 所示。则力在三个轴上的投影等于

$$F_x = F\cos\alpha$$
$$F_y = F\cos\beta$$
$$F_z = F\cos\gamma$$

2) 二次(间接)投影法

已知力 F 和夹角 γ、φ，如图 4.26 所示，则力 F 在三个坐标轴上的投影分别为

$$\left.\begin{array}{l} F_x = F\sin\gamma\cos\varphi \\ F_y = F\sin\gamma\sin\varphi \\ F_z = F\cos\gamma \end{array}\right\} \tag{4-2}$$

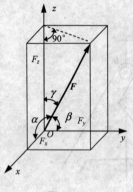

图 4.25

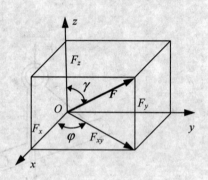

图 4.26

2. 力矩的计算

(1) 力对点之矩是一个矢量表示，矢量的方位和力与矩心所组成的平面的法线的方位相同；矢量的指向按右手螺旋规则来确定，如图 4.27 所示，大小为

$$|M_O(F_i)| = Fh = 2\triangle OAB$$

或用力对点的矩的矢积式表示，

即
$$M_O(F_i) = r \times F = \begin{vmatrix} i & j & k \\ x & y & z \\ F_x & F_y & F_z \end{vmatrix}$$

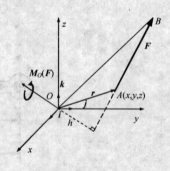

图 4.27

式中，x、y、z 分别为力 F 作用于 A 点的坐标；F_x、F_y、F_z 为力矢在轴上的投影。

(2) 力对轴之矩是一个代数量，其绝对值等于该力在垂直于该轴的平面上的投影对于这个平面与该轴的交点之矩的大小。其正负号按右手螺旋规则来确定。经常用合力矩定理计算。

(3) 力对点之矩与力对通过该点的轴之矩之间的关系

$$\left.\begin{array}{l} [M_O(F_i)]_x = M_x(F_i) \\ [M_O(F_i)]_y = M_y(F_i) \\ [M_O(F_i)]_z = M_z(F_i) \end{array}\right\}$$

第4章 空间力系

3. 合力矩定理

合力对任一点之矩矢等于力系中各力对该点之矩矢的矢量和；合力对任一轴之矩等于力系中各力对该轴之矩的代数和，即

$$M_O(F_R) = \sum M_O(F_i)$$
$$M_z(F_R) = \sum M_z(F_i)$$

4. 空间力偶及其等效条件

空间力偶对刚体的作用效果决定于三要素(大小、方位及转向)，它可用一个矢量表示，称为力偶矩矢，记作 M。力偶矩矢的大小等于力与力偶臂的乘积，矢量的方位垂直力偶作用面，矢量的指向与力偶转向间的关系服从右手螺旋规则。

力偶矩矢是自由矢量。

若两力偶的力偶矩矢相等，则两力偶等效。

5. 空间力系的合成和平衡

(1) 空间任意力系向任选点 O 简化，可得一过简化中心 O 的力和一力偶。它们的矢量分别为

$$F'_R = \sum_{i=1}^{n} F'_i = \sum_{i=1}^{n} F_i = \sum_{i=1}^{n} F_{xi} \boldsymbol{i} + \sum_{i=1}^{n} F_{yi} \boldsymbol{j} + \sum_{i=1}^{n} F_{zi} \boldsymbol{k}$$

$$M_O = \sum_{i=1}^{n} M_i = \sum_{i=1}^{n} M_O(F_i)$$

最终结果可得一合力、一合力偶、一力螺旋或平衡。

(2) 空间任意力系平衡方程的基本形式

$$\left. \begin{array}{l} \sum F_{xi} = 0 \\ \sum F_{yi} = 0 \\ \sum F_{zi} = 0 \\ \sum M_x(F_i) = 0 \\ \sum M_y(F_i) = 0 \\ \sum M_z(F_i) = 0 \end{array} \right\}$$

6. 物体的重心

物体的重心是该物体重力的合力始终通过的一点。均质物体的重心与几何中心相重合。物体重心的坐标公式，可根据合力矩定理导出，即

$$x_C = \frac{\sum P_i x_i}{\sum P_i}, \quad y_C = \frac{\sum P_i y_i}{\sum P_i}, \quad z_C = \frac{\sum P_i z_i}{\sum P_i}$$

均质板：
$$x_C = \frac{\sum A_i x_i}{\sum A_i}, \quad y_C = \frac{\sum A_i y_i}{\sum A_i}, \quad z_C = \frac{\sum A_i z_i}{\sum A_i}$$

思 考 题

4-1 力在平面上的投影为什么仍然是一矢量？

4-2 什么情况下力对轴之矩等于零？

4-3 计算一物体的重心，选取两个不同的坐标系，则对这两个不同的坐标系计算出来的结果会不会一样？这是否意味着重心位置是随着坐标选择不同而改变？

4-4 物体的重心是否一定在物体上？试举例说明。

4-5 用负面积法求物体的重心时，应该注意些什么问题？

习 题

4-1 力系中，F_1=100 N、F_2=300 N、F_3=200 N，各力作用线的位置如图所示。试求各力对 O 点之矩。

4-2 如图所示力 F=1000N，求对于 z 轴的力矩 M_z。

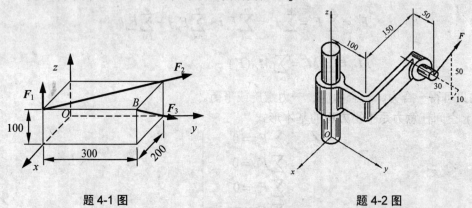

题 4-1 图　　　　　　　　　题 4-2 图

4-3 轴 AB 与铅直线成 β 角，悬臂 CD 与轴垂直地固定在轴上，其长为 a，并与铅直面 zAB 成 θ 角，如图所示。如在点 D 作用铅直向下的力 F，求此力对轴 AB 的矩。

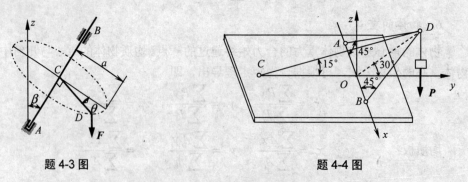

题 4-3 图　　　　　　　　　题 4-4 图

4-4 图示空间构架由三根无重直杆组成，在 D 端用球铰链连接，如图所示。A、B 和 C 端则用球铰链固定在水平地板上。如果挂在 D 端的物重 P=10kN，试求铰链 A、B 和 C 的

4-5 如图所示空间桁架由六杆1、2、3、4、5和6构成。在节点A上作用一力F，此力在矩形$ABDC$平面内，且与铅直线成45°角。$\triangle EAK = \triangle FBM$。等腰三角形$EAK$、$FBM$和$NDB$在顶点$A$、$B$和$D$处均为直角，又$EC=CK=FD=DM$。若$F=10$kN，求各杆的内力。

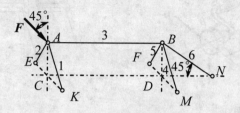

题 4-5 图

4-6 起重机装在三轮小车ABC上。已知起重机的尺寸为：$AD=DB=1$m，$CD=1.5$m，$CM=1$m，$KL=4$m。机身连同平衡锤F共重$P_1=100$kN，作用在G点，G点在平面$LMNF$之内，到机身轴线MN的距离$GH=0.5$m，如图所示，重物$P_2=30$kN，求当起重机的平面LMN平行于AB时车轮对轨道的压力。

4-7 如图所示，已知镗刀杆刀头上受切削力$F_z=500$N，径向力$F_x=150$N，轴向力$F_y=75$N，刀尖位于Oxy平面内，其坐标$x=75$mm，$y=200$mm。工件重量不计，试求被切削工件左端O处的约束反力。

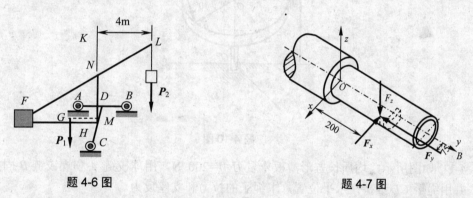

题 4-6 图　　　　　　　　　　题 4-7 图

4-8 如图所示手摇钻由支点B、钻头A和弯曲的手柄组成。当支点B处加压力F_x、F_y和F_z以及手柄上加力F后，即可带动钻头绕轴AB转动而钻孔，已知$F_z=50$N，$F=150$N。求：

(1) 钻头受到的阻力偶的力偶矩m；

(2) 材料给钻头的反力F_{Ax}、F_{Ay}和F_{Az}的值；

(3) 压力F_x和F_y的值。

4-9 水平传动轴装有两个带轮C和D，可绕AB轴转动，如图所示。带轮的半径各为$r_1=200$mm和$r_2=250$mm，带轮与轴承间的距离为$a=b=500$mm，两带轮间的距离为$c=1000$mm。套在轮C上的皮带是水平的，其拉力为$F_1=2F_2=5000$N；套在轮D上的皮带与铅直线成角$\alpha=30°$，其拉力为$F_3=2F_4$。求在平衡情况下，拉力F_3和F_4的值，并求由皮带拉力所引起的轴承反力。

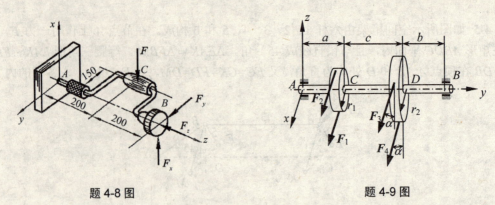

题 4-8 图   题 4-9 图

4-10 水平圆盘的半径为 r,外缘 C 处作用有已知力 F。力 F 位于铅垂平面内,且与 C 处圆盘切线夹角为 60°,其他尺寸如图所示。求力 F 对 x,y,z 轴之矩。

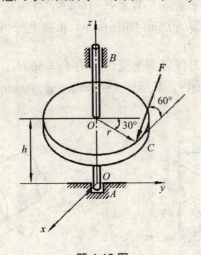

题 4-10 图

4-11 如图所示,均质长方形薄板重量为 $W=200$ N,用球铰链 A 和蝶铰链 B 固定在墙上,并用绳子 CE 维持在水平位置。求绳子的拉力和支座反力。

4-12 工字钢截面尺寸如图所示,求此截面的几何中心。

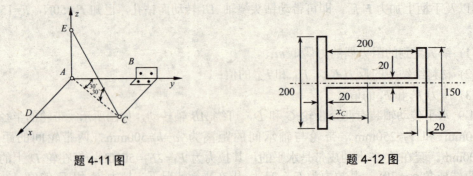

题 4-11 图   题 4-12 图

4-13 如图所示平面图形中每一方格的边长为 20mm,求挖去一圆后剩余部分面积重心的位置。

4-14 如图所示,偏心激振器中的偏心块为等厚度的均质形体,其中有半径为 r_2 的圆孔,尺寸为 $R=100$mm,$r_1=30$mm,$r_2=15$mm。计算偏心块的形心坐标。

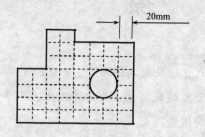

题 4-13 图

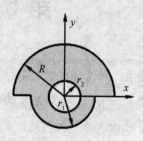

题 4-14 图

4-15 均质块尺寸如图所示,求其重心的位置。

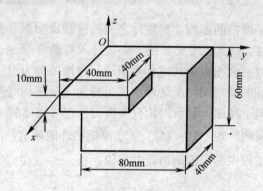

题 4-15 图

4-16 均质曲杆 ABODER 尺寸如图所示,求此曲杆重心坐标。

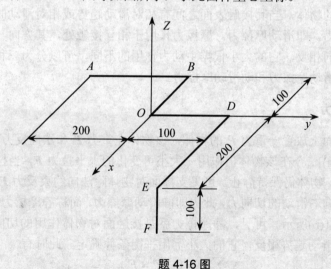

题 4-16 图

第 5 章 摩 擦

教学提示：静滑动摩擦的取值范围为 $0 \leqslant F_s \leqslant F_{\max}$，其最大值为 $F_{\max} = f_s F_N$，动摩擦力的大小为 $F_d = f F_N$。全约束反力与接触面法线间夹角的最大值 φ 称为摩擦角。本章重点为考虑摩擦时物体的平衡问题。最后介绍滚动摩阻的概念。

教学要求：掌握静、动摩擦因数，了解摩擦角、自锁和滚动摩阻的概念。能应用摩擦定律，求解有摩擦时物体的平衡问题。

在前几章中，忽略了摩擦的影响，把物体之间的接触表面都看做是光滑的。但在实际生活和生产中，摩擦有时会起到重要的作用，必须计入其影响。

按照接触物体之间可能会相对滑动或相对滚动，摩擦可分为滑动摩擦和滚动摩阻；又根据物体之间是否有良好的润滑剂，滑动摩擦又可分为干摩擦和湿摩擦。本章仅限于研究固体与固体间的摩擦，即干摩擦，着重讨论有摩擦力存在时物体的平衡问题。

摩擦是一种极其复杂的物理-力学现象。关于摩擦机理的研究，目前已形成一门学科——摩擦学。本章仅介绍工程中常用的简单近似理论。

5.1 滑 动 摩 擦

两个表面粗糙的物体，当其接触表面之间有相对滑动趋势或相对滑动时，彼此作用有阻碍相对滑动的阻力，即滑动摩擦力。摩擦力作用于相互接触处，其方向与相对滑动的趋势或相对滑动的方向相反，它的大小根据主动力作用的不同，可以分为三种情况，即静滑动摩擦力、最大静滑动摩擦力和动滑动摩擦力。

5.1.1 静滑动摩擦力

在粗糙的水平面上放置一重为 P 的物体，该物体在重力 P 和法向反力 F_N 的作用下处于静止状态[图 5.1(a)]。今在该物体上作用一大小可变化的水平拉力 F，当拉力 F 由零值逐渐增加但不很大时，物体仍保持静止。可见支撑面对物体除法向约束反力 F_N 外，还有一个阻碍物体沿水平面向右滑动的切向力，此力即静滑动摩擦力，简称静摩擦力，常以 F_s 表示，方向向左，如图 5.1(b)所示。可见，静摩擦力就是接触面对物体作用的切向约束反力，它的方向与物体相对滑动趋势相反，它的大小需用平衡条件确定。此时有

$$\sum F_x = 0, \quad F_s = F$$

由上式可知，静摩擦力的大小随水平力 F 的增大而增大。

所以，在平衡问题中，静摩擦力的大小和方向与作用在物体上的主动力有关，可由平衡条件确定。这是静摩擦力与一般约束力的共同点。

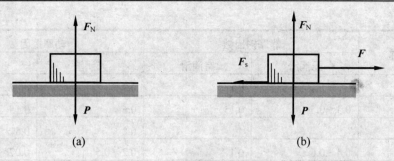

图 5.1

5.1.2 最大静滑动摩擦力

静摩擦力又与一般约束反力不同,它并不随力 **F** 的增大而无限度地增大。当力 **F** 的大小达到一定数值时,物块处于将要滑动、但尚未开始滑动的临界状态。这时,只要力 **F** 再增大一点,物块即开始滑动。当物块处于平衡的临界状态时,静摩擦力达到最大值,即为最大静滑动摩擦力,简称最大静摩擦力,以 F_{max} 表示。此后,如果 **F** 再继续增大,但静摩擦力不能再随之增大,物体将失去平衡而滑动。这就是静摩擦力的特点。

综上所述可知,静摩擦力的大小随主动力的情况而改变,但介于零与最大值之间,即

$$0 \leqslant F_s \leqslant F_{max} \tag{5-1}$$

大量实验证明:最大静摩擦力的大小与接触面法向反力成正比,即

$$F_{max} = f_s F_N \tag{5-2}$$

式中,f_s 为静滑动摩擦因数。

静滑动摩擦因数的大小可由实验测定,它与接触物体的材料和表面状态有关,而与接触面积的大小无关。

静摩擦因数的数值可在工程手册中查到。表 5-1 中列出了一部分常用材料的摩擦因数。但影响摩擦因数的因素很复杂,如果需用比较准确的数值时,必须在具体条件下进行实验测定。

表 5-1 常用材料的滑动摩擦因数

材料名称	静摩擦因数		动摩擦因数	
	无润滑	有润滑	无润滑	有润滑
钢-钢	0.15	0.1~0.12	0.15	0.05~0.1
钢-软钢			0.2	0.1~0.2
钢-铸铁	0.3		0.18	0.05~0.15
钢-青铜	0.15	0.1~0.15	0.15	0.1~0.15
软钢-铸铁	0.2		0.18	0.05~0.15
软钢-青铜	0.2		0.18	0.07~0.15
铸铁-铸铁		0.18	0.15	0.07~0.12
铸铁-青铜			0.15~0.2	0.07~0.15

续表

材料名称	静摩擦因数		动摩擦因数	
	无润滑	有润滑	无润滑	有润滑
青铜-青铜		0.1	0.2	0.07~0.1
皮革-铸铁	0.3~0.5	0.15	0.6	0.15
橡皮-铸铁			0.8	0.5
木材-木材	0.4~0.6	0.1	0.2~0.5	0.07~0.15

式(5-2)称为静摩擦定律(又称库仑定律)。应该指出,式(5-2)仅是近似的,它远不能完全反映出静滑动摩擦的复杂现象。但是,由于公式简单,计算方便,并且又有足够的准确性,所以在工程实际中被广泛地应用。

静摩擦定律给我们指出了利用摩擦和减少摩擦的途径。要增大最大静摩擦力,可以通过加大正压力或增大摩擦因数来实现。例如,汽车一般都用后轮驱动,因为后轮正压力大于前轮,这样可以允许产生较大的向前推动的摩擦力;火车在下雪后行驶时,要在铁轨上洒细沙,以增大摩擦因数,避免打滑;等等。

5.1.3 动滑动摩擦力

当滑动摩擦力已达到最大值时,若主动力 F 再继续加大,接触面之间将出现相对滑动。此时,接触物体之间仍作用有阻碍相对滑动的阻力,这种阻力称为动滑动摩擦力,简称动摩擦力,以 F_d 表示。实验表明:动摩擦力的大小与接触体间的正压力成正比,即

$$F_d = fF_N \tag{5-3}$$

式中,f 为动滑动摩擦因数。

动摩擦力与静摩擦力不同,没有变化范围。动滑动摩擦因数的大小与接触物体的材料和表面状况有关,可由实验测定。通常,动摩擦因数小于静摩擦因数,见表5-1,即

$$f < f_s$$

在机器中,往往用降低接触表面的粗糙度或加入润滑剂等方法,使动摩擦因数 f 降低,以减小摩擦和磨损。

5.2 摩擦角与摩擦自锁

5.2.1 摩擦角

当有摩擦时,支撑面对平衡物体的约束反力包含两个分量:法向反力 F_N 和切向反力 F_s(即静摩擦力)。这两个分力的几何和 $F_{RA} = F_N + F_s$ 称为支撑面的全约束反力,它的作用线与接触面的公法线成一偏角 α,如图 5.2(a)所示。当物块处于平衡的临界状态时,静摩擦力达到由式(5-2)确定的最大值,偏角 α 也达到最大值 φ,如图 5.2(b)所示。全约束反力与法线间的夹角的最大值 φ 称为摩擦角。由图 5.2 可得

$$\tan\varphi = \frac{F_{\max}}{F_N} = \frac{f_s F_N}{F_N} = f_s \tag{5-4}$$

即摩擦角的正切等于静滑动摩擦因数。可见，摩擦角也是表示材料摩擦性质的物理量。

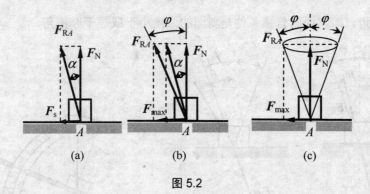

图 5.2

图 5.2(c)表明，当物体沿支撑面任意方向有滑动趋势时，全约束反力方向也随之改变。临界平衡时，全约束反力 F_{RA} 的作用线将形成一个以接触点为顶点的锥面称为摩擦锥。如物体间沿任何方向的摩擦因数都相同，即摩擦角都相同，则摩擦锥将是一个顶角为 2φ 的圆锥。

5.2.2 摩擦自锁

物块平衡时，静摩擦力不一定达到最大值，可在零与最大值 $F_{\max}$ 之间变化，所以全约束反力与法线间的夹角 α 也在零与摩擦角 φ 之间变化，即

$$0 \leqslant \alpha \leqslant \varphi$$

由于静摩擦力不可能超过最大值，因此全约束反力的作用线也不可能超出摩擦角以外，即全约束反力必在摩擦角之内。由此可知：

(1) 只要作用于物块的全部主动力的合力作用线在摩擦锥内，无论这个力有多大，物块必保持静止。这种现象称为摩擦自锁现象。因为在这种情况下，主动力的合力 F_R 与法线间的夹角 $\theta < \varphi$，因此，F_R 和全约束反力 F_{RA} 必能满足二力平衡条件，且 $\theta = \alpha < \varphi$，如图 5.3(a)所示。工程实际中常应用自锁原理设计一些机构或夹具，如千斤顶、压榨机、圆锥销等。使它们始终保持在平衡状态下工作。

(2) 如果全部主动力的合力的作用线在摩擦锥外，无论主动力有多小，则物块一定滑动。因为在这种情况下，$\theta > \varphi$，而 $\alpha \leqslant \varphi$。支撑面的全约束反力 F_{RA} 和主动力的合力 F_R 不能满足二力平衡条件如图 5.3(b)所示。

利用摩擦角概念，可用实验方法测定静滑动摩擦因数。如图 5.4 所示，把要测定的两种材料分别做成斜面和物块，把物块放在斜面上，并逐渐从零起增大斜面的倾角 α，直到物块刚开始下滑时为止。记下斜面倾角 α，这时的倾角 α 就是要测定的摩擦角 φ，其正切就是要测定的摩擦因数 f_s。理由如下：由于物块仅受重力 P 和全约束反力 F_{RA} 作用而平衡，所以 P 与 F_{RA} 应等值、反向、共线，因此 F_{RA} 方向一定是沿铅垂线的，F_{RA} 与斜面法线的夹角等于斜面倾角 α。当物块处于临界状态时，全约束压力 F_{RA} 与法线间的夹角等于摩擦角 φ，即 $\alpha = \varphi$。由式(5-4)求得摩擦因数，即

$$f_s = \tan\varphi = \tan\alpha$$

下面讨论斜面自锁条件,即讨论物块 A 在铅直载重 P 的作用下(图 5.4),不沿斜面下滑的条件。由前面分析可知,只有当

$$\alpha \leqslant \varphi$$

时,物块不下滑,即斜面的自锁条件是斜面的倾角小于或等于摩擦角。

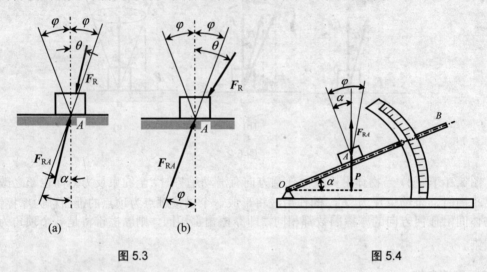

图 5.3　　　　　　　图 5.4

斜面的自锁条件就是螺纹[图 5.5(a)]的自锁条件。因为螺纹可以看成为绕在圆柱体上的斜面,如图 5.5(b)所示,螺纹升角 α 就是斜面的倾角,如图 5.5(c)所示。螺母相当于斜面上的滑块 A,加于螺纹的轴向载荷 P,相当物块 A 的重力,要使螺纹自锁,必须使螺纹的升角 α 小于或等于摩擦角 φ。因此螺纹的自锁条件是

$$\alpha \leqslant \varphi$$

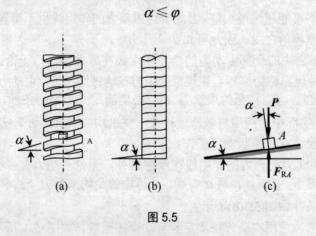

图 5.5

若螺旋千斤顶的螺杆与螺母之间的摩擦因数为 $f_s=0.1$,则

$$\tan\varphi = f_s = 0.1$$

得

$$\varphi = 5°43'$$

为保证螺旋千斤顶自锁,一般取螺纹升角 $\alpha = 4° \sim 4°30'$。

5.3 滑动摩擦平衡问题

滑动摩擦的平衡问题与前几章所述大致相同,但有如下特点:

(1) 分析物体受力时,必须考虑接触面间切向的摩擦力 F_s,通常因此而增加了未知量的数目;

(2) 为确定这些新增加的未知量,还需列出补充方程,即 $F_s \leqslant f_s F_N$,补充方程的数目与摩擦力的数目相同;

(3) 由于物体平衡时摩擦力有一定的范围(即 $0 \leqslant F_s \leqslant f_s F_N$),所以有摩擦时平衡问题的解也有一定的范围,而不是一个确定的值。

工程中有不少问题只需要分析平衡的临界状态,这时静摩擦力等于其最大值,补充方程只取等号。有时为了计算方便,也先在临界状态下计算,求得结果后再分析、讨论其解的平衡范围。

【例 5.1】 物块重量 $P=1500\,\text{N}$,放于倾角为 30° 的斜面上,它与斜面间的静摩擦因数为 $f_s = 0.2$,动摩擦因数 $f = 0.18$。物块受水平力 $F = 400\,\text{N}$,如图 5.6 所示。问物块是否静止,并求此时摩擦力的大小与方向。

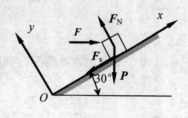

图 5.6

解:解此类问题的思路是先假设物体静止,并假设摩擦力的方向,应用平衡方程求解,将求得的摩擦力与最大摩擦力比较,确定物体是否静止。

取物块为研究对象,设摩擦力沿斜面向下,受力如图 5.6 所示。由平衡方程

$$\sum F_x = 0, \quad -P\sin 30° + F\cos 30° - F_s = 0$$
$$\sum F_y = 0, \quad -P\cos 30° - F\sin 30° + F_N = 0$$

解得

$$F_s = -403.6\,\text{N}, \quad F_N = 1499\,\text{N}$$

F_s 为负值,说明平衡时摩擦力方向与所设的相反,即沿斜面向上。最大摩擦力为

$$F_{\max} = f_s F_N = 299.8\,\text{N}$$

结果表明,为保持平衡有 $|F_s| > F_{\max}$,这是不可能的。说明物块不可能在斜面上静止,而是向下滑动。此时的摩擦力应为动滑动摩擦力,方向沿斜面向上,大小为

$$F_d = f F_N = 269.8\,\text{N}$$

【例 5.2】 凸轮机构如图 5.7(a)所示。已知推杆与滑道间的摩擦因数为 f_s,滑道宽度为 b。设凸轮与推杆接触处的摩擦忽略不计。问 a 为多大,推杆才不致被卡住。

解:这类问题的特点在于解是一个范围。通常是先求出解的极限值,再讨论其变化范围。取推杆为研究对象。受力如图 5.7(b)所示,由于推杆有向上滑动趋势,摩擦力 F_A、F_B 的方向向下。列平衡方程

$$\sum F_{xi} = 0, \quad F_{NA} = F_{NB} = F_N \tag{a}$$
$$\sum F_{yi} = 0, \quad -F_A - F_B + F = 0 \tag{b}$$

$$\sum M_D(\boldsymbol{F}_i)=0, \quad Fa - F_{NB}b - F_B\frac{d}{2} + F_A\frac{d}{2} = 0 \tag{c}$$

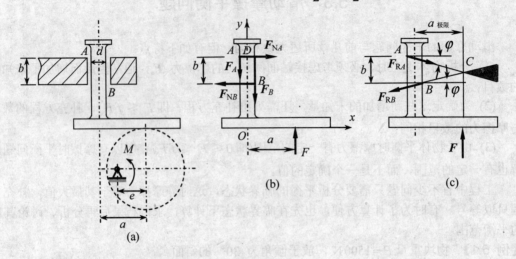

图 5.7

考虑平衡的临界情况，列出两个补充条件

$$F_A = F_{A\max} = f_s F_{NA} \tag{d}$$

$$F_B = F_{B\max} = f_s F_{NB} \tag{e}$$

代入式(a)得

$$F_A = F_B = F_{\max} = f_s F_N$$

由式(b)得

$$F = 2F_{\max}$$

最后代入式(c)，解得

$$a_{\max} = \frac{b}{2f_s}$$

下面讨论解的范围。当 a 增大时，相当在推杆上增加一个逆时针方向转动的力偶，从而增加了 A、B 两处的正压力，加大最大摩擦力，系统仍将保持平衡。反之，如力 $\boldsymbol{F}$ 左移，将减小最大摩擦力，系统不能平衡，推杆向上滑动。可知推杆不致卡住的条件应是

$$a < \frac{b}{2f_s}$$

如将式(d)和式(e)改为 $F_A \leqslant f_s F_{NA}$ 和 $F_B \leqslant f_s F_{NB}$，解不等式，也可得出此条件。

例 5.2 也可应用摩擦角概念用几何法求解。当推杆在临界平衡时，全反力 $\boldsymbol{F}_{RA}$ 和 $\boldsymbol{F}_{RB}$ 与水平线的夹角等于摩擦角。由三力平衡条件可知，$\boldsymbol{F}_{RA}$、$\boldsymbol{F}_{RB}$ 和 $\boldsymbol{F}$ 必交于 C 点，如图 5.7(c) 所示。得到

$$a_{\max} = \frac{b\cos\varphi}{2\sin\varphi} = \frac{b}{2f_s}$$

根据摩擦定律，推杆平衡时，全反力与法线间的夹角 α 必满足条件：$\alpha \leqslant \varphi_0$ 由图可知，三力交点必在图示阴影区内，在 C 点左侧不可能相交。因此，推杆不被卡住的条件应是

$$a < \frac{b}{2f_s}$$

而当 $a \geqslant \dfrac{b}{2f_s}$ 时，无论推力 F 多大也不能推动杆，推杆将被卡住，即发生摩擦自锁。

应该强调指出，在临界状态下求解有摩擦的平衡问题时，必须根据相对滑动的趋势，正确判定摩擦力的方向。不能像例 5.1 那样任意假设。这是因为解题中引用了补充方程 $F_{\max} = f_s F_N$，由于 f_s 为正值，$F_{\max}$ 与 F_N 必须有相同的符号。法向约束反力 F_N 的方向总是确定的，F_N 值为正，因而 $F_{\max}$ 应为正值。即摩擦力 $F_{\max}$ 的方向不能假定，必须按真实方向给出。

【例 5.3】 制动器的构造和主要尺寸如图 5.8(a)所示。制动块与鼓轮表面间的摩擦因数为 f_s，试求制动鼓轮转动所必需的力 F_1。

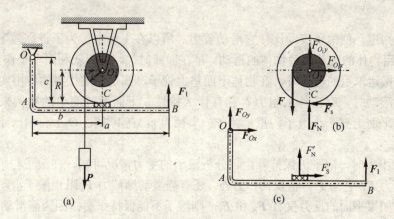

图 5.8

解： 先取鼓轮为研究对象，受力情况如图 5.8(b)所示。轴心受轴承反力 F_{Ox}、F_{Oy} 作用。鼓轮在绳拉力 $F(F=P)$ 作用下，有逆时针转向转动的趋势；因此，闸块除给鼓轮正压力 F_N 外，还有一个向左的摩擦力 F_s。为了保持鼓轮平衡，摩擦力 F_s 应满足方程

$$\sum M_{O_1}(F_i) = 0, \qquad Fr - F_s R = 0 \tag{a}$$

解得

$$F_s = \frac{r}{R}F = \frac{r}{R}P \tag{b}$$

再取杠杆 OAB 为研究对象，其受力图如图 5.8(c)所示。为了建立 F_1 与 F_N 间的关系，可列力矩方程

$$\sum M_O(F) = 0, \qquad F_1 a + F'_s c - F'_N b = 0 \tag{c}$$

将不等式

$$F'_s \leqslant f_s F'_N \tag{d}$$

代入式(c)，得

$$F'_N b - F_1 a = F'_s c \leqslant f_s F'_N c$$

或

$$F'_N (b - f_s c) \leqslant F_1 a$$

得
$$F'_N \leq \frac{F_1 a}{b - f_s c}$$

注意 $F'_s = F_s$，将式(b)代入上式，有
$$\frac{rP}{R} \leq \frac{f_s a F_1}{b - f_s c}$$

得
$$F_1 \geq \frac{rP(b - f_s c)}{f_s R a}$$

5.4 滚动摩阻

由实践知道，使滚子滚动比使它滑动省力。所以在工程中，为了提高效率，减轻劳动强度，常利用物体的滚动代替物体的滑动。早在殷商时代，人们就利用车子作为运输工具。平时常见当搬运笨重的物体时，在物体下面垫上管子，都是以滚代滑的应用实例。

当物体滚动时，存在什么阻力？它有什么特性？下面通过简单的实例来分析这些问题。设在水平面上有一个滚子，重量为 P、半径为 r，在其中心 O 上作用一水平力 F，如图 5.9 所示。

当力 F 不大时，滚子仍保持静止。分析滚子的受力情况可知，在滚子与平面接触的 A 点有法向反力 F_N，它与 P 等值反向；另外，还有静滑动摩擦力 F_s 阻止滚子滑动，它与 F 等值反向。但如果平面的反力仅有 F_N 和 F_s，则滚子不能保持平衡，因为静滑动摩擦力 F_s 与力 F 组成一力偶，将使滚子发生滚动。但是，实际上当力 F 不大时，滚子是可以平衡的。这是因为滚子和平面实际上并不是刚体，它们在力的作用下都会发生变形，二者有一个接触面，如图 5.10(a)所示。在接触面上，物体受分布力的作用，这些力在 A 点简化，得到一个力 F_R 和一个力偶，力偶的矩为 M，如图 5.10(b)所示。这个力 F_R 可分解为摩擦力 F_s 和正压力 F_N，这个矩为 M 的力偶称为滚动摩阻力偶(简称滚阻力偶)，它与力偶(F, F_s)平衡，它的转向与滚动的趋势相反，如图 5.10(c)所示。

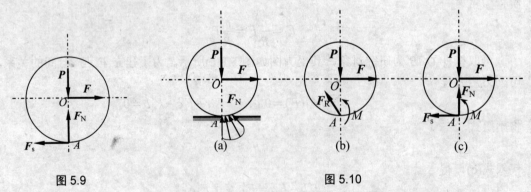

图 5.9　　　　　　　　　　　图 5.10

与静滑动摩擦力相似，滚动摩阻力偶矩 M 随着主动力偶矩的增加而增大，当力 F 增加到某个值时，滚子处于将滚未滚的临界平衡状态；这时，滚动摩阻力偶矩达到最大值，称

为最大滚动摩阻力偶矩，用 M_{max} 表示。若力 F 再增大一点，轮子就会滚动。在滚动过程中，滚动摩阻力偶矩近似等于 M_{max}。

由此可知，滚动摩阻力偶矩 M 的大小介于零于最大值之间，即

$$0 \leqslant M \leqslant M_{max} \tag{5-5}$$

由实验证明：最大滚动摩阻力偶矩 M_{max} 与滚子半径无关，而与支撑面的正压力(法向反力) F_N 的大小成正比，即

$$M_{max} = \delta F_N \tag{5-6}$$

式中，δ 为滚动摩阻系数。

这就是滚动摩阻定律。由式(5-6)知，滚动摩阻系数具有长度量纲，单位一般用 mm。

滚动摩阻系数与材料硬度及湿度等因素有关，由实验测定。几种常用材料的滚动摩阻系数见表 5-2。

表 5-2 滚动摩阻系数 δ

材料名称	δ(mm)	材料名称	δ(mm)
铸铁-铸铁	0.5	软钢-钢	0.5
钢质车轮-钢轨	0.05	有滚珠轴承的料-钢轨	0.09
木-钢	0.3～0.4	无滚珠轴承的料-钢轨	0.21
木-木	0.5～0.8	钢质车轮-木面	1.5～2.5
软木-软木	1.5	轮胎-木面	2～10
淬火钢珠-钢	0.01		

滚动摩阻系数的物理意义如下。当滚轮处于将要滚动的临界平衡状态时，其受力图如图 5.11(a)所示。根据力的平移定理，可将其中的法向反力 F_N 与最大滚动摩阻力偶矩 M_{max} 合成为一个力 F'_N，且 $F'_N = F_N$。力 F'_N 的作用线距中心线的距离为 d，如图 5.11(b)所示。

也即有

$$d = \frac{M_{max}}{F'_N}$$

$$\delta = d$$

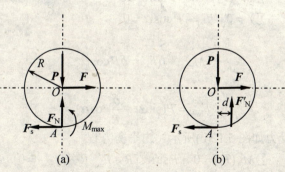

图 5.11

可知，滚动摩阻系数可看成物体即将滚动时，法向反力偏离中心线的最大距离，表示了滚阻力偶的最大力偶臂。由于 δ 较小，因此，滚阻力偶常忽略不计。

由图 5.11(b)，可以分别计算出使滚子滚动或滑动所需要的水平拉力 F，以分析究竟是使滚子滚动省力还是使滚子滑动省力。

由平衡方程 $\sum M_A(\boldsymbol{F}) = 0$，可以求得

$$F_{\text{滚}} = \frac{M_{\max}}{R} = \frac{\delta F_N}{R} = \frac{\delta}{R}P$$

由平衡方程 $\sum F_x = 0$，可以求得

$$F_{\text{滑}} = F_{\max} = f_s F_N = f_s P$$

一般情况下，有

$$\frac{\delta}{R} \ll f_s$$

因而使滚子滚动比滑动省力得多。

【例 5.4】 半径为 R 的滑轮 B 上作用有力偶，轮上绕有细绳拉住半径为 R，重量为 P 的圆柱，如图 5.12(a)所示。斜面倾角为 α，圆柱与斜面间的滚动摩阻系数为 δ。求保持圆柱平衡时，力偶矩 M_B 的最大值与最小值；并求能使圆柱匀速滚动而不滑动时静滑动摩擦因数的最小值。

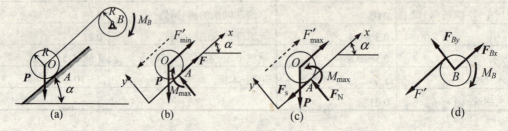

图 5.12

解：取圆柱为研究对象，先求细绳拉力。在圆柱在即将滚动的临界状态，滚阻力偶矩达最大值，即 $M_{\max} = \delta F_N$，转向与滚动趋势相反。当拉力最小时，圆柱有向下滚动的趋势；拉力最大时，圆柱有向上滚动的趋势。

(1) 先求 $F'_{\min}$，受力如图 5.12(b)所示，由平衡方程

$$\sum M_A(\boldsymbol{F}_i) = 0, \quad P\sin\alpha \cdot R - F'_{\min} R - M_{\max} = 0 \tag{a}$$

$$\sum Y = 0, \quad F_N - P\cos\alpha = 0 \tag{b}$$

补充方程并考虑式(b)

$$M_{\max} = \delta F_N = \delta P \cos\alpha$$

得最小拉力

$$F'_{\min} = P\left(\sin\alpha - \frac{\delta}{R}\cos\alpha\right)$$

(2) 再求 $F'_{\max}$，受力如图 5.12(c)所示。由平衡方程

$$\sum M_A(\boldsymbol{F}_i) = 0, \quad P\sin\alpha \cdot R - F'_{\max} R + M_{\max} = 0$$

$$\sum Y = 0, \quad F_N - P\cos\alpha = 0$$

补充方程

$$M_{\max} = \delta F_N$$

得最大拉力

$$F'_{\max} = P(\sin\alpha + \frac{\delta}{R}\cos\alpha)$$

(3) 取滑轮 B 为研究对象，受力如图 5.12(d)所示。由平衡方程
$$\sum M_B(\boldsymbol{F}_i) = 0, \quad F'R - M_B = 0$$
当细绳拉力分别为 $\boldsymbol{F}'_{\max}$ 或 $\boldsymbol{F}'_{\min}$ 时，力偶矩的最大值与最小值为
$$M_{B\max} = F'_{\max}R = P(R\sin\alpha + \delta\cos\alpha)$$
$$M_{B\min} = F'_{\min}R = P(R\sin\alpha - \delta\cos\alpha)$$
圆柱平衡时力偶矩 M_B 的取值范围为
$$P(R\sin\alpha - \delta\cos\alpha) \leqslant M_B \leqslant P(R\sin\alpha + \delta\cos\alpha)$$

(4) 求圆柱只滚不滑时静滑动摩擦因数的最小值 $f_{\min}$。取圆柱为研究对象，当它向上滚动时，受力如图 5.12(c)所示。由平衡方程
$$\sum M_O(\boldsymbol{F}) = 0, \quad F_s R - M_{\max} = 0$$
$$\sum Y = 0, \quad F_N - P\cos\alpha = 0$$
补充方程为
$$M_{\max} = \delta F_N$$
解得
$$F_s = \frac{\delta}{R}P\cos\alpha$$
满足只滚不滑的力学条件为
$$F_s \leqslant f_s F_N = f_s P\cos\alpha$$
比较上述结果，可得
$$f_s \geqslant \frac{\delta}{R}$$
即圆柱只滚不滑时，静滑动摩擦因数的最小值应为 δ/R。

当圆柱能向下滚动时，由图 5.12(b)可得到同样的结果。

小 结

(1) 按照接触物体之间可能会相对滑动或相对滚动，摩擦可分为滑动摩擦和滚动摩阻。

(2) 滑动摩擦力是在两个表面粗糙的物体相互接触的表面之间有相对滑动趋势或相对滑动时，彼此作用的阻碍相对滑动的切向阻力。前者称为静滑动摩擦力，后者称为动滑动摩擦力。

① 静摩擦力的方向与物体相对滑动趋势相反，大小随作用在物体上的主动力改变，需用平衡方程求解。

当物块处于平衡的临界状态时，静摩擦力达到最大值，即为最大静滑动摩擦力，简称最大静摩擦力。静摩擦力的大小随主动力的情况而改变，但介于零与最大值之间，即
$$0 \leqslant F_s \leqslant F_{\max}$$
最大静摩擦力的大小由静摩擦定律决定，即
$$F_{\max} = f_s F_N$$

式中，f_s 为静滑动摩擦因数。

② 动摩擦力的方向与接触面间的相对滑动的速度方向相反，其大小为

$$F_d = fF_N$$

式中，f 为动滑动摩擦因数。

(3) 全约束反力与法线间的夹角的最大值 φ 称为摩擦角。

$$\tan\varphi = f_s$$

当主动力的合力作用线在摩擦角之内时发生自锁现象。

(4) 物体滚动时会受到阻碍滚动的滚动摩阻力偶作用。

物体平衡时，滚动摩阻力偶矩 M 随主动力的大小变化，变化范围为

$$0 \leq M \leq M_{max}$$

又

$$M_{max} = \delta F_N$$

式中，δ 为滚动摩阻系数，单位是 mm。

思 考 题

5-1 摩擦定律中的正压力(法向反力)是指什么？它是不是指接触面物体的重力？应怎样求出？

5-2 摩擦力有何特点？它与其他约束反力有何不同？

5-3 汽车行驶时，车轮与地面间是哪种摩擦力？汽车向右行驶，汽车的发动机经一系列机构驱动后轴的车轮顺时针方向转动，说明作用于前后轮上的摩擦力的方向和作用。

习 题

5-1 判断下列图中的两物体能否平衡？并问这两个物体所受的摩擦力的大小和方向。已知：

(1) 物体重 $G = 1000\,\text{N}$，推力 $F = 200\,\text{N}$，静滑动摩擦因数 $f_s = 0.3$。

(2) 物体重 $G = 200\,\text{N}$，压力 $F = 500\,\text{N}$，静滑动摩擦因数 $f_s = 0.3$。

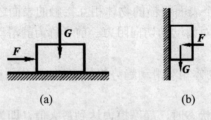

题 5-1 图

5-2 如图所示，置于 V 形槽中的棒料上作用一力偶，力偶的矩 $M = 15\,\text{N}\cdot\text{m}$ 时，刚好能转动此棒料。已知棒料重 $W = 400\,\text{N}$，直径 $D = 0.25\,\text{m}$，不计滚动摩阻。试求棒料与 V 形槽间的静摩擦因数 f_s。

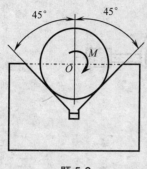

题 5-2

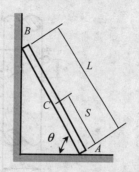

题 5-3 图

5-3 梯子 AB 靠在墙上其重为 $P=200\text{N}$，如图所示。梯长为 l，并与水平面交角 $\theta=60°$。已知接触面间的摩擦因数均为 0.25。今有一重 650N 的人沿梯上爬，问人所能达到的最高点 C 到 A 点的距离 S 应为多少？

5-4 两根相同的匀质杆 AB 和 BC，在端点 B 用光滑铰链连接，A、C 端放在不光滑的水平面上，如图所示。当 ABC 成等边三角形时，系统在铅直面内处于临界平衡状态。试求杆端与水平面间的摩擦因数。

5-5 重 1000N 的滑动门放在轨道上如图所示。若 A、B 两支点与轨道之间的静滑动摩擦因数各为 0.2 和 0.3。试分别求出滑动门向左和向右滑动时，作用于把手 C 处的水平力 F 的大小。

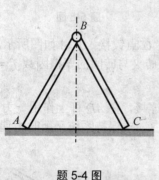

题 5-4 图

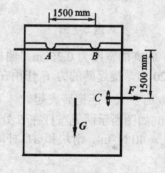

题 5-5 图

5-6 攀登电线杆的脚套钩如图所示。设电线杆直径 $d=300\text{mm}$，A、B 间的铅直距离 $b=100\text{mm}$。若套钩与电线杆之间摩擦因数 $f_s=0.5$，求工人操作时，为了安全，站在套钩上的最小距离 l 应为多大。

5-7 如图所示，不计自重的拉门与上下滑道之间的静摩擦因数均为 f_s，门高为 h。若在门上 $\dfrac{2}{3}h$ 处用水平力 F 拉门而不会卡住，求门宽 b 的最小值。问门的自重对不被卡住的门宽最小值是否有影响？

5-8 在闸块制动器的两个杠杆上，分别作用有大小相等的力 F_1 和 F_2，设力偶矩 $M=160\text{N·m}$，摩擦因数为 0.2，尺寸如图所示。试问 F_1、F_2 应为多大，方能使轴平衡。

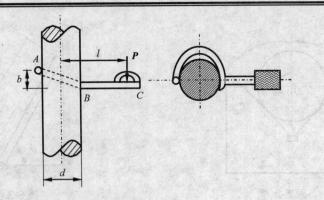

题 5-6 图

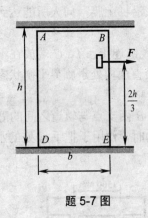

题 5-7 图

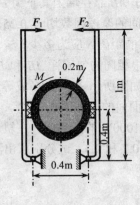

题 5-8 图

5-9 砖夹的宽度为 0.25 m，曲杆 AGB 与 $GCED$ 在 G 点铰接，尺寸如图所示。设砖重量 $W=120$ N，提起砖的力 F 作用在砖夹的中心线上，砖夹与砖间的摩擦因数 $f_s=0.5$。试求距离 b 为多大才能把砖夹起。

5-10 如图所示两无重杆在 B 处用套筒式无重滑块连接，在 AD 杆上作用一力偶，其力偶矩 $M_A=40$ N·m，滑块和 AD 杆间的摩擦因数 $f_s=0.3$。求保持系统平衡时力偶矩 M_C 的范围。

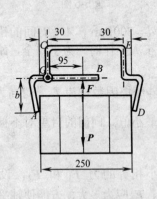

题 5-9 图

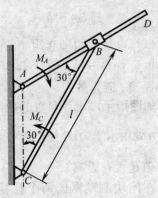

题 5-10 图

5-11 机床上为了迅速装卸工件，常采用如图所示的偏心轮夹具。已知偏心轮直径为 D，偏心轮与台面间的摩擦因数为 f_s。今欲使偏心轮手柄上的外力去掉后，偏心轮不会自动脱落，求偏心距 e 应为多少？各铰链中的摩擦忽略不计。

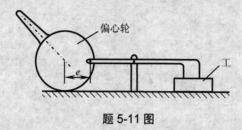

题 5-11 图

5-12 均质长板 AD 重量为 P，长为 4m，用一短板 BC 支撑，如图所示。若 $AC=BC=AB=3\,\text{m}$，BC 板的自身重量不计。求 A、B、C 处摩擦角各为多大才能使之保持平衡。

5-13 一半径为 R、重量为 P_1 的轮静止在水平面上，如图所示。在轮上半径为 r 的轴上绕有细绳，此细绳跨过滑轮 A，在端部系一重量为 P_2 的物体。绳的 AB 部分与铅直线夹角为 θ。求轮与水平面接触点 C 处的滚动摩阻力偶矩、滑动摩擦力和法向反作用力。

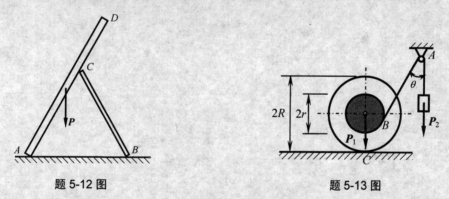

题 5-12 图　　　　　　　　题 5-13 图

5-14 如图所示，钢管车间的钢管运转台架，依靠钢管自身重量缓慢无滑动地滚下，钢管直径为 50 mm。设钢管与台架间的滚动摩阻系数 $\delta = 0.5$ mm。试决定台架的最小倾角 α 应为多大？

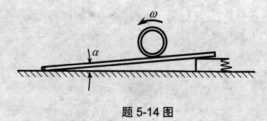

题 5-14 图

材料力学篇——第一部分

材料力学篇——第一部分

第 6 章 材料力学基本概念

教学提示：材料力学研究构件的强度、刚度和稳定性等问题，并将物体抽象为可变形固体。本章还介绍了截面法、内力、应力、变形应变等概念及杆件的四种基本变形。

教学要求：理解强度、刚度、稳定性概念，变形固体的基本假设，内力、应力和杆件变形的基本形式。

6.1 材料力学的任务

机械或工程结构的各组成部分，如机床的轴、建筑物的梁和柱，统称为构件。当机械或工程结构工作时，构件将受到力的作用。例如，车床主轴受切削力和齿轮啮合力的作用；建筑物的梁受由地基传递来的力和自身重力的作用等。作用于构件上的这些力都可称为载荷；构件一般由固体制成，在载荷作用下，固体有抵抗破坏的能力，但这种能力又是有限度的。而且，在载荷作用下，固体的形状和尺寸还会发生变化，称为变形。

为保证机械或工程结构的正常工作，构件应有足够的能力负担起应当承受的载荷。因此它应该满足下述要求。

(1) 在规定载荷作用下构件不能破坏。例如，齿轮的齿不应折断，储气罐不能破裂。所以，构件应有足够的抵抗破坏的能力，这就是强度要求。

(2) 在规定载荷作用下，某些构件除满足强度要求外，变形也不能过大。例如，车床主轴的变形过大将影响加工精度。所以，构件应有足够的抵抗变形的能力，这就是刚度要求。

(3) 有些受压力作用的构件，如千斤顶的丝杆，驱动装置的活塞杆等，应始终保持原有的直线平衡形态，保证不被压弯。即构件应有足够的保持原有平衡形态的能力，这就是稳定性要求。

若构件的截面尺寸过小或材料质地不好，以致不能满足上述要求，便不能保证机械或工程结构的安全工作。反之，不恰当地加大横截面尺寸。选用优质材料，虽满足了上述要求，却增加了成本。

材料力学的任务就是：

(1) 研究构件的强度、刚度和稳定性；
(2) 研究材料的力学性能；
(3) 合理解决安全与经济之间的矛盾。

构件的强度、刚度和稳定性问题均与所用材料的力学性能有关，因此实验研究和理论分析是完成材料力学的任务所必需的手段。

6.2 变形固体及其基本假设

在外力作用下，一切固体都将发生变形，故称为变形固体，而构件一般均由固体材料制成，所以构件一般都是变形固体。

由于变形固体的性质是多方面的，而且很复杂，因此常忽略一些次要因素。根据工程力学的要求，对变形固体作下列假设。

1. 连续性假设

认为构成物体的整个体积内毫无空隙地充满了它的物质。实际上，组成固体的粒子之间存在着空隙并不连续。但这种空隙与构件的尺寸相比极其微小，对于工程中研究的力学问题可以不计。于是就认为固体在其整个体积内是连续的。这样，当把力学量表示为固体某位置坐标的函数时，这个函数是连续的，便于使用数学中连续函数的性质。

2. 均匀性假设

认为物体内的任何部分，其力学性能相同。就金属而言，组成金属的各晶粒的力学性能并不完全相同。但因构件或它的任意一部分中都包含大量的晶粒，而且无规则地排列。固体每一部分的力学性能都是大量晶粒性能的统计平均值，所以可以认为各部分的力学性能是均匀的。这样，如从固体中任意地取出一部分。不论从何处取出，也不论大小，力学性能总是一样的。

3. 各向同性假设

认为在物体内各个不同方向的力学性能相同。就单一的金属晶粒来说，沿不同方向的性能并不完全相同。因金属构件包含大量的晶粒，且又无序地排列，这样沿各个方向的性能就接近相同了。具有这种属性的材料称为各向同性材料。如铸钢、铸铜、玻璃等即为各向同性材料。

也有些材料沿不同方向的性能并不相同，如木材、纤维织品和一些人工合成材料等。这类材料称为各向异性材料。

6.3 内力、截面法和应力的概念

研究某一构件时，可假想地把它从周围的其他物体中单独取出，并用力 F_1，F_2，…代替周围其他物体对构件的作用[图 6.1(a)]。如划定研究范围为整个构件，则来自构件外部的力，其中包括约束反力、自重和惯性力等，都可称为外力。当构件处于平衡状态时，作用于构件上的外力构成一个平衡力系。

由物理学可知，即使不受外力作用，构件内部各质点之间就存在着相互作用力。当受外力作用时，构件各部分间的相对位置发生变化，从而引起上述相互作用力的改变，其改变量称为内力。可见，内力是构件各部分之间相互作用力因外力而引起的附加值。这样的内力随外力增加而加大，到达某一限度时，就会引起构件的破坏，所以内力与构件的强度是密切相关的。

为了显示出内力,用截面 $m-n$ 假想地把构件分成 A、B 两部分,任意地取出部分 A 作为分离体如图 6.1(b)所示。对部分 A,除外力 F_1、F_2、F_3 外,在截面 $m-n$ 上必然还有来自部分 B 的作用力,这就是内力。部分 A 是在上述外力和内力共同作用下保持平衡的。类似地,如取出部分 B[图 6.1(c)],则它是在外力 F_4、F_5 和 $m-n$ 截面上的内力共同作用下保持平衡。至于部分 B 的截面 $m-n$ 上的内力则是来自部分 A 的反作用力。根据作用和反作用定律,A、B 两部分在截面 $m-n$ 上相互作用的内力,必然是大小相等方向相反的。因为假设固体是连续的,截面 $m-n$ 上的每一点都应有两部分相互作用的内力,这样,在截面上将形成一个分布的内力系[图 6.1(b)、图 6.1(c)]。此分布内力系向截面上某一点简化后得到主矢和主矩,称为截面上的内力。

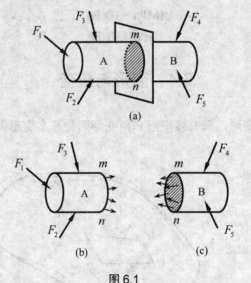

图 6.1

用截面法可以求截面上的内力,其步骤内力可归纳为四个字。
(1) 截:欲求某一截面的内力,沿该截面将构件假想地截成两部分。
(2) 取:取其中任意部分为研究对象,而去掉另一部分。
(3) 代:用作用于截面上的内力,代替去掉部分对留下部分的作用力。
(4) 平:建立留下部分的平衡条件,确定未知的内力。

为了描述这个内力系在截面上一点处的强弱程度,需引入应力的概念。参照图 6.2,首先围绕 K 点取微小面积 ΔA,ΔA 上分布内力的极限状态为合力 ΔF,ΔF 与 ΔA 的比值为

$$p_m = \frac{\Delta F}{\Delta A} \tag{6-1a}$$

p_m 是一个矢量,代表在 ΔA 范围内,单位面积上的内力的平均集度,称为平均应力。当 ΔA 趋于零时,p_m 的大小和方向都将趋于一定极限,得到

$$p = \lim_{\Delta A \to 0} p_m = \lim_{\Delta A \to 0} \frac{\Delta F}{\Delta A} = \frac{dF}{dA} \tag{6-1b}$$

p 称为 K 点处的全应力。通常把全应力 p 分解成垂直于截面的分量 σ 和相切于截面的分量 τ,σ 称为正应力,τ 称为切应力[图 6.2(b)]。

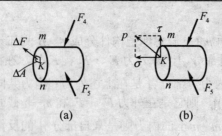

图 6.2

应力即单位面积上的内力,表示某截面 $\Delta A \to 0$ 处内力的密集程度。在新标准中应力的国际单位为 Pa 或 MPa,且有

$$1\text{Pa} = 1\text{N}/\text{m}^2$$
$$1\text{MPa} = 10^6\,\text{Pa}$$
$$1\text{GPa} = 10^9\,\text{Pa}$$

6.4 变形与应变

对于构件任一点的变形,只有线变形和角变形两种基本变形,它们分别由线应变和角应变来度量。

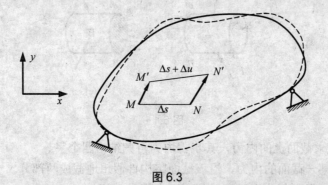

图 6.3

在图 6.3 所示平面中,固体的 M 点因变形位移到 M',矢量 $\overrightarrow{MM'}$ 即为 M 点的位移。这里假设固体因受到约束不可能作刚性位移,M 点的位移全是由变形引起的。设 N 为 M 沿 x 方向上的邻近点,MN 的长度为 Δs。变形后 N 点的位移为 $\overrightarrow{NN'}$。这样,变形前的线段 MN 变形后变为 $M'N'$,其长度由 Δs 变为 $\Delta s + \Delta u$。这里 Δu 代表变形前、后线段 MN 的长度变化,即

$$\Delta u = \overline{M'N'} - \overline{MN}$$

于是比值

$$\varepsilon_{\text{m}} = \frac{\Delta u}{\Delta s} \tag{6-2a}$$

表示线段 MN 每单位长度的平均伸长或缩短,称为平均应变,若使 $\overline{MN}$ 趋近于零,则有一点线应变

$$\varepsilon = \lim_{\Delta s \to 0} \frac{\Delta u}{\Delta s} = \frac{\mathrm{d}u}{\mathrm{d}s} \tag{6-2b}$$

称为 M 点沿水平方向的线应变或简称为应变。线应变，即单位长度上的变形量，为无量纲，其物理意义是构件上一点沿某一方向长度变化的程度。类似地，可以求得 M 点沿垂直方向的线应变。

固体的变形不但表现为线段长度的改变，而且正交线段的夹角也将发生变化。例如在图 6.4 所示平面中，变形前线段 MN 和 ML 相互正交，变形后 M′N′ 和 M′L′ 的夹角变为 ∠L′M′N′。变形前、后的角度的变化是 $\left(\frac{\pi}{2} - \angle L'M'N'\right)$。当 N 和 L 趋近于 M 时，上述角度变化的极限值是

$$\gamma = \lim_{\substack{MN \to 0 \\ ML \to 0}} \left(\frac{\pi}{2} - \angle L'M'N'\right) \tag{6-3}$$

称为 M 点在平面内的切应变或角应变。它为过一点两直角边夹角的改变量，γ 是一个无量纲的量，通常用 rad 弧度表示。

【例 6.1】 两边固定的薄板如图 6.5 所示。变形后 ab 和 cd 两边保持为直线。a 点沿垂直方向向下位移 0.025mm。试求 ab 边的平均应变和 ab、ad 两边夹角的变化。

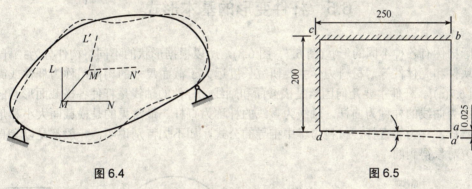

图 6.4　　　　　　　　　图 6.5

解：由公式 $\varepsilon_m = \frac{\Delta u}{\Delta x}$，ab 边的平均应变为

$$\varepsilon_m = \frac{a'b - ab}{ab} = \frac{0.025}{200} = 125 \times 10^{-6}$$

变形后 ab 和 ad 两边的夹角变化为

$$\frac{\pi}{2} - \angle ba'd = \gamma$$

由于 γ 非常微小，显然有

$$\gamma \approx \tan \gamma = \frac{0.025}{200} \text{rad} = 125 \times 10^{-6} \text{rad}$$

实际构件的变形、应变以及由变形引起的位移，一般是极其微小的。材料力学研究的问题就限于小变形的情况。认为无论是变形或由变形引起的位移，其大小都远小于构件的最小尺寸，例如，在图 6.6 中，支架的各杆因受力而变形引起节点 A 的位移。因位移 δ_1 和位移 δ_2 都是非常微小的量，所以当列出节点 A 的平衡方程时，可不计支架的变形，认为角

度 θ 未变,即沿用支架变形前的形状和尺寸。这种方法称为原始尺寸原理。它使计算得到很大的简化。否则,为求出 AB 和 AC 两杆所受的力,应先列出节点 A 的平衡方程。列平衡方程时又要考虑支架形状和尺寸的变化(即角度 θ 的变化),而这种变化在求得 AB 和 AC 两杆受力之前又是未知的。这就变得非常复杂了。

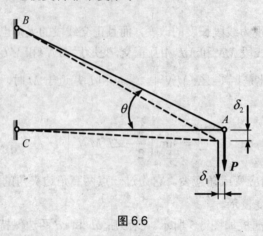

图 6.6

6.5 杆件变形的基本形式

实际构件有各种不同的形状(图 6.7、图 6.8),所以根据形状的不同将构件分为:杆件、板件、块件和壳体件等。材料力学主要研究长度远大于截面尺寸的构件,称为杆件或简称为杆[图 6.7(a)]。杆件主要几何因素是横截面和轴线。杆件的轴线是杆件各横截面形心的连线。轴线为曲线的杆称为曲杆。轴线为直线的杆称为直杆。最常见的是横截面大小和形状不变的直杆,称为等直杆。材料力学中推导的公式,如不加特别说明,一般都是以等直杆作为研究对象得到的。

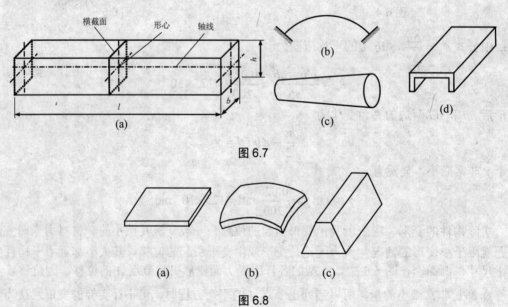

图 6.7

图 6.8

杆件内一点周围的变形可由前节提到的线应变和角应变来描述。杆件所有各点变形的积累就形成它的整体变形。根据受力情况，杆件的整体变形有以下四种基本形式。

(1) 拉伸和压缩：变形形式是由大小相等、方向相反、作用线与杆件轴线重合的一对合力引起的，表现为杆件的长度发生伸长或缩短[图 6.9(a)(b)]。

(2) 剪切：变形形式是由大小相等、方向相反、作用线相互平行且靠近的力引起的，表现为受剪切杆件的两部分沿外力作用方向发生相对错动[图 6.9(c)]。

(3) 扭转：变形形式是由大小相等、方向相反、作用面都垂直于杆轴的两个合力偶引起的，表现为杆件的任意两个横截面发生绕轴线的相对转动[图 6.9(d)]。

(4) 弯曲：变形形式是由垂直于杆件轴线的一组横向力，或由作用于包含杆轴的纵向平面内的一对大小相等、方向相反的力偶引起的，表现为杆件轴线由直线变为曲线[图 6.9(e)和图 6.9(f)]。

杆件同时发生两种以上基本变形的，称为组合变形。

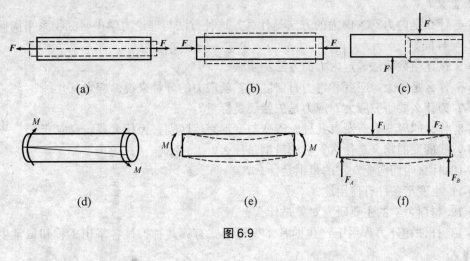

图 6.9

小 结

(1) 材料力学研究的问题是构件的强度、刚度和稳定性。

强度——构件有足够的抵抗破坏的能力。

刚度——构件有足够的抵抗变形的能力。

稳定性——构件有足够的保持原有平衡形态的能力。

(2) 构成构件的材料是可变形固体。

(3) 对材料所作的基本假设是：均匀性假设、连续性假设及各向同性假设。

连续性假设——认为构成物体的整个体积内毫无空隙地充满了它的物质。

均匀性假设——认为物体内的任何部分，其力学性能相同。

各向同性假设——认为在物体内各个不同方向的力学性能相同。

(4) 材料力学研究的构件是杆件。即长度远大于截面尺寸的构件，称为杆件或简称为杆，杆件主要的几何因素是横截面和轴线。

(5) 内力是指构件各部分之间的相互作用力因外力而引起的附加值；显示和确定内力

可用截面法；应力是单位面积上的内力。

(6) 对于构件任一点的变形，只有线变形和角变形两种基本变形。材料力学研究的问题就局限于小变形的情况。认为无论是变形或由变形引起的位移，其大小都远小于构件的最小尺寸。

(7) 杆件的几种基本变形形式是：拉伸(或压缩)、剪切、扭转以及弯曲。

思 考 题

6-1 材料力学是怎样一门科学？其基本任务是什么？

6-2 何谓构件的强度、刚度、稳定性？

6-3 何谓变形固体？在材料力学中对变形固体做了哪些基本假设？提出这些基本假设有什么意义？

6-4 什么是内力？求内力的方法是什么？这种方法与理论力学中研究物系平衡问题的方法有何异同？

6-5 试述用截面法确定内力的方法和步骤。

6-6 什么是应力，应变和内力有何区别？就应力的分量来说，应力有几种？

6-7 为什么要研究应力？应力是矢量还是标量？

6-8 什么叫应变？应变有几种？应变与变形有何区别？为什么要研究应变？

6-9 线应变的定义是什么？它的量纲是什么？

6-10 什么叫切应变？它的量纲是什么？

6-11 小变形条件有何用途？

6-12 材料力学的主要研究对象是什么？

6-13 杆件在外力作用下产生的基本变形形式有哪几种？试各举出工程和日常生活中的几例。

第 7 章 轴向拉伸、压缩与剪切

教学提示： 本章是材料力学的基础，其研究的问题、运用的方法、涉及的概念等将贯穿于整个材料力学之中。主要阐述材料力学的一些基本概念和基本方法；介绍拉压杆的内力、应力、变形和胡克定律；材料拉压时的主要力学性能及强度计算以及杆件剪切和挤压的实用计算。

教学要求： 要求学生掌握拉(压)杆的轴力、应力、变形及其强度计算，而且需清晰地理解本学科所涉及的基本概念、理论和方法。

7.1 轴向拉伸与压缩的概念和实例

在工程实际中，许多构件受到轴向拉伸与压缩的作用。例如，常见的起重钢索在起吊重物时，承受拉伸；螺杆千斤顶的螺杆在顶起重物时，则承受压缩。而在图 7.1 中，图（a）所示桁架中的杆 1 承受拉伸，杆 2 则为压缩；图（b）发动机中的连杆在工作时，有时受压缩，有时受拉伸的作用。

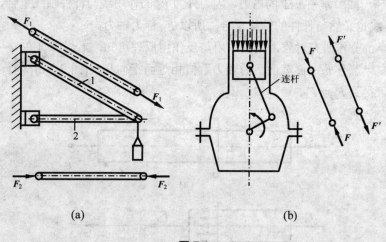

图 7.1

上述这些杆件受力的特点是：杆件受到一对等值、反向、作用线与轴线重合的外力作用。其变形特点是：杆件沿轴线方向伸长或缩短。这种变形形式称为轴向拉伸与压缩，这类杆件称为拉压杆。

7.2 拉(压)杆件的内力

7.2.1 轴力

物体未受外力作用时,其内部各质点之间就存在着相互作用的力,以保持物体各部分间的相互联系和原有形状。若物体受到外力作用而发生变形,其内部各部分之间因相对位置改变而引起的相互作用力的改变量,即因外力引起的附加相互作用力,称为附加内力,简称内力。由于物体是均匀连续的,因此在物体内部相邻部分之间相互作用的内力,实际上是一个连续分布的内力系,而内力就是这分布内力系的合成(简化为力、力偶)。这种内力随外力增大而增大,到达某一限度时就会引起构件破坏。所以,内力与构件的强度密切相关。

由于内力是受力物体内相邻部分之间的相互作用力。为了显示内力,如图 7.2 所示,设一等直杆在两端受轴向拉力 F_P 的作用下处于平衡,欲求杆件任一横截面 $m-m$ 上的内力 [图 7.2(a)]。为此沿横截面 $m-m$ 假想地把杆件截分成两部分,任取一部分(如左半部分),弃去另一部分(如右半部分),并将弃去部分对留下部分的作用以截面上的分布内力系来代替,用 F_N 表示这一分布内力系的合力,且内力 F_N 为左半部分的外力[图 7.2(b)]。由于整个杆件处于平衡状态,故左半部分也应平衡,由其平衡方程 $\sum F_x = 0$,得

$$F_N - F_P = 0$$

即

$$F_N = F_P$$

F_N 就是杆件任一截面 $m-m$ 上的内力。因为外力 F_P 的作用线与杆件轴线重合,内力系的合力 F_N 的作用线也必然与杆件的轴线重合,所以 F_N 称为轴力。

若取右半部分作研究对象,则由作用与反作用原理可知,右半部分在 $m-m$ 截面上的轴力与前述左半部分 $m-m$ 截面上的轴力数值相等而指向相反[图 7.2(c)],且由右半部分的平衡方程也可得到 $F_N = F_P$。

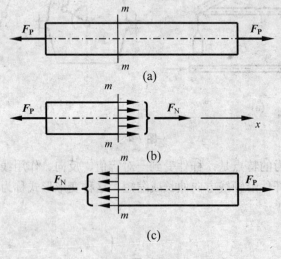

图 7.2

轴力可为拉力也可为压力，为了表示轴力的方向，区别两种变形，对轴力正负号规定如下：当轴力方向与截面的外法线方向一致时，杆件受拉，轴力为正；反之，轴力为负。计算轴力时均按正向假设(设正法)，若得负号则表明杆件受压。

采用这一符号规定，上述所求轴力大小及正负号无论取左半部分还是右半部分结果都是一样。这就是使用正负号规定的原因所在。这样相似的内力规定在扭转、弯曲变形中同样使用。

7.2.2 轴力的计算

轴力的计算可用截面法。上述用截面假想地把杆件分成两部分，以显示并确定内力的方法就称为截面法。它是求内力的一般方法，也是材料力学中的基本方法之一。在第 6 章中已将用截面法求内力归纳为"截、取、代、平"四个字，也可以将截面法归纳为以下四个步骤：

(1) 在需求内力的截面处，假想地用该截面将杆件截分成两部分。
(2) 选取任一部分作为研究对象。
(3) 截开面处的一部分对另一部分的作用力以内力代替。
(4) 建立该分离体的平衡方程，解出内力。

【例 7.1】 柱状活塞在 F_1、F_2 和 F_3 作用下处于平衡状态。设 $F_1=60\text{kN}$，$F_2=35\text{kN}$，$F_3=25\text{kN}$，试求指定截面上的轴力。

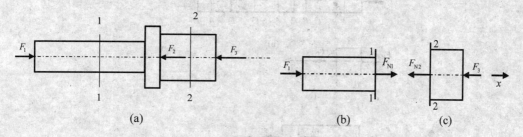

图 7.3

解：(1) 求 1—1 截面上的轴力。

① 取研究对象。为了显示 1—1 截面上的轴力，并使轴力成为作用于研究对象上的外力，假想沿 1—1 截面将活塞分为两部分，取其任一部分为研究对象。现取左段为研究对象。

② 画受力图。由于研究对象处于平衡状态，所以 1—1 截面的内力 F_{N1} 与 F_1 共线，并组成平衡的共线力系[图 7.3(b)]。

③ 列平衡方程。

$$\sum F_x = 0, \qquad F_{N1} + F_1 = 0$$

得

$$F_{N1} = -F_1 = -60 \text{ kN}(压力)$$

(2) 求 2—2 截面上的轴内力。

取 2—2 截面右段为研究对象，并画其受力图[图 7.3(c)]。由平衡方程

$$\sum F_x = 0, \qquad -F_{N2} - F_3 = 0$$

得

$$F_{N2} = -F_3 = -25\,\text{kN}(压力)$$

7.2.3 轴力图

为了形象地表示轴力沿杆件轴线的变化情况，常取平行于杆轴线的坐标表示杆横截面的位置，垂直于杆轴线的坐标表示相应截面上轴力的大小，正的轴力(拉力)画在横轴上方，负的轴力(压力)画在横轴下方。这样绘出的轴力沿杆轴线变化的函数图像，称为轴力图。关于轴力图的绘制，下面用例题来说明。

【例 7.2】 一等直杆受力情况如图 7.4(a)所示。试作杆的轴力图。

解： (1) 求约束力。

直杆受力如图 7.4(b)所示，由杆的平衡方程 $\sum F_x = 0$，得

$$F_{RA} = 10\,\text{kN}$$

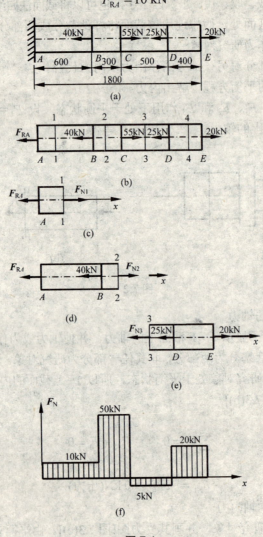

图 7.4

(2) 用截面法计算各段的轴力。

AB 段：沿任意截面 1—1 将杆截开，取左段为研究对象，设 1—1 截面上的轴力为 F_{N1}，

且 F_{N1} 为正[拉力，图 7.4(c)]，由左段的平衡方程 $\sum F_x = 0$ 有

$$F_{N1} - F_{RA} = 0$$
$$F_{N1} = F_{RA} = 10\text{kN}$$

BC 段：沿任意截面 2—2 将杆截开，取左段为研究对象，设 2—2 截面上的轴力为 F_{N2}，且 F_{N2} 为正[拉力，图 7.4(d)]，由左段的平衡方程 $\sum F_x = 0$ 有

$$F_{N2} - F_{RA} - 40\text{kN} = 0$$
$$F_{N2} = 50\text{kN}$$

CD 段：沿任意截面 3—3 将杆截开，取右段为研究对象，设 3—3 截面上的轴力为 F_{N3}，且 F_{N3} 为正[拉力，图 7.4(c)]，由右段的平衡方程 $\sum F_x = 0$ 有

$$F_{N3} + 25\text{kN} - 20\text{kN} = 0$$
$$F_{N3} = -5\text{kN}（负号表示 F_{N3} 为压力）$$

(3) 绘制轴力图

用平行于杆轴线的坐标表示横截面的位置；用垂直于杆轴线的坐标表示横截面上的轴力 F_N，按适当比例将正的轴力绘于横轴上侧，负的轴力绘于横轴下侧，作出杆的轴力图如图 7.4(f)所示。从图 7.4(f)中容易看出，AB、BC 和 DE 段受拉，CD 段受压，且 F_{Nmax} 发生在 BC 段内任意横截面上，其值为 50kN。

7.3 拉(压)杆的应力

只根据轴力并不能判断杆件是否有足够的强度。例如用同一材料制成粗细不同的两杆件，在相同的拉力下，两杆的轴力自然是相同的。但当拉力逐渐增大时，细杆必定先拉断。这说明拉杆的强度不仅与轴力的大小有关，而且与横截面面积有关。所以必须用横截面上的应力来度量杆件的受力程度。本节讨论拉(压)杆横截面及斜截面上的应力。

7.3.1 横截面上的应力

在拉(压)杆的横截面上，与轴力 F_N 对应的应力只有正应力 σ。根据连续性假设，横截面上到处都存在着内力。若以 A 表示横截面面积，则微面积 dA 上的微内力 σdA 组成一个垂直于横截面的平行力系，其合力就是轴力 F_N。于是得静力关系

$$F_N = \int_A \sigma dA \tag{a}$$

只有知道 σ 在横截面上的分布规律后，才能完成式(a)中的积分。

首先从观察杆件的变形入手。图 7.5 所示为一等截面直杆。变形前，在其侧面上画上垂直于轴线的直线 ab 和 cd。拉伸变形后，发现 ab 和 cd 仍为直线，且仍垂直于轴线，只是分别平移至 $a'b'$ 和 $c'd'$。根据这一现象，对杆内变形作如下假设：变形前原为平面的横截面，变形后仍保持为平面且仍垂直于轴线，只是各横截面间沿杆轴相对平移，这就是平面假设。

如果设想杆件是由无数纵向"纤维"所组成，则由平面假设可知，任意两横截面间的所有纤维的变形相同。因材料是均匀的(基本假设之一)，所有纵向纤维的力学性能相同。由它们的变形相等和力学性能相同，可以推想各纵向纤维的受力是一样的。所以，横截面

上各点的正应力 σ 相等，即正应力均匀分布于横截面上等于常量。于是由式(a)得

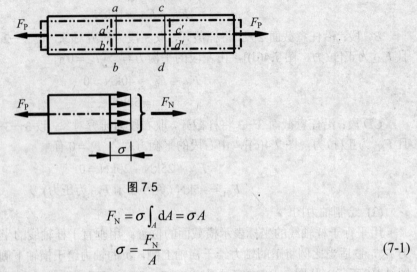

图 7.5

$$F_N = \sigma \int_A dA = \sigma A$$

$$\sigma = \frac{F_N}{A} \tag{7-1}$$

式(7-1)为拉(压)杆横截面的正应力计算公式。

式中，A 表示杆件横截面面积，F_N 为横截面上的轴力；正应力 σ 的符号与轴力 F_N 的符号相对应，即拉应力为正，压应力为负。但应注意，对于细长杆受压时容易被压弯，属于稳定性问题。这里所指的是受压杆未被压弯的情况。

【**例 7.3**】 已知等截面直杆横截面面积 $A=500\text{mm}^2$，受轴向力作用如图 7.6 所示，已知 $F_1=10\text{kN}$，$F_2=20\text{kN}$，$F_3=20\text{kN}$，试求直杆各段的轴力和应力。

解：(1) 内力计算。

在 AB、BC、CD 三段内各截面的内力均为常数，在三段内依次用任意截面 1—1、2—2、3—3 把杆截分为两部分，研究左部分的平衡，分别用 F_{N1}、F_{N2}、F_{N3} 表示各截面轴力，且都假设为正，如图 7.6(b)、图 7.6(c)、图 7.6(d)所示。由平衡条件得出各段轴力为

$$F_{N1} = -F_1 = -10\text{kN}$$
$$F_{N2} = F_2 - F_1 = 20\text{kN} - 10\text{kN} = 10\text{kN}$$
$$F_{N3} = F_2 + F_3 - F_1 = 20\text{kN} + 20\text{kN} - 10\text{kN} = 30\text{kN}$$

式中，F_{N1} 为压力；F_{N2} 和 F_{N3} 为拉力。

(2) 应力计算。

用式(7-1)计算各段应力

$$\sigma_{AB} = \frac{F_{N1}}{A} = \frac{-10 \times 10^3 \text{N}}{500 \times 10^{-6} \text{m}^2} \text{Pa} = -20\text{MPa}$$

$$\sigma_{BC} = \frac{F_{N2}}{A} = \frac{10 \times 10^3 \text{N}}{500 \times 10^{-6} \text{m}^2} \text{Pa} = 20\text{MPa}$$

$$\sigma_{CD} = \frac{F_{N3}}{A} = \frac{30 \times 10^3 \text{N}}{500 \times 10^{-6} \text{m}^2} \text{Pa} = 60\text{MPa}$$

式中，σ_{AB} 为压应力；σ_{BC} 和 σ_{CD} 为拉应力。

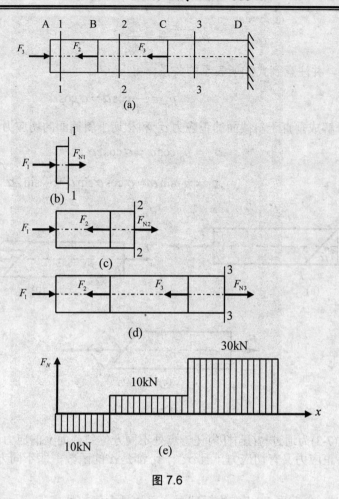

图 7.6

7.3.2 斜截面上的应力

前面讨论了直杆受轴向拉伸或压缩时横截面上的正应力,但有时杆件的破坏并不沿着横截面发生。为全面了解杆件在不同方位截面上的应力情况,还需研究任意斜截面上的应力。

设直杆的轴向拉力为 F_P[图 7.7(a)],横截面面积为 A,由式(7-1),横截面上的正应力 σ 为

$$\sigma = \frac{F_N}{A} = \frac{F_P}{A} \tag{a}$$

设斜截面 k—k 与横截面夹角为 α(也即 x 轴与斜截面的外法线 n 之间的夹角),其面积为 A_α,A_α 与 A 之间的关系为

$$A_\alpha = \frac{A}{\cos\alpha} \tag{b}$$

若沿斜截面 k—k 假想地把杆件分成两部分,以 $F_{N\alpha}$ 表示斜截面 A—A 上的内力。由左段的平衡[图 7.7(b)]可知

$$F_{N\alpha} = F_P$$

仿照证明横截面上正应力均匀分布的方法,可知斜截面上的应力也是均匀分布的,若以 p_α 表示斜截面 k—k 上的应力,于是有

$$p_\alpha = \frac{F_{N\alpha}}{A_\alpha} = \frac{F_P}{A_\alpha}$$

将式(b)代入，并注意到式(a)所表示的关系，得

$$p_\alpha = \frac{F_P}{A}\cos\alpha = \sigma\cos\alpha \tag{c}$$

把应力 p_α 分解成垂直于斜截面的正应力 σ_α 和相切于斜截面的切应力 τ_α [图 7.7(c)]，且

$$\sigma_\alpha = p_\alpha \cos\alpha = \sigma\cos^2\alpha \tag{7-2}$$

$$\tau_\alpha = p_\alpha \sin\alpha = \sigma\cos\alpha\sin\alpha = \frac{\sigma}{2}\sin 2\alpha \tag{7-3}$$

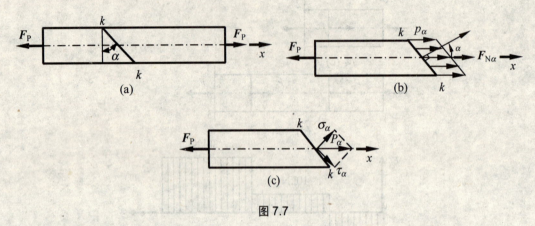

图 7.7

式(7-2)、式(7-3)为通过拉(压)杆内任一点处不同方位斜截面上的应力计算公式。拉(压)杆斜截面上既有正应力又有切应力，且 σ_α、τ_α 都是 α 的函数，即不同方位的斜截面上应力不同。

当 $\alpha = 0°$ 时，斜截面 k—k 实为横截面，σ 达最大值，且 $\sigma_{\alpha\max} = \sigma$，$\tau_\alpha = 0$；

当 $\alpha = 45°$ 时，τ_α 达最大值，且 $\tau_{\alpha\max} = \sigma_\alpha = \frac{\sigma}{2}$；

当 $\alpha = 90°$ 时，$\sigma_\alpha = \tau_\alpha = 0$，表示在平行于杆轴线的纵向截面上无任何应力。

σ_α 仍以拉应力为正，压应力为负；τ_α 的正负规定如下：截面外法线顺时针转 90° 后，其方向和切应力相同时，该切应力为正值，逆时针转 90° 后，其方向和切应力相同时该切应力为负值；对 α 的正负作如下规定：以 x 轴为起点，逆时针转到 α 截面的外法线时为正，反之为负。

【例 7.4】 图 7.8(a)所示轴向受压等截面杆件，横截面面积 $A = 400\text{mm}^2$，载荷 $F_P = 50\text{kN}$。试求横截面及 $\alpha = 40°$ 斜截面上的应力。

解：杆件任一截面上的轴力 $F_N = -50\text{kN}$，所以杆件横截面上的正应力为

$$\sigma = \frac{F_N}{A} = \frac{-50\times 10^3 \text{N}}{400\times 10^{-6}\text{m}^2} = -1.25\times 10^8 \text{Pa} = -125\text{MPa}$$

由式(7-2)、式(7-3)得 $\alpha = 40°$ 斜截面上的正应力和切应力分别为

$$\sigma_{40°} = \sigma\cos^2\alpha = -125\times\cos^2 40° \text{ MPa} = -73.4\text{MPa}$$

$$\tau_{40°} = \frac{\sigma}{2}\sin 2\alpha = \frac{-125}{2} \times \sin 80° \text{ MPa} = -61.6\text{MPa}$$

应力的方向如图 7.8(b)所示。

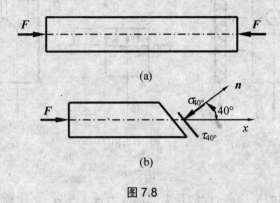

图 7.8

7.3.3 圣维南原理

在前面计算拉(压)杆的应力时，均认为应力沿截面是均匀分布的，但须知道，这一结论在杆件上离力作用点较远的部分才正确，在力作用点的附近区域，应力分布情况则是比较复杂的，而且外力可以通过不同的方式传递到杆件上。例如一根拉伸的杆件，可以通过螺纹加力，也可以通过眼孔加力。如果考虑加力的方式，将使计算十分复杂，而且所导出的公式也只能适用于一种情况。

实验和理论证明：外力作用于杆端的方式不同，只会使与杆端距离不大于横向尺寸的范围内受影响。这一原理是 1855 年法国科学家圣维南(Saint-Venant)提出的，故称圣维南原理。根据这一原理，在实用计算中可以不考虑杆端的实际受力情况，而以其合力 F_P 来代替。当然，在直杆拉(压)问题中，合力作用线必须与杆轴线重合，这样计算是符合杆件绝大部分区域的实际情况的。至于杆件两端受外力作用的小部分区域，一般是在构造上作加强处理(例如加大截面)，保证其强度安全，这里就不在作详细的理论计算了。根据圣维南原理，无论杆件是何种加载方式，只要其合力与杆的轴线重合，就可以把它们简化为图 7.5 所示的计算简图，并用式(7-1)计算横截面上的正应力。

7.3.4 应力集中

等截面直杆在轴向拉伸或压缩时，横截面上的应力是均匀分布的。但有时为了结构上的需要，有些构件必须有圆孔、切槽、螺纹等，在这些部位上构件的截面尺寸发生突然变化。实验和理论研究表明：在构件形状尺寸发生突变的截面上，应力不再是均匀分布。如图 7.9(a)所示，当拉伸具有小圆孔的杆件时，在离孔较远的截面 2—2 上，应力是均匀分布的[图 7.9(b)]；而在通过小孔的截面 1—1(面积最小的截面)上，靠近孔边的小范围内，应力则很大，孔边最大，约等于 $3\sigma_m$(其 σ_m 为面积最小的截面上的平均应力)，这种由于截面的突然变化而产生的应力局部增大现象，称为应力集中。离孔边稍远处，应力又迅速减少趋于均匀分布。图 7.9(c)给出截面 1—1 的整个应力分布情况。

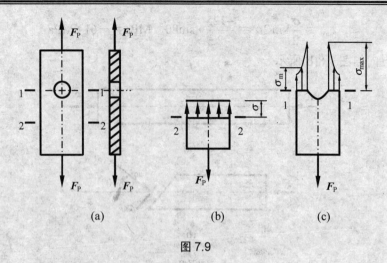

图 7.9

设 σ_m 为最小截面的平均应力,则最大局部应力 σ_{max} 与 σ_m 之比称为理论应力集中因数,常用 K_t 表示,即

$$K_t = \frac{\sigma_{max}}{\sigma_m} \tag{7-4}$$

从式(7-4)可知,要决定理论应力集中因数,必须先求出最大局部应力 σ_{max}。这个问题较困难,在本门课程中还不能解决。在大多数情况下,最大局部应力是实验方法或弹性理论的方法求得的。对于大多数典型的应力集中情况(如切槽、键槽、钻孔、圆角、螺纹等),在各种不同变形形式下的应力集中因数已经定出,可在一些手册中查得,它们的数值一般是在1.2~3这个范围内。

还应指出,在静载荷作用下,应力集中对于塑性材料和脆性材料的强度产生截然不同的影响。脆性材料对局部应力的敏感甚强,即由脆性材料所制成的杆件在有局部应力时,容易毁坏或出现裂痕,而塑性材料由于有屈服阶段,在有应力集中的地方,当最大局部应力的数值已达到屈服应力后,它将不再随载荷的增加而增大,只有尚未达到屈服应力的应力,才随载荷的增加而继续加大。这样,在危险截面上的应力就会逐渐趋于均匀,所以,局部应力对塑性材料的强度影响就很小。

更要注意,当构件受周期性变化的应力或受冲击载荷作用时,不论是塑性材料还是脆性材料,应力集中对构件的强度都有严重影响,往往是构件破坏的根源。

7.4 材料在拉伸与压缩时的力学性能

7.4.1 材料在拉伸时的力学性能

前面已讨论轴向拉伸或压缩杆件的内力与应力的计算时,尚未涉及杆件材料本身的强度。为了解决构件的强度等问题,除分析构件的应力和变形外,还必须通过实验来研究材料的力学性能(也称机械性能)。所谓材料的力学性能是指材料在外力作用下其强度和变形方面表现出来的性质。

1. 拉伸试验

1) 试样

拉伸实验是研究材料的力学性能时最常用的实验。为便于比较试验结果，试件必须按照国家标准加工成标准试件，对于一般金属材料，标准试件做成两端较粗而中间有一段等直的部分，等直部分作为试验段，其长度 l 称为标距，较粗的两端是装夹部分[图 7.10(a)]。标准试件规定标距 l 与横截面直径 d 如下。

圆形截面试件：$l=10d$ 或 $l=5d$。

矩形截面试件：$l=11.3\sqrt{A}$ 或 $l=5.63\sqrt{A}$。

前者为长试件(10 倍试件)，后者为短试件(5 倍试件)。

压缩试验通常采用圆截面和方截面的短试件[图 7.10(b)]，为了避免试件在试验过程中因失稳而变弯，其长度 l 与横截面直径 d 或边长 b 的比值一般规定为 1~3。

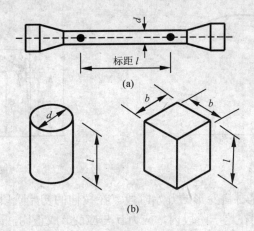

图 7.10

2) 试验设备及布置

进行拉伸和压缩试验时，要用到两类主要设备。

(1) 对试件施加载荷使它发生变形，并能测出拉(压)力(整个截面的内力)的设备。如拉力机、压力机和万能试验机。

(2) 测量试件变形的仪器。如电阻应变仪、杠杆式引伸仪、千分表等。

3) 试验条件

因为反映力学性质的数据一般由实验来测定，并且这些实验数据还与实验时的条件有关，即材料的力学性能并不是固定不变的，会随外界因素如温度、载荷形式(静载、动载)而改变。本节主要讨论在常温和静载条件下材料受拉(压)时的力学性能。静载就是载荷从零开始缓慢地增加到一定数值后不再改变(或变化不明显)的载荷。

2. 材料应力-应变曲线与强度指标

低碳钢和铸铁是两种广泛使用的金属材料，它们的力学性能具有典型的代表性。本节主要介绍这两种材料在室温、静载、轴向拉伸和压缩时的力学性能。

1) 低碳钢

低碳钢是含碳量不大于 0.25%的碳素钢。拉伸试验在万能试验机上进行。试验时将试件装在夹头中，然后开动机器加载。试件受到由零逐渐增加的拉力 F 作用，同时发生伸长变形，加载一直进行到试件断裂时为止。拉力 F 的数值可从试验机的示力盘上读出，同时一般试验机上附有自动绘图装置，在试验过程中能自动绘出载荷 F 和相应的伸长变形 Δl 的关系，此曲线称为拉伸图或 F-Δl 曲线，如图 7.11 所示。

拉伸图的形状与试件的尺寸有关。为了消除试件横截面尺寸和长度的影响，将载荷 F 除以试件原来的横截面面积 A，得到应力 σ；将变形 Δl 除以试件原长 l，得到应变 ε，以 σ 为纵坐标，ε 为横坐标绘出的曲线称为应力-应变曲线（σ-ε 曲线）。σ-ε 曲线的形状与 F-Δl 曲线的形状相似，但又反映了材料的本身特性，如图 7.12 所示。根据低碳钢应力-应变曲线不同阶段的变形特征，整个拉伸过程依次分为弹性阶段、屈服阶段、强化阶段、缩颈阶段，现分别说明如下。

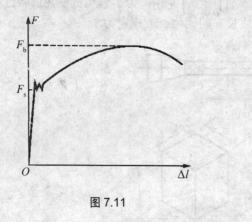

图 7.11

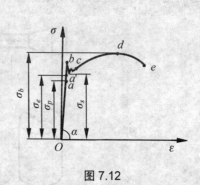

图 7.12

（1）弹性阶段。这是材料变形的开始阶段。在拉伸的初始阶段，变形完全是弹性的。其中 Oa 段为直线，说明在这一阶段内，应力 σ 与应变 ε 成正比，即

$$\sigma = E\varepsilon \tag{7-5}$$

这就是拉伸或压缩的胡克定律。式中，E 为与材料有关的比例常数，称为弹性模量。因为应变 ε 没有量纲，故 E 的量纲与 σ 相同，常用单位是 GPa（吉帕）。式(7-5)表明，$E = \sigma/\varepsilon = \tan\alpha$，$\alpha$ 是直线 Oa 的倾角。直线部分的最高点 a 所对应的应力 σ_p 即称为比例极限。当 $\sigma \leqslant \sigma_p$，应力与应变成正比，材料才服从胡克定律，这时称材料是线弹性的。

当应力超过比例极限后，aa' 已不是直线，说明材料不满足胡克定律。但应力不超过 a' 点所对应的应力 σ_e 时，如将外力卸去，则试件的变形将随之完全消失。材料在外力撤去后仍能恢复原有形状和尺寸的性质称为弹性。外力撤除后能够消失的这部分变形称为弹性变形，而 σ_e 称为弹性极限，即材料产生弹性变形的最大应力值。比例极限和弹性极限的概念不同，但两者数值非常接近，工程中不作严格区分。

（2）屈服阶段。当应力超过弹性极限后，图 7.12 上出现接近水平的小锯齿形波段，说明此时应力虽有小的波动，但基本保持不变，而应变却迅速增加，即材料暂时失去了抵抗变形的能力。这种应力变化不大而变形显著增加的现象称为材料的屈服或流动。bc 段称为屈服阶段，在屈服阶段内的最高应力和最低应力分别称为上屈服点和下屈服点。上屈服点的数值与试样形状、加载速度等因素有关，一般是不稳定的；下屈服点则有比较稳定的数值，能够反映材料的性能。通常就把下屈服点称为屈服点，而下屈服点对应的应力值 σ_s 称

为屈服极限。这时如果卸去载荷，试件的变形就不能完全恢复，而残留下一部分变形，即塑性变形(也称永久变形或残余变形)。

表面磨光的试样屈服时，表面将出现与轴线大致成 45° 倾角的条纹(图 7.13)，这是由于材料内部相对滑移形成的，称为滑移线。因为拉伸时在与杆轴成 45° 倾角的斜截面上，切应力为最大值。可见屈服现象的出现与最大切应力有关。

低碳钢在屈服阶段总的塑性应变是比例极限所对应的弹性应变的 10~15 倍。考虑到低碳钢材料在屈服时将产生显著的塑性变形，致使构件不能正常工作，因此就把屈服极限 σ_s 作为衡量材料强度的重要指标。

(3) 强化阶段。经过屈服阶段后，材料又恢复了抵抗变形的能力，要使它继续变形必须增加拉力。这种现象称为材料的强化。cd 段称为强化阶段。在此阶段中，变形的增加远比弹性阶段要快。强化阶段的最高点 d 所对应的应力值称为材料的强度极限，用 σ_b 表示。它是材料所能承受的最大应力值，是衡量材料强度的另一重要指标。

在屈服阶段后，试样的横截面面积已显著地缩小，仍用原面积计算的应力 $\sigma = \dfrac{F_N}{A}$，不再是横截面上的真正应力值，而是名义应力。在屈服阶段后，由于工作段长度的显著增加，线应变 $\varepsilon = \dfrac{\Delta l}{l}$ 也是名义应变。真应变应考虑每一瞬时工作段的长度。

(4) 缩颈阶段。当应力达到强度极限后，在试件某一薄弱的横截面处发生急剧的局部收缩，产生"缩颈"现象，如图 7.14 所示，由于缩颈处横截面面积迅速减小，塑性变形迅速增加，试件承载能力下降，载荷也随之下降，直至断裂。从出现缩颈到试件断裂这一阶段称为缩颈阶段。按名义应力和名义应变得到的应力-应变曲线如图 7.12 中的 de 段所示。如果用试件所承受的拉力除以每一瞬间的横截面面积，则得出横截面上的平均应力，称为真应力。那么，按真应力和真应变所画出的应力-应变曲线在这一阶段内仍是上升的。

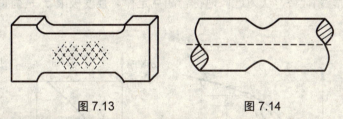

图 7.13　　　　　　图 7.14

综上所述，应力增大到屈服极限时，材料出现了明显的塑性变形；当应力增大到强度极限时，材料就要发生断裂。故 σ_s 和 σ_b 是衡量塑性材料的两个重要指标。

实验表明，如果将试件拉伸到强化阶段的某一点 f(图 7.15)，然后缓慢卸载，则应力与应变关系曲线将沿着近似平行于 Oa 的直线回到 g 点，而不是回到 O 点。Og 就是残留下的塑性变形，gh 表示消失的弹性变形。如果卸载后立即再加载，则应力和应变曲线将基本上沿着 gf 上升到 f 点，以后的曲线与原来的 σ-ε 曲线相同。由此可见，将试件拉到超过屈服极限后卸载，然后重新加载时，材料的比例极限有所提高，而塑性变形减小，这种现象称为冷作硬化。工程中常用冷作硬化来提高某些构件在弹性阶段的承载能力。如起重用的钢索和建筑用的钢筋，常通过冷拔工艺来提高强度。又如对某些零件进行喷丸处理，使其表面发生塑性变形，形成冷硬层，以提高零件表层的强度。但另一方面，零件初加工后，由于冷作硬化使材料变脆变硬，给下一步加工造成困难，且容易产生裂纹，往往就需要在工序之间安排退火，以消除冷作硬化的影响。

2) 其他塑性材料

其他金属材料的拉伸实验和低碳钢拉伸实验方法相同，但材料所显示出来的力学性能有很大差异。图 7.16 给出了锰钢、硬铝、退火球墨铸铁和 45 钢的应力-应变图。这些材料都是塑性材料，但前三种材料没有明显的屈服阶段。对于没有明显屈服阶段的塑性材料，通常规定以产生 0.2%塑性应变时所对应的应力值作为材料的名义屈服极限，以 $\sigma_{0.2}$ 表示，如图 7.17 所示。

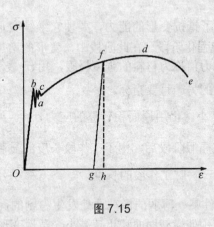

图 7.15

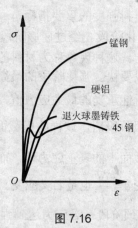

图 7.16

3) 铸铁等脆性材料

图 7.18 为灰铸铁拉伸时的应力-应变图。由图可见 $\sigma-\varepsilon$ 曲线没有明显的直线部分，既无屈服阶段，也无缩颈阶段；断裂时应力很小，断口垂直于试件轴线，是典型的脆性材料。因铸铁构件在实际使用的应力范围内，其 $\sigma-\varepsilon$ 曲线的曲率很小，实际计算时常近似地以直线(图 7.18 中的虚线)代替，认为近似地符合胡克定律，强度极限 σ_b 是衡量脆性材料拉伸时的唯一指标。

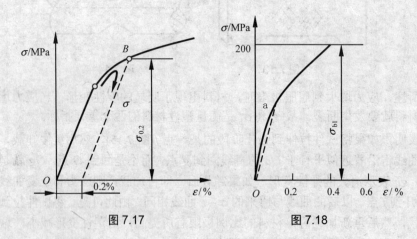

图 7.17　　　　　　　图 7.18

3. 材料的塑性指标

1) 伸长率

试件拉断后，弹性变形消失，但塑性变形仍保留下来。工程中用试件拉断后残留的塑性变形来表示材料的塑性性能。常用的塑性性能指标有两个：伸长率δ和断面收缩率ψ。

试件拉断后，试件工作长度由原来的l变为l_1，用百分比表示的比值

$$\delta = \frac{l_1 - l}{l} \times 100\% \tag{7-6}$$

称为伸长率。伸长率是衡量材料塑性的指标。式中，l为标距原长；l_1为拉断后标距的长度。低碳钢的伸长率很高，其平均值为20%～30%，这说明低碳钢塑性很好。对应于10倍试件和5倍试件，伸长率分别记为δ_{10}或δ_5。通常所说的伸长率一般是指对应的5倍试件的δ_5。有时将下标略去。

2) 断面收缩率ψ

原始横截面面积为A的试件，拉断后缩颈处的最小截面面积变为A_1，用百分比表示的比值

$$\psi = \frac{A - A_1}{A} \times 100\% \tag{7-7}$$

称为断面收缩率，是衡量材料塑性的另一个指标。一般的碳素结构钢，断面收缩率约为60%。

3) 脆性材料与塑性材料的区分

δ和ψ都表示材料被拉断时，其塑性变形所能达到的程度，它们的值越大，说明材料的塑性越好。工程上通常把材料分为两大类，$\delta \geq 5\%$的材料称为塑性材料，如钢材、铜和铝等；把$\delta < 5\%$的材料称为脆性材料，如铸铁、砖石、陶瓷、混凝土等。

7.4.2 材料在压缩时的力学性能

1. 压缩试验

1) 试样

金属材料的压缩试件，一般做成短圆柱体，其高度为直径的1～3倍，即$h = (1 \sim 3)d$，以免试验时试件被压弯。非金属材料(如水泥、混凝土等)的试样常采用立方体形状。

2) 试验要求

压缩试验和拉伸试验一样在常温和静载条件下进行。

2. 材料应力-应变曲线与强度指标

图7.19所示为低碳钢压缩时的$\sigma - \varepsilon$曲线，其中虚线是拉伸时的$\sigma - \varepsilon$曲线。可以看出，在弹性阶段和屈服阶段，两条曲线基本重合。这表明，低碳钢在压缩时的比例极限σ_p、弹性极限σ_e、弹性模量E和屈服极限σ_s等，都与拉伸时基本相同。进入强化阶段后，试件越压越扁，试件的横截面面积显著增大，由于两端面上的摩擦，试件变成鼓形，然而在计算应力时，仍用试件初始的横截面面积，结果使压缩时的名义应力大于拉伸时的名义应力，两曲线逐渐分离，压缩曲线上升。由于试件压缩时不会产生断裂，故测不出材料的抗压强度极限，所以一般不作低碳钢的压缩试验，而从拉伸试验得到压缩时的主要力学性能。

脆性材料拉伸和压缩时的力学性能显著不同，铸铁压缩时的$\sigma - \varepsilon$曲线如图7.20所示，图中虚线为拉伸时的$\sigma - \varepsilon$曲线。可以看出，铸铁压缩时的$\sigma - \varepsilon$曲线，也没有直线部分，因此压缩时也只是近似地符合胡克定律。铸铁压缩时的强度极限比拉伸时高出4～5倍。对于其他脆性材料，如岩石、水泥等，其抗压强度也显著高于抗拉强度。另外，铸铁压缩时，

断裂面与轴线夹角约为 45°，说明铸铁的抗剪能力低于抗压能力。

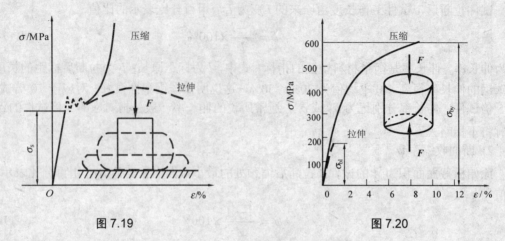

图 7.19　　　　　　　　　　　　图 7.20

由于脆性材料塑性差，抗拉强度低，而抗压能力强，价格低廉，故宜制作承压构件。铸铁坚硬耐磨，且易于浇铸，故广泛应用于铸造机床床身、机壳、底座、阀门等受压构件。因此，其压缩试验比拉伸试验更为重要。

综上所述，衡量材料力学性能的主要指标有：强度指标即屈服点 σ_s 和强度极限 σ_b；弹性指标即比例极限 σ_p(或弹性极限 σ_e)和弹性模量 E；塑性指标即伸长率 δ 和断面收缩率 ψ。对很多材料来说，这些量往往受温度、热处理等条件的影响。表 7-1 列出了几种常用材料在常温、静载下的部分力学性能指标。

表 7-1　几种常用材料的力学性质

材料名称	型　号	σ_s/MPa	σ_b/MPa	δ_5/%	ψ/%
普通碳素钢	Q235A	235	375～460	25～27	—
	Q275	275	490～610	21	—
优质碳素钢	35	314	529	20	45
	45	353	598	3	40
合金钢	40Cr	785	980	9	45
球墨铸铁	QT600—3	370	600	3	
灰铸铁	HT150	—	拉 150 压 500～700		

7.4.3　温度对材料力学性能的影响

前面讨论了材料在常温、静载下的力学性能，然而，工程上有许多构件是在高温条件下工作，温度和工作时间都会影响到材料的力学性能。

图 7.21 给出了在高温和短期静载荷下，低碳钢的力学性能随温度增高而变化的情况，材料的 E、σ_s 随温度的升高而降低。材料的塑性指标 δ、ψ 和强度指标 σ_b 在温度 200℃～300℃间有一个峰值。峰值之前，随之温度的上升，σ_b 增大，δ、ψ 却减小；峰值之后，随着温度的上升，σ_b 减小，δ、ψ 却增大。大量的试验曲线表明：金属材料的弹性模量 E、屈服极限 σ_s 随温度的升高而降低；碳钢及某些低碳钢随着温度的上升，σ_b 呈现从上升到

峰值，然后再下降的情形；其他金属的 σ_b 均随着温度的上升而下降；碳钢及低合金钢的 δ、ψ 的变化规律与低碳钢的变化规律相似，当然其峰值所在的温度区间不同。

试验还表明：处于高温及不变的应力作用下，材料的塑性变形会随着时间的延长而不断地缓慢增加，这一现象称为蠕变。蠕变变形是不可恢复的变形，温度越高，蠕变变形越快。不同金属材料的蠕变温度不同，低熔点金属(如铅和锌等)，在常温下就有蠕变；而高熔点金属只是在高温下才有蠕变。一些非金属材料，如沥青、混凝土及塑料等，也都有蠕变现象。

材料蠕变所产生的塑性变形，常使构件应力发生变化。一些在高温下工作的构件，如高压蒸汽管凸缘的紧固螺栓，其总变形不允许随时间而改变，但由于蠕变作用，其塑性变形不断增加，弹性变形却随时间而减小，从而使应力不断降低，螺栓的紧固力也随之降低，最终导致漏气。这种由于蠕变引起应力下降的现象称为应力松弛。因此，对于长期在高温下工作的紧固件，必须定期进行紧固或更换。

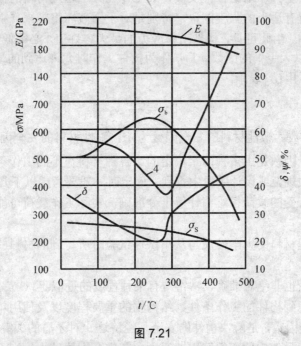

图 7.21

7.5 许用应力与强度计算

7.5.1 许用应力

前述试验表明，当正应力达到强度极限 σ_b 时，会引起断裂；当正应力达到屈服应力(又称屈服点) σ_s 时，将产生屈服或出现显著塑性变形。构件工作时发生断裂显然是不容许的，构件工作时发生屈服或出现显著塑性变形一般也是不容许的。所以，从强度方面考虑，断裂是构件破坏或失效的一种形式，同样，屈服或出现显著塑性变形，也是构件失效的一种形式，一种广义的破坏。

根据上述情况，通常将强度极限与屈服应力统称为材料的极限应力或危险应力，并用

σ_0 表示。对于脆性材料，强度极限为其唯一强度指标，因此以强度极限作为极限应力；对于塑性材料，由于其屈服应力 σ_s 小于强度极限 σ_b，故通常以屈服应力作为极限应力。

根据分析计算所得构件之应力，称为工作应力。在理想的情况下，为了充分利用材料的强度，尽可能地使构件的工作应力接近于材料的极限应力。但实际上不可能，原因是：

(1) 作用在构件上的外力常常估计不准确；

(2) 构件的外形与所受外力往往比较复杂，进行分析计算时常常需要采用一些简化，因此，计算所得应力(即工作应力)通常均带有一定程度的近似性。

(3) 实际材料的组成与品质等难免存在差异，不能保证构件所用材料与标准试件具有完全相同的力学性能，更何况由标准试件测得的力学性能，本身也带有一定分散性，这种差别在脆性材料中尤为显著，等等。

所有这些不确定因素，都有可能使构件的实际工作条件比设想的要偏于不安全的一面。所以为了保证构件安全可靠地工作，仅仅使其工作应力不超过材料的极限应力是远远不够的，还必须使构件留有适当的强度储备，特别是对于因破坏将带来严重后果的构件，更应给予较大的强度储备。由此可见，构件工作应力的最大容许值，必须低于材料的极限应力。即把极限应力 σ_0 除以大于 1 的因数 n 后，作为构件工作时允许达到的最大应力值，这个应力值称为许用应力，用 $[\sigma]$ 表示，即

$$[\sigma] = \frac{\sigma_0}{n} \tag{7-8}$$

式中，n 称为安全因数。塑性材料的安全因数为 n_s，脆性材料的安全因数为 n_b。

如上所述，安全因数是由多种因素决定的。各种材料在不同工作条件下的安全因数或许用应力，可从有关规范或设计手册中查到。确定时一般要考虑以下几个方面：

第一，结构物所受的载荷很难估计得十分准确，实际工作载荷可能超出我们所考虑到的设计载荷；

第二，实际工程材料的力学性质与从小试件试验时所得到的材料的力学性质会有一定程度的差别；

第三，计算理论也非绝对准确，常常带有某种程度的近似。

此外，也还考虑到构件的工作条件、结构物的重要程度以及使用年限、施工方法等因素。正确地选取安全因数，是解决构件的安全与经济这一对矛盾的关键。若安全因数过大，则不仅浪费材料，而且使构件变得笨重；反之，若安全因数过小，则不能保证构件安全工作，甚至会造成事故。

经过无数次的试验研究与实际经验积累的结果，通常在常温、静载下，一般静强度计算中，对于塑性材料，n_s 通常取 $1.5 \sim 2.2$；对于脆性材料 n_b 通常取 $2.0 \sim 3.5$，甚至更大。

7.5.2 强度计算

根据以上分析，为了保证拉压杆具有足够的强度，可靠地工作，必须使杆件的最大工作正应力不超过材料拉伸(压缩)时的许用应力，即

$$\sigma_{\max} = \left(\frac{F_N}{A}\right)_{\max} \leqslant [\sigma] \tag{7-9}$$

上述判据称为拉压杆的强度条件，是拉压杆强度计算的依据。产生 $\sigma_{\max}$ 的截面，称为危险

截面。式中，F_N 和 A 分别为危险截面的轴力和截面面积。等截面直杆的危险截面位于轴力最大处。而变截面杆的危险截面，必须综合轴力 F_N 和截面面积 A 两方面来确定。对于等直杆，式(7-9)可改写为

$$\sigma_{\max} = \frac{F_{N\max}}{A} \leqslant [\sigma] \tag{7-10}$$

利用上述条件，可以解决以下三类强度计算问题。

1. 强度校核

已知载荷、杆件的横截面尺寸和材料的许用应力，即可计算杆件的最大工作应力，并检查是否满足强度条件的要求，称为强度校核。在最大工作正应力大于许用应力的情况下，则应加大横截面面积。另一方面，考虑到许用应力是概率统计的数值，为了经济起见，最大工作正应力也可略大于材料的许用应力，一般认为以不超过许用应力的 5%为宜。

$$\sigma = \frac{F_N}{A} \leqslant [\sigma] \tag{7-10'}$$

2. 选择杆件的横截面尺寸

如果已知拉(压)杆所受外力和材料的许用应力，即可算出杆件的最大轴力 $F_{N\max}$，然后根据强度条件确定该杆的横截面面积。

$$A \geqslant \frac{F_{N\max}}{[\sigma]} \tag{7-11}$$

3. 求杆件能承受的最大轴力

如果已知拉(压)杆的横截面尺寸和材料的许用应力，根据强度条件可以计算出杆件所能承受的最大轴力，也即许用轴力

$$[F_{N\max}] \leqslant A[\sigma] \tag{7-12}$$

最后还应指出，如果工作应力 $\sigma_{\max}$ 超过了许用应力 $[\sigma]$，但只要超过量(即 $\sigma_{\max}$ 与 $[\sigma]$ 之差)不大于许用应力的 5%，在工程计算中仍然是允许的。

【例 7.5】 外径 D 为 32mm，内径 d 为 20mm 的空心钢杆，如图 7.22 所示。设某处有直径 $d_1=5$mm 的销钉孔，材料为 Q235 钢，许用应力 $[\sigma]=170$MPa，若承受拉力 $F=60$kN，试校核该杆的强度。

解：由于截面被穿孔削弱，所以应取最小的截面面积作为危险截面，校核截面上的应力。

(1) 求未被削弱的圆环面积为

$$A_1 = \frac{\pi}{4}(D^2 - d^2) = \frac{\pi}{4}(3.2^2 - 2^2)\text{cm}^2 = 5.04\text{cm}^2$$

(2) 被削弱的面积为

$$A_2 = (D-d)d_1 = (3.2-2)\times 0.5\text{cm}^2 = 0.60\text{cm}^2$$

(3) 危险截面面积为

$$A = A_1 - A_2 = (5.04 - 0.60)\text{cm}^2 = 4.44\text{cm}^2$$

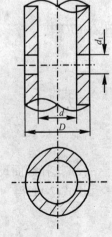

图 7.22

(4) 强度校核

$$\sigma = \frac{F_N}{A} = \frac{60 \times 10^3 \text{N}}{4.44 \times 10^{-4} \text{m}^2} = 135.1 \text{MPa} < [\sigma]$$

故此杆安全可靠。

【例 7.6】 一悬臂吊车，如图 7.23 所示。已知起重小车自重 $G=5\text{kN}$，起重量 $F=15\text{kN}$，拉杆 BC 用 Q235 钢，许用应力 $[\sigma]=170\text{MPa}$。试选择拉杆直径 d。

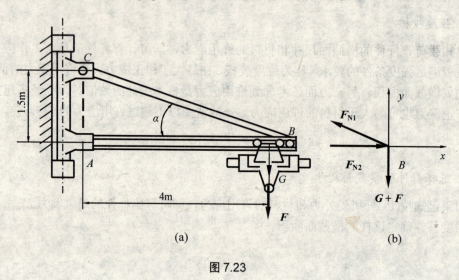

图 7.23

解：(1) 计算拉杆的轴力。

当小车运行到 B 点时，BC 杆所受的拉力最大，必须在此情况下求拉杆的轴力。取 B 点为研究对象，其受力图如图 7.23(b)所示。由平衡条件

$$\sum F_y = 0, \quad F_{N1}\sin\alpha - (G+F) = 0$$

得

$$F_{N1} = \frac{G+F}{\sin\alpha}$$

在 △ABC 中

$$\sin\alpha = \frac{AC}{BC} = \frac{1.5\text{m}}{\sqrt{(1.5^2 + 4^2)}\text{m}^2} = \frac{1.5}{4.27}$$

代入上式得

$$F_{N1} = \frac{(5+15) \times 10^3 \text{N}}{\frac{1.5}{4.27}} = 56900\text{N} = 56.9\text{kN}$$

(2) 选择截面尺寸。

由式(7-11)得

$$A \geq \frac{F_{N1}}{[\sigma]} = \frac{56900\text{N}}{170 \times 10^6 \text{Pa}} = 334\text{mm}^2$$

圆截面面积 $A = \frac{\pi}{4}d^2$，所以拉杆直径

$$d \geqslant \sqrt{\frac{4A}{\pi}} = \sqrt{\frac{4 \times 334 \text{mm}^2}{3.14}} = 20.6 \text{mm}$$

可取
$$d = 21\text{mm}$$

【例 7.7】 如图 7.24 所示，起重机 BC 杆由绳索 AB 拉住，若绳索的截面面积为 5cm²，材料的许用应力 $[\sigma]$=40MPa。求起重机能安全吊起的载荷大小。

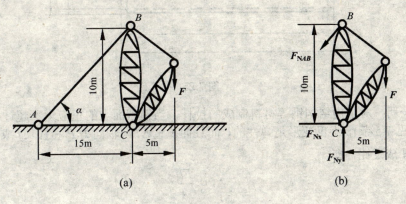

图 7.24

解：(1) 求绳索所受的拉力 F_{NAB} 与 F 的关系。用截面法，将绳索 AB 截断，并绘出如图 7.24(b) 所示的受力图。

$$\sum m_C(F) = 0, \quad F_{NAB} \cos\alpha \times 10 - F \times 5 = 0$$

将 $\cos\alpha = \dfrac{15}{\sqrt{10^2 + 15^2}}$ 代入上式得

$$F_{NAB} \times \frac{15}{\sqrt{10^2 + 15^2}} \times 10 - F \times 5 = 0$$

即
$$F = 1.67 F_{NAB}$$

(2) 根据绳索 AB 的许用内力，求起吊的最大载荷为
$$[F_{NAB}] \leqslant A[\sigma] = 5 \times 10^{-4} \text{m}^2 \times 40 \times 10^6 \text{Pa} = 20 \times 10^3 \text{N}$$

许用载荷 $\quad [F] = 1.67[F_{NAB}] = 1.67 \times 20\text{kN} = 33.4\text{kN}$

即起重机安全起吊的最大载荷为 33.4kN。

7.6 拉(压)杆的变形与位移

位移与变形有着密切的关系，但又有严格的区别。有变形不一定有位移；有位移不一定有变形。这是因为杆件横截面的位移不仅与变形有关，而且还与杆件所受的约束有关。

7.6.1 轴向变形与胡克定律

直杆在轴向拉力 P 作用下，将引起轴向尺寸的增大和横向尺寸的缩小；反之，在轴向

压力作用下，将引起轴向的缩短和横向的增大。

如图 7.25 所示，设等直杆原长为 l，横截面面积为 A，在轴向力 P 作用下发生轴向拉伸。变形后，长度变为 l_1，则杆件的伸长量为

$$\Delta l = l_1 - l \tag{a}$$

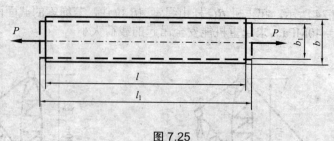

图 7.25

实验表明，对于由结构钢等材料制成的拉杆，当横截面上的正应力不超过材料的比例极限时(详见 7.5 节)，不仅变形是弹性的，而且伸长量 Δl 与轴向力 P 和杆长 l 成正比，与横截面面积 A 成反比，即

$$\Delta l \propto \frac{Fl}{A}$$

引入比例常数 E，并注意到 $F_N = P$，得到

$$\Delta l = \frac{Pl}{EA} = \frac{F_N l}{EA} \tag{7-13}$$

对于压杆，这一公式依然成立。这一关系通常称为胡克定律。它是英国科学家罗伯特·胡克在 1678 年首先发现的。比例常数 E 称为材料的弹性模量，表示材料在拉伸或压缩时抵抗弹性变形的能力，因而它是材料的一种力学性能，其量纲为[力]/[长度]^2，在国际单位制中的单位是 Pa，工程中常用吉帕(GPa)，1 GPa=10^9 Pa。其值随材料而异，由实验测定。例如 Q235 钢的弹性模量为 200 GPa～210 GPa。

EA 称为杆件的抗拉(压)刚度。对于受力相同，且长度也相等的杆件，其 EA 越大，变形量 Δl 却越小。有时还把 $k = EA/l$ 称为杆件的线刚度或刚度系数，它表示杆件产生单位变形($\Delta l = 1$)所需的力。

由于伸长量(缩短量)Δl 与杆件原长 l 有关，不能反映杆件弹性变形的程度。为此下面引入相对变形的概念。图 7.25 所示拉杆各部分的伸长是均匀的，将伸长量 Δl 除以原长 l，则得到杆件单位长度的伸长，称为纵向线应变，用 ε 表示，即

$$\varepsilon = \frac{\Delta l}{l} \tag{b}$$

线应变 ε 为一个无量纲的量。

将式(b)及 $\sigma = \dfrac{F_N}{A}$ 引入式(7-13)，得到胡克定律的另一形式

$$\varepsilon = \frac{\sigma}{E} \tag{7-14}$$

式(7-14)表明，只要 σ 不超过材料的比例极限，正应力就与线应变成正比。式(7-14)比式(7-13)的使用范围更广。

利用拉(压)杆的胡克定律式(7-13)、式(7-14)时，需注意公式的适用范围：

(1) 杆的应力未超过某一极限；
(2) ε 是沿应力 σ 方向的线应变；
(3) 在长度 l 内，其 F_N、E、A 均为常数。

Δl 与 ε 的符号规定保持与轴力 F_N 和正应力 σ 的符号规定相一致，伸长时为正，缩短时为负。

7.6.2 横向变形与泊松比

设拉杆的原始横向尺寸为 b，受轴向拉力作用后横向尺寸变为 b_1（图 7.25），横向尺寸的缩短量是

$$\Delta b = b_1 - b \tag{c}$$

与 Δb 相对应的横向线应变为

$$\varepsilon' = \frac{\Delta b}{b} \tag{d}$$

在拉伸的情况下，Δb 是负值，ε' 也就是负值。此时 Δl 为正值，纵向线应变 ε 为正值；在压缩时，Δb 是正值，ε' 也就是正值。此时 Δl 为负值，纵向线应变 ε 为负值。故 ε' 与 ε 的正负符号恰好相反。

实验结果还表明：当正应力不超过材料的比例极限时，横向线应变 ε' 与纵向线应变 ε 成正比，但符号相反，即

$$\varepsilon' = -\mu\varepsilon \tag{7-15}$$

式中，μ 为材料的横向变形因数或泊松比，（泊松——S.D.Poisson，法国科学家），它是一个无量纲的量，其值随材料而异，由实验测定。

弹性模量 E 和泊松比 μ 都是材料固有的弹性常数。表 7-2 中摘录了几种常用材料的 E 值和 μ 值。

表 7-2 几种常用材料的 E 和 μ 的约值

材料名称	E /GPa	μ
碳素钢	196～216	0.24～0.28
合金钢	186～206	0.25～0.30
灰铸铁	78.5～157	0.23～0.27
铜及其合金	72.6～128	0.31～0.42
铝合金	70	0.33
球墨铸铁	160	0.25～0.29
混凝土	14～35	0.16～0.18
锌及强铝	72	0.33
玻璃	56	0.25

【例 7.8】 一空心铸铁圆筒长 80cm，外径 25cm，内径 20cm，承受轴向压力 500kN，铸铁的弹性模量 $E=120$GPa。试求其总压缩量和应变量。

解：空心圆筒的横截面面积为

$$A = \frac{\pi}{4}(25^2 - 20^2) \times 10^{-4}\,\text{m}^2 = 1.77 \times 10^{-2}\,\text{m}^2$$

则由式(7-13)有

$$\Delta l = \frac{F_N l}{EA} = \frac{500 \times 10^3\,\text{N} \times 0.8\,\text{m}}{120 \times 10^9\,\text{Pa} \times 1.77 \times 10^{-4}\,\text{m}^2} = 1.88 \times 10^{-4}\,\text{m}$$

应变为

$$\varepsilon = \frac{\Delta l}{l} = \frac{1.88 \times 10^{-4}\,\text{m}}{0.8\,\text{m}} = 2.35 \times 10^{-4}$$

【例7.9】 变截面钢杆(图7.26)受轴向载荷 $F_1=30\text{kN}$，$F_2=10\text{kN}$。杆长 $l_1=l_2=l_3=100\text{mm}$，杆各横截面面积分别为 $A_1=500\text{mm}^2$，$A_2=200\text{mm}^2$，弹性模量 $E=200\text{GPa}$。试求杆的总伸长量。

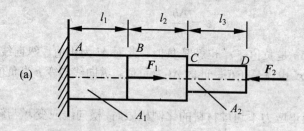

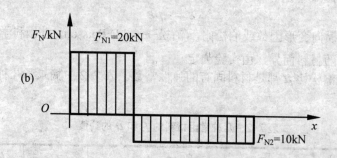

图 7.26

解：因钢杆的一端固定，故可不必求出固定端的反力，计算简便。

(1) 计算各段轴力。

AB 段和 BD 段的轴力分别为

$$F_{N1} = F_1 - F_2 = (30-10)\text{kN} = 20\,\text{kN}$$
$$F_{N2} = -F_2 = -10\,\text{kN}$$

轴力图如图7.26(b)所示

(2) 计算各段变形。

由于 AB、BC、CD 各段的轴力与横截面面积不全相同，因此应分段计算，即

$$\Delta l_{AB} = \frac{F_{N1} l_1}{EA_1} = \frac{20 \times 10^3\,\text{N} \times 100 \times 1^{-3}\,\text{m}}{200 \times 10^6\,\text{Pa} \times 500 \times 10^{-6}\,\text{m}^2} = 0.02\,\text{mm}$$

$$\Delta l_{BC} = \frac{F_{N2}l_2}{EA_1} = \frac{-10\times 10^3\,\text{N}\times 100\times 10^{-3}\,\text{m}}{200\times 10^6\,\text{Pa}\times 500\times 10^{-6}\,\text{m}^2} = -0.01\,\text{mm}$$

$$\Delta l_{CD} = \frac{F_{N2}l_3}{EA_2} = \frac{-10\times 10^3\,\text{N}\times 100\times 10^{-3}\,\text{m}}{200\times 10^6\,\text{Pa}\times 200\times 10^{-6}\,\text{m}^2} = -0.025\,\text{mm}$$

(3) 求总变形。

$$\Delta l_{CD} = \Delta l_{AB} + \Delta l_{BC} + \Delta l_{CD} = (0.02 - 0.01 - 0.025)\,\text{mm} = -0.015\,\text{mm}$$

即整个杆缩短了 0.015mm。

【例 7.10】 图 7.27 所示连接螺栓，内径 $d_1=15.3$mm，被连接部分的总长度 $l=54$mm，拧紧时螺栓 AB 段的 $\Delta l=0.04$mm，钢的弹性模量 $E=200$GPa，泊松比 $\mu=0.3$。试求螺栓横截面上的正应力及螺栓的横向变形。

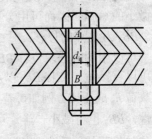

图 7.27

解：根据 $\varepsilon = \dfrac{\Delta l}{l}$ 得螺栓的纵向变形为

$$\varepsilon = \frac{\Delta l}{l} = \frac{0.04\,\text{mm}}{54\,\text{mm}} = 7.41\times 10^{-4}$$

将所得 ε 值代入式(7-5)，得螺栓横截面上的正应力为

$$\sigma = E\varepsilon = (200\times 10^3)\,\text{MPa}\times 7.41\times 10^{-4} = 148.2\,\text{MPa}$$

由式(7-15)可得到螺栓的横向应变为

$$\varepsilon_1 = -\mu\varepsilon = -0.3\times 7.41\times 10^{-4} = -2.22\times 10^{-4}$$

故得螺栓的横向变形为

$$\Delta d = \varepsilon_1 d_1 = -2.223\times 10^{-4}\times 15.3\,\text{mm} = -0.0034\,\text{mm}$$

7.6.3 位移

位移是指物体上的一些点、线或面在空间位置上的改变。变形和位移是两个不同的概念，但它们在数值上有密切的联系。位移在数值上取决于杆件的变形量和杆件受到的外部约束或杆件之间的相互约束。结构节点的位移是指节点位置改变的直线距离或一段方向改变的角度。计算时必须计算节点所连各杆的变形量，然后根据变形相容条件作出位移图，即结构的变形图，再由位移图的几何关系计算出位移值。

【例 7.11】 图 7.28(a)为一简单托架。杆 BC 为圆钢，横截面直径 $d=20$mm，杆 BD 为 8 号槽钢。若 $E=200$GPa，$F_P=60$kN，试求节点 B 的位移。

解：三角形 BCD 三边的长度比为 $BC:CD:DB=3:4:5$，所以 $BD=2$m。根据节点 B 的平衡方程，求得杆 BC 的轴力 F_{N1} 和杆 BD 的轴力 F_{N2} 分别为

$$F_{N1} = 3F_P/4 = 45\,\text{kN}\,(\text{拉}),\quad F_{N2} = 5F_P/4 = 75\,\text{kN}\,(\text{压})$$

计算或查型钢表得出杆 BC 和杆 BD 的横截面面积分别为

$$A_1 = 314\times 10^{-6}\,\text{m}^2,\quad A_2 = 1024\times 10^{-6}\,\text{m}^2$$

由式(7-13)求出杆 BC 和 BD 的变形分别为

$$BB_1 = \Delta l_1 = \frac{F_{N1}l_1}{EA_1} = \frac{(45\times10^3\text{N})\times1.2\text{m}}{(200\times10^9\text{Pa})\times(314\times10^{-6}\text{m}^2)} = 8.6\times10^{-4}\text{m}$$

$$BB_2 = \Delta l_2 = \frac{F_{N2}l_2}{EA_2} = \frac{(75\times10^3\text{N})\times2\text{m}}{(200\times10^9\text{Pa})\times(1024\times10^{-6}\text{m}^2)} = 7.32\times10^{-4}\text{m}$$

这里 Δl_1 为拉伸变形,而 Δl_2 为压缩变形。设想将托架在节点 B 拆开。杆 BC 伸长变形后变为 B_1C,杆 BD 压缩变形后变为 B_2D。分别以 C 点和 D 点为圆心,CB_1 和 DB_2 为半径,作弧相交于 B_3。B_3 点即为托架变形后 B 点的位置。因为变形很小,B_1B_3 和 B_2B_3 是两段极其微小的短弧,因而可用分别垂直于 BC、BD 的直线线段来代替,这两段直线的交点即为 B_3。BB_3 为 B 点的位移。

可以用图解法求位移 BB_3。这时,把多边形 $B_1BB_2B_3$ 按比例放大成图 7.28(b)。从图 7.28(b) 中可以直接量出位移 BB_3 以及它的垂直和水平分量。图 7.28(b) 中的 $BB_1=\Delta l_1$ 和 $BB_2=\Delta l_2$ 都与载荷 F_P 成正比。例如,若 F_P 减小为 $F_P/2$,则 BB_1 和 BB_2 都将减小一半。根据多边形的相似性,BB_3 也将减小一半。可见力 F_P 作用点的位移也与 F_P 成正比。亦即,对线弹性杆系,位移与载荷的关系也是线性的。

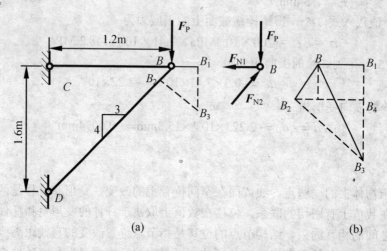

图 7.28

也可用解析法求位移 BB_1。注意到 $\triangle BCD$ 三边的长度比为 $3:4:5$,由图 7.28(b) 可以求出

$$B_2B_4 = \Delta l_2 \times \frac{3}{5} + \Delta l_1$$

B 点的垂直位移

$$B_1B_3 = B_1B_4 + B_4B_3 = BB_2\times\frac{4}{5} + B_2B_4\times\frac{3}{4} = \Delta l_2\times\frac{4}{5} + \left(\Delta l_2\times\frac{3}{5}+\Delta l_1\right)\times\frac{3}{4} = 1.56\times10^{-3}\text{m}$$

B 点的水平位移

$$BB_1 = \Delta l_1 = 8.6\times10^{-4}\text{m}$$

最后求出位移 BB_3 为

$$BB_3 = \sqrt{(B_1B_3)^2 + (BB_1)^2} = 1.78\times10^{-3}\text{m}$$

7.7 简单拉压静不定问题

在刚体静力学中已经介绍过静定和静不定的概念。如果所研究的问题的未知数数目恰好等于独立的平衡方程数目，未知数可由平衡方程全部求出，这类问题称为静定问题；但如果所研究的问题的未知数数目多于独立平衡方程的数目，仅由平衡方程不可能求出全部未知数，这一类问题称为静不定问题或超静定问题。在静不定问题中未知力数目比独立平衡方程数目多出的个数即称为静不定问题的次数，多出一个为一次静不定问题，多两个为二次静不定问题，依此类推。本节只讨论一次静不定问题，即简单拉压静不定问题。

图 7.29(a)所示两端固定杆件，横截面面积为 A，弹性模量为 E。现求施加轴向力 F 后各段的内力。

设 F_A、F_B 分别为 A、B 两端的支反力，假设方向均向上，可列出静力平衡方程

$$F_A + F_B = F \tag{a}$$

有两个未知力，只有一个静力平衡方程，是一次超静定问题，因此，除了静力平衡方程外，还需找出一个补充方程。

首先分析杆件各部分变形的几何关系，由于杆件两端固定。变形后两端间距离不变，杆的总长度不变，即

$$\Delta l = 0$$

杆件的总变形为 AC 和 CB 两段变形之和，由此得到变形几何方程

$$\Delta l = \Delta l_1 + \Delta l_2 = 0 \tag{b}$$

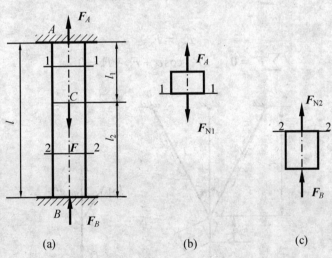

图 7.29

式(b)是变形应满足的方程，方程中没有所要求的未知力，因此需要研究变形和力之间的关系。在杆 AC 段和 CB 段内分别用任意截面 1—1 和 2—2 截开，如图 7.29(b)和图 7.29(c)所示，两段的内力为

$$F_{N_1} = F_A, \qquad F_{N_2} = -F_B \tag{c}$$

根据胡克定律得物理方程

$$\Delta l_1 = \frac{F_{N_1} l_1}{EA} = \frac{F_A l_1}{EA}, \quad \Delta l_2 = \frac{F_{N_2} l_2}{EA} = \frac{-F_B l_2}{EA} \tag{d}$$

把式(d)代入式(b)，得到补充方程

$$\frac{F_A l_1}{EA} - \frac{F_B l_2}{EA} = 0 \tag{e}$$

联立解式(a)、式(e)两式，得

$$F_A = \frac{F l_2}{l}, \quad F_B = \frac{-F l_1}{l}$$

所得 F_A 和 F_B 均为正值，说明假设方向与实际情况一致。

最后，由式(c)求得 AC 和 CB 两段内力

$$F_{N_1} = \frac{F l_2}{l}, \quad F_{N_2} = \frac{F l_1}{l}$$

式中，AC 段轴力 F_{N_1} 为正值；CB 段轴力 F_{N_2} 为负值。故 AC 段变形为伸长，CB 段变形为缩短。

综上所述，求解超静不定问题，除列出静力平衡方程外，还需找出足够数目的补充方程，这些补充方程可由结构各部分变形之间的几何关系，以及变形和力之间的物理关系求得，将补充方程和静力平衡方程联立求解，即可得出全部未知力。

【例 7.12】 图 7.30(a)所示三杆桁架，试求杆1、2、3 的内力。

解：由图 7.30(b)得节点 A 的静力平衡方程为

$$\sum F_x = 0, \quad F_{N1} \sin\alpha - F_{N2} \sin\alpha = 0 \tag{a}$$

即

$$F_{N1} = F_{N2}$$

$$\sum F_y = 0, \quad 2F_{N1} \cos\alpha + F_N - F_P = 0 \tag{b}$$

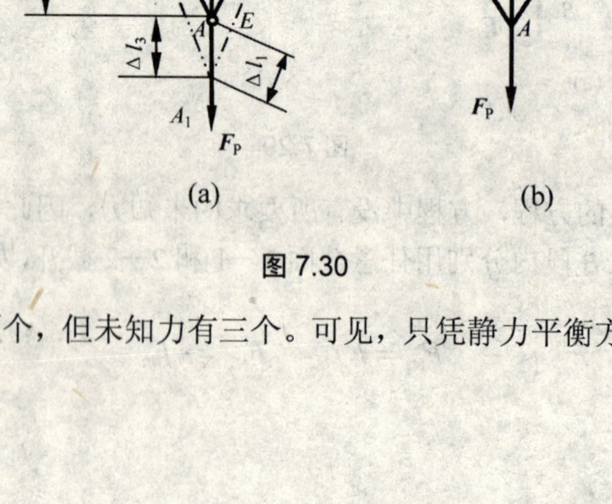

图 7.30

这里静力方程有两个，但未知力有三个。可见，只凭静力平衡方程不能求出全部轴力，所以是静不定问题。

为了求得问题的解，除静力方程之外，还必须寻求补充方程。设杆 1、2 的抗拉刚度相同，桁架变形是对称的，节点 A 垂直地移动到 A_1，位移 AA_1 也就是杆 3 的伸长量 Δl_3，以 B 点为圆心，以杆 1 的原长 $l/\cos\alpha$ 为半径作圆弧，圆弧以外的线段即为杆 1 的伸长 Δl_1。由于变形很小，可用垂直于 A_1B 的直线 AE 代替上述弧线，且仍可认为 $\angle AA_1B = \alpha$。于是

$$\Delta l_1 = \Delta l_3 \cos\alpha \tag{c}$$

这是杆 1、2、3 的变形必须满足的关系，只有满足了这一关系，它们才可能在变形后仍然在节点处联系在一起，其变形才是协调的。所以，这种变形的几何关系称为变形协调方程。

若杆 1、2 的抗拉刚度为 E_1A_1，杆 3 的抗拉刚度为 E_3A_3，由胡克定律得

$$\Delta l_1 = \frac{F_{N1}l}{E_1A_1\cos\alpha}, \quad \Delta l_3 = \frac{F_{N3}l}{E_3A_3} \tag{d}$$

这两个表示变形与轴力关系的关系式称为物理方程，将其代入式(c)，得

$$\Delta l_1 = \frac{F_{N1}l}{E_1A_1\cos\alpha} = \frac{F_{N3}l}{E_3A_3}\cos\alpha \tag{e}$$

这是在静力平衡方程之外得到的补充方程。从式(a)、式(b)、式(e)容易解出

$$F_{N1} = F_{N2} = \frac{F_P\cos^2\alpha}{2\cos^3\alpha + \dfrac{E_3A_3}{E_1A_1}}, \quad F_{N3} = \frac{F_P}{1 + 2\dfrac{E_1A_1}{E_3A_3}\cos^3\alpha}$$

例 7.12 表明，静不定问题是综合了静力方程(静力关系)，变形协调方程(变形几何关系)和物理方程(物理关系)等三方面的关系求解的。这一求解静不定问题的方法称作几何关系法。

【例 7.13】 平行杆系 1、2、3 悬吊着刚性横梁 AB，如图 7.31(a)所示。在横梁上作用着荷载 G。若杆 1、2、3 的截面积、长度、弹性模量均相同，分别为 A、l、E。试求三根杆的轴力 F_{N1}、F_{N2}、F_{N3}。

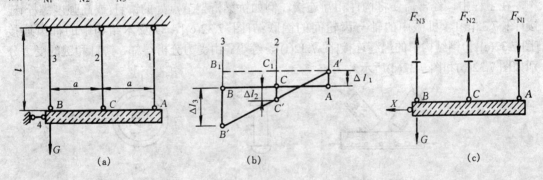

图 7.31

解： 设在荷载 G 作用下，横梁移动到 $A'B'$ 位置[图 7.31(b)]，则杆 1 的缩短量为 Δl_1，而杆 2、3 的伸长量为 Δl_2、Δl_3。取横梁 AB 为分离体，如图 7.31(c)所示，其上除荷载 G 外，还有轴力 F_{N1}、F_{N2}、F_{N3} 以及 X。由于假设 1 杆缩短，2、3 杆伸长，故应将 F_{N1} 设为压力，而 F_{N2}、F_{N3} 设为拉力。

(1) 平衡方程为

$$\left.\begin{array}{l}\sum X=0,\ X=0\\ \sum Y=0,\ -F_{N1}+F_{N2}+F_{N3}-G=0\\ \sum m_B=0,\ -F_{N1}\cdot 2a+F_{N2}\cdot a=0\end{array}\right\} \quad (a)$$

三个平衡方程中包含四个未知力,故为一次超静定问题。

(2) 求变形几何方程。由变形关系图 7.31(b)可看出

$$B_1B'=2C_1C'$$

即

$$\Delta l_3+\Delta l_1=2(\Delta l_2+\Delta l_1)$$

或

$$-\Delta l_1+\Delta l_3=2\Delta l_2 \quad (b)$$

(3) 物理方程为

$$\Delta l_1=\frac{F_{N1}l}{EA},\qquad \Delta l_2=\frac{F_{N2}l}{EA},\qquad \Delta l_3=\frac{F_{N3}l}{EA} \quad (c)$$

将式(c)代入式(b),然后与式(a)联立求解,可得

$$F_{N1}=G/6,\qquad F_{N2}=G/3,\qquad F_{N3}=5G/6$$

例 7.13 表明:在解超静不定问题中,假定各杆的轴力是拉力还是压力,要以变形关系图中各杆是伸长还是缩短为依据,两者之间必须一致。经计算三杆的轴力均为正,说明正如变形关系图中所设,杆 2、3 伸长,而杆 1 缩短。

还应指出,对于静不定结构,往往还有温度应力和装配应力问题,其求解方法,与上述类同。

7.8 剪切和挤压的实用计算

在工程中,经常需要将构件相互连接,例如桥梁桁架节点处的铆钉(或高强度螺栓)连接[图 7.32(a)]、机械中的轴与齿轮间的键联结[图 7.32(c)],以及木结构中的榫齿连接[图 7.32(e)]和钢结构中的焊缝连接[图 7.32(f)],等等。由受力分析得知,铆钉和键的受力分别如图 7.32(b)和图 7.32(d)所示。

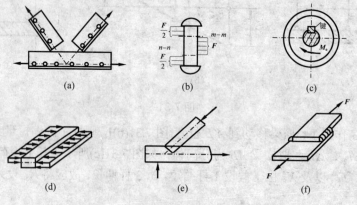

图 7.32

由铆钉和键的受力图可以看出,联结件(或构件联结处)的变形往往是比较复杂的,而

其本身的尺寸都比较小。在工程设计中，为简化计算通常采用工程实用计算方法，即按照联结的破坏可能性采用能反映受力基本特征、并简化计算的假设，计算其应力，然后根据直接试验的结果，确定其相应的许用应力，以进行强度计算。以铆钉联结为例，联结处的破坏可能性有两种：铆钉沿 $m—m$ 和 $n—n$ 截面被剪断；铆钉与钢板在相互接触面上因挤压而使联结松动；以及钢板在受铆钉孔削弱的截面处被拉断。其他的联结也都具有类似的破坏可能性。下面以铆钉联结为例，分别介绍剪切和挤压的实用计算。

7.8.1 剪切的实用计算

设两块钢板用铆钉联结后承受拉力 F_P[图 7.33(a)]，显然，铆钉在两侧面上分别受到大小相等、方向相反、垂直于轴线且作用线相距很近的两个力 F_P 作用[图 7.33(b)]。铆钉在这样的外力作用下，沿两侧外力之间，并与外力作用线平行的截面 $m—m$ 发生相对错动，[如图 7.33(b)中双点画线所示]，这种变形形式称为剪切。截面 $m—m$ 称为剪切面。

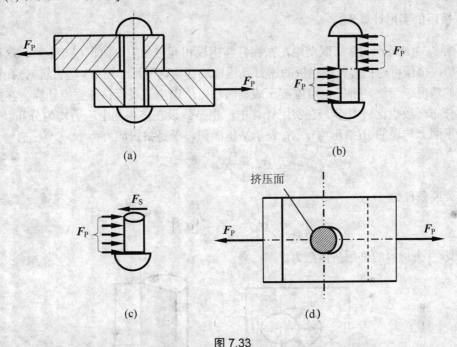

图 7.33

应用截面法，可得剪切面 $m—m$ 上的内力，即剪切力 F_S[图 7.33(c)]，由平衡方程容易求得

$$F_S = F_P$$

实用计算中，假设在剪切面上切应力是均匀分布的。若以 A 表示剪切面面积，则应力是

$$\tau = \frac{F_S}{A} \tag{7-16}$$

与剪切面相切，故为切应力。

在一些联结件的剪切面上，应力的实际情况比较复杂，切应力并非均匀分布。所以，由式(7-16)算出的只是剪切面上的"平均切应力"，是一个名义切应力。为了弥补这一缺陷，

在用实验的方式建立强度条件时，使试样受力尽可能地接近实际联结件的情况，求得试样失效时的极限载荷。也用式(7-16)由极限载荷求出相应的名义极限应力，除以安全因数 n 得到许用切应力 $[\tau]$，从而建立强度条件

$$\tau = \frac{F_S}{A} \leqslant [\tau] \tag{7-17}$$

根据以上强度条件，便可进行剪切强度计算。

【例 7.14】 图 7.33(a)所示为铆钉联结，拉力 F_P=1.5kN，铆钉直径 d=4mm，铆钉材料的许用切应力 $[\tau]$ =120MPa。试对铆钉进行剪切强度校核。

解： 铆钉剪切面 m—m 上的剪切力 $F_S = F_P$，铆钉的横截面面积 $A = \pi d^2/4$，名义切应力为

$$\tau = \frac{F_S}{A} = 1.5 \times 10^3/(\pi \times 2^2 \times 10^{-6})\,\text{Pa} = 119.4\,\text{MPa} < [\tau]$$

铆钉的剪切强度足够。

7.8.2 挤压的实用计算

在图 7.33(a)所示的铆钉联结中，在铆钉与钢板相互接触的侧面上相互压紧，这种现象称为挤压。挤压可能把铆钉或钢板的铆钉孔压成局部塑性变形。图 7.34 就是铆钉孔被压成长圆孔的情况。当然，铆钉也可能被压成扁圆柱，所以应该进行挤压强度计算。在挤压面上应力分布一般也比较复杂。在实用计算中，也是假设在挤压面上应力均匀分布。以 F_{bs} 表示挤压面上传递的力(挤压力)，A_{bs} 表示挤压面积，于是挤压应力为

$$\sigma_{bs} = \frac{F_{bs}}{A_{bs}} \tag{7-18}$$

相应的强度条件是

$$\sigma_{bs} = \frac{F_{bs}}{A_{bs}} \leqslant [\sigma_{bs}] \tag{7-19}$$

式中，$[\sigma_{bs}]$ 为材料的许用挤压应力。

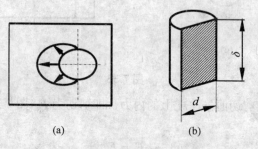

图 7.34

当接触面为平面时，如图 7.32(c)、(d)中的键联结，以上公式中的 A_{bs} 就是接触面的面积。当接触面为圆柱面时(如螺栓、铆钉等与孔间的接触面)，挤压应力的分布情况如图 7.34(a)所示，最大应力在圆柱面的中点。在实用计算中，以圆孔或圆钉的直径平面面积 δd [即图 7.34(b)中画阴影线的面积]除挤压力 F_{bs}，则所得应力大致上与实际最大应力接近。

【例 7.15】 图 7.35(a)表示齿轮用平键与轴联结(图中只画出了轴与键，没有画出齿轮)。已知轴的直径 d=70mm，键的尺寸为 $b \times h \times l$ =20mm×12mm×100mm，传递的扭转力偶矩

M_e=2kN·m，键的许用切应力$[\tau]$=50MPa，$[\sigma_{bs}]$=100MPa。试校核键的强度。

解：(1) 校核键的抗剪强度。

将平键沿 $n-n$ 截面分成两部分，并把 $n-n$ 以下部分和轴作为一个整体来考虑[图 7.35(b)]。因为假设在 $n-n$ 截面上切应力均匀分布，故 $n-n$ 截面上的剪切力 F_S 为

$$F_S = A\tau = bl\tau$$

对轴心取矩，由平衡方程 $\sum M_O = 0$，得

$$F_S \frac{d}{2} = bl\tau \frac{d}{2} = M_e$$

$$\tau = \frac{2M_e}{bld} = \frac{2 \times 2000 \text{N} \cdot \text{m}}{20 \times 100 \times 70 \times 10^{-9} \text{m}^3} = 2.86 \times 10^7 \text{Pa} = 28.6 \text{MPa} < [\tau]$$

可见平键满足抗剪强度条件。

(2) 校核键的挤压强度。

考虑键在 $n-n$ 截面以上部分的平衡[图 7.35(c)]，在 $n-n$ 截面上的剪切力 $F_S = A\tau = bl\tau$，右侧面上的挤压力为

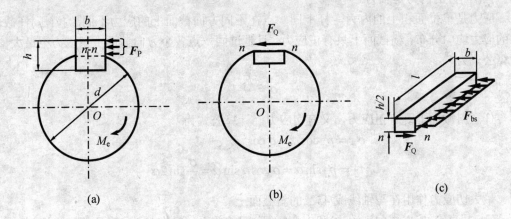

图 7.35

$$F_{bs} = A_{bs}\sigma_{bs} = \frac{h}{2} l \sigma_{bs}$$

投影于水平方向，由平衡方程得

$$bl\tau = \frac{h}{2} l \sigma_{bs}$$

由此求得

$$\sigma_{bs} = \frac{2b\tau}{h} = \frac{2 \times 20 \times 10^3 \text{m} \times 28.6 \times 10^6 \text{Pa}}{12 \times 10^3 \text{m}}$$
$$= 9.53 \times 10^7 \text{Pa} = 95.3 \text{MPa} < [\sigma_{bs}]$$

故平键也满足挤压强度要求。

小　结

(1) 本章建立了拉(压)杆的应力、变形与轴力、截面尺寸、材料性能间的关系；讨论了强度计算问题；介绍了材料在拉(压)时的主要力学性能。本章研究的问题、运用的方法、涉及的概念等将贯穿于整个材料力学之中，读者不仅要掌握拉(压)杆的轴力、应力、变形及其强度计算，而且需清晰地理解本学科的基本概念、理论和方法。

(2) 试验与理论分析相结合的方法，是建立应力和变形公式的基本方法。拉、压应力公式的建立，体现了该方法的全过程：由试验现象，经推理假设，得应变间的关系(变形几何关系)，对应变关系运用胡克定律(物理关系)，便得横截面上各点应力间的关系(补充方程)，最后将内力系合成(静力关系)，得应力和内力关系(即应力计算公式)。对这一过程应有清晰的概念。

(3) 轴力、应力。凡作用线垂直于杆的横截面，且通过其形心的内力，称为轴力。轴力 F_N 的大小等于截面一侧沿轴线作用的外力代数和。过同一点不同方向截面上的轴力相同。拉(压)杆的内力是轴力。

应力是单位面积上的内力。杆上同一点在不同方向截面上的应力不同。拉(压)杆截面上的应力均匀分布。横截面上只有正应力，且是过同一点各个方向截面上正应力中最大值。计算公式为

$$\sigma = \frac{F_N}{A}$$

任意斜截面上既有正应力，又有切应力。计算公式为

$$\sigma_\alpha = p_\alpha \cos\alpha = \sigma \cos^2\alpha$$

$$\tau_\alpha = p_\alpha \sin\alpha = \sigma \cos\alpha \sin\alpha = \frac{\sigma}{2}\sin 2\alpha$$

最大切应力作用在与轴线成 $45°$ 的斜截面上。

(4) 胡克定律建立了应力(力)和应变(变形)间的关系。轴向拉(压)时的胡克定律

$$\Delta l = \frac{Pl}{EA} = \frac{F_N l}{EA}$$

$$\varepsilon' = -\mu\varepsilon$$

或

$$\varepsilon = \frac{\sigma}{E}$$

EA 称为杆的抗拉(压)刚度。胡克定律是今后分析变形和建立应力计算公式的理论基础，应熟练掌握，并应注意它的适用范围。

(5) 强度计算是材料力学研究的主要问题。强度条件是强度计算的依据，基本变形杆的强度条件，都是限制最大应力不超过其许用应力。拉(压)杆的强度条件为

$$\sigma = \frac{F_N}{A} \leqslant [\sigma]$$

许用应力是保证构件具有足够的强度，材料允许承担的最大应力值。

塑性材料

$$[\sigma] = \frac{\sigma_s(或\sigma_{0.2})}{n_s}$$

脆性材料

$$[\sigma] = \frac{\sigma_b}{n_b}$$

强度计算的大致步骤如下：
① 计算杆内所受的内力，并画其计算简图与轴力图。
② 分析危险截面位置。
③ 建立危险截面的强度条件，进行计算。

(6) 材料的力学性能是进行强度、刚度和稳定性计算不可缺少的试验资料。应清楚理解表征材料力学性能的各种指标，并注意塑性材料与脆性材料的区别。

强度指标——屈服极限 $\sigma_s(\sigma_{0.2})$、强度极限 σ_b
刚度指标——弹性模量 E、泊松比 μ
塑性指标——伸长率 δ、断面收缩率 ψ

(7) 剪切与挤压的实用计算。联结件一般都同时受到剪切与挤压，其实际受力与变形情况都比较复杂，要进行精确分析也比较困难，故实际中多采用实用计算，即假设切应力和挤压应力分别在剪切面和挤压面上是均匀分布的。

联结件的剪切与挤压实用计算的强度条件分别为

$$\tau = \frac{F_S}{A} \leqslant [\tau]$$

$$\sigma_{bs} = \frac{F_{bs}}{A_{bs}} \leqslant [\sigma_{bs}]$$

思 考 题

7-1 试列举拉杆和压杆的实例。

7-2 试述用截面法确定拉(压)杆件内力的方法和步骤。

7-3 拉(压)杆横截面上产生何种内力？轴力的正负号是怎样规定的？如何计算轴力？如何画轴力图？

7-4 拉(压)杆横截面上产生何种应力？正应力 σ 在截面上如何分布？怎样计算横截面上的正应力？

7-5 在推导拉(压)杆横截面正应力公式的过程中，所使用的平面假设是怎样叙述的？这个假设在推导正应力公式时起了什么作用？正应力在横截面上均匀分布的结论是根据什么得到的？

7-6 拉(压)杆斜截面上的应力公式是如何建立的？

7-7 根据强度条件可进行哪三类强度计算？

7-8 胡克定律是如何建立的？有几种表示形式？它们的应用条件是什么？

7-9 设两受拉杆件的横截面面积 A、长度 l 及载荷 P 均相等，而材料不同，试问两杆的应力是否相等？变形是否相等？

7-10 在小变形条件下，如何确定节点位移？

7-11 低碳钢在拉伸过程中表现为几个阶段？有哪几个特性点？它们各自代表的物理意义是什么？

7-12 弹性模量 E、泊松比 μ 和杆的抗拉(压)刚度 EA 的物理意义是什么？单位有何不同？

7-13 材料的塑性如何衡量？何谓塑性材料？何谓脆性材料？试比较塑性材料与脆性材料的力学性能。

7-14 何谓超静定问题？与静定问题相比，超静定问题有何特点？

7-15 如何计算剪切构件的切应力？计算中采用了哪些假设？

7-16 何谓挤压应力？它与一般的压应力有何区别？如何计算挤压应力？

习 题

7-1 何谓轴力图？如何绘制拉压杆的轴力图？它有什么用途？

7-2 为什么要研究杆件截面上的应力？应力与内力有什么区别？

7-3 叙述轴向拉(压)杆横截面上的正应力分布规律。

7-4 拉(压)杆的横截面与斜截面上的应力有何不同？如何计算？

7-5 因为拉(压)杆件纵向截面($\alpha = 90°$)上的正应力等于零，所以垂直于纵向截面方向的线应变也等于零。这样的说法对吗？

7-6 什么是强度条件？根据强度条件可以解决哪些问题？

7-7 怎样的截面称作构件的危险截面？

7-8 把一低碳钢试件拉伸到它的纵向线应变 $\varepsilon = 0.02$ 时，是否可以根据胡克定律公式 $\varepsilon = \dfrac{\sigma}{E}$ 来求其横截面上的应力数值？为什么？已知低碳钢的比例极限 $\sigma_p = 200\text{MPa}$，弹性模量 $E = 200\text{GPa}$。

7-9 E 和 μ 的物理意义是什么？如何确定它们的数值？

7-10 材料的主要力学性能是指哪些？为什么要研究材料的力学性能？它们的含义是什么？

7-11 为什么说低碳钢材料经过冷作硬化后，比例极限提高而塑性降低？材料塑性的高低与材料的使用有什么关系？

7-12 如何区分塑性材料和脆性材料？

7-13 试说明脆性材料压缩时，沿与轴线大约成 $45°$ 方向断裂的原因。

7-14 钢的弹性模量 $E_1 = 200\text{GPa}$，铝的弹性模量 $E_2 = 71\text{GPa}$，试比较在同一应力下，哪种材料的应变大？在同一应变下，哪种材料的应力大？

7-15 怎样确定材料的许用应力？安全因数的选择与哪些因素有关？

7-16 铸铁的拉伸、压缩时的强度极限不同，因而铸铁的拉伸、压缩许用应力不同，其拉伸与压缩时的安全因数是否相同？

7-17 一个超静定结构的变形几何方程是否是唯一的？所谓物理方程就是胡克定律吗？

7-18 题 7-18(a)图和题 7-18(b)图分别为静定和超静定结构，试用这两个结构来说明为什么超静定结构中杆的内力大小与各杆之间刚度比有关，而静定结构与此无关。若在题 7-18(b)图的结构中，欲减小 AD 杆的内力，可以采取哪些方法？

7-19 在挤压与剪切的实用计算中引入了哪些假设？

7-20 试画出如图所示各杆的轴力图。

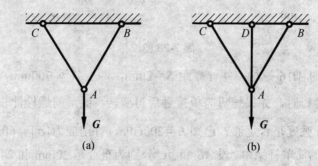

题 7-18 图

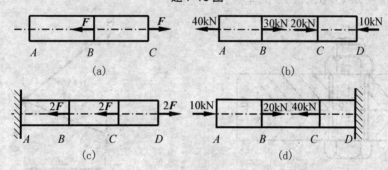

题 7-20 图

7-21 简易起吊架如图所示，AB 为 10cm×10cm 的杉木，BC 为 $d=2$cm 的圆钢，$F=26$kN。试求斜杆及水平杆横截面上的应力。

7-22 阶梯轴受轴向力 $F_1=25$kN，$F_2=40$kN，$F_3=35$kN 的作用，截面面积 $A_1=A_3=300$mm^2，$A_2=250$mm^2。试求如图中所示各段横截面上的正应力。

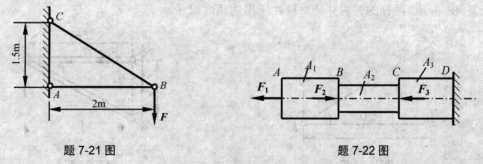

题 7-21 图　　　　　　　　题 7-22 图

7-23 直杆受力如图所示，它们的横截面面积为 A 和 A_1，且 $A=2A_1$，长度为 l，弹性模量为 E，载荷 $F_2=2F_1=F$。试求杆的绝对变形 Δl 及各段杆横截面上的应力。

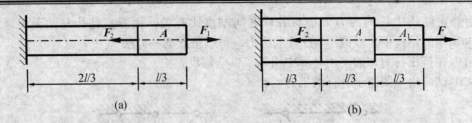

题 7-23 图

7-24 联结钢板的 M16 螺栓，螺栓螺距 $S=2\text{mm}$，两板共厚 700mm，如图所示。假设板不变形，在拧紧螺母时，如果螺母与板接触后再旋转 $\frac{1}{8}$ 圈，问螺栓伸长了多少？产生的应力为多大？问螺栓强度是否足够？已知 $E=200\text{GPa}$，许用应力 $[\sigma]=60\text{MPa}$。

7-25 如图所示的简单杆系中，设 AB 和 AC 分别为直径是 20mm 和 24mm 的圆截面杆，$E=200\text{GPa}$，$F=5\text{kN}$。试求点 A 的垂直位移。

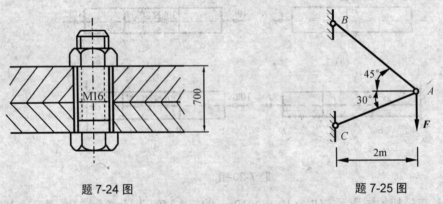

题 7-24 图　　　　　　题 7-25 图

7-26 试求图所示结构节点 B 的水平位移和垂直位移。设两杆的 EA 相等。

7-27 托架结构如图所示。载荷 $F=30\text{kN}$，现有两种材料铸铁和 Q235A 钢，截面均为圆形，它们的许用应力分别为 $[\sigma_t]=30\text{MPa}$，$[\sigma_c]=120\text{MPa}$ 和 $[\sigma]=160\text{MPa}$，试合理选取托架 AB 和 BC 两杆的材料并计算杆件所需的截面尺寸。

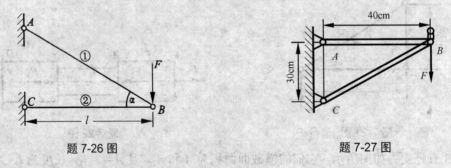

题 7-26 图　　　　　　题 7-27 图

7-28 如图所示桁架，已知两杆的直径分别为 $d_1=30\text{ mm}$，$d_2=20\text{ mm}$，材料的许用应力 $[\sigma]=160\text{MPa}$。试求桁架的许可载荷 [P]。

7-29 如图所示铆接接头，由两块钢板铆接而成。已知 $P=80\text{ kN}$，$b=80\text{ mm}$，$\delta=10\text{mm}$，

$d=16\text{mm}$,$[\tau]=100\text{MPa}$,$[\sigma_{bs}]=300\text{MPa}$,$[\sigma]=160\text{MPa}$,试校核接头强度(假设铆钉也为钢制,且三者材料相同)。

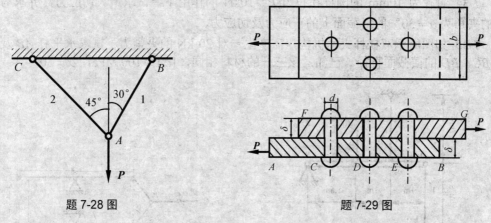

题 7-28 图　　　　　　　　　题 7-29 图

7-30　如图所示桁架,已知三根杆的抗拉、抗压刚度相同,求各杆的位移。

7-31　结构尺寸及受力如图所示,设 AB、CD 均为刚体,BC 和 EF 为圆截面钢杆。钢杆直径 $d=25\text{mm}$,两杆材料均为 Q235 钢,其许用应力$[\sigma]=160\text{MPa}$。若已知载荷 $F_p=39\text{kN}$,试校核此结构的强度是否安全。

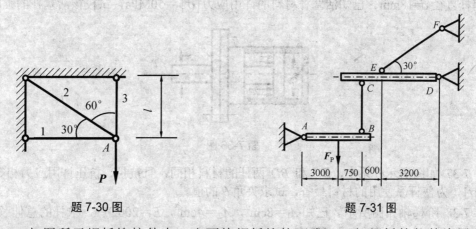

题 7-30 图　　　　　　　　　题 7-31 图

7-32　如图所示钢板铆接件中,由两块钢板铆接而成。已知钢板的拉伸许用应力$[\sigma]=98\text{MPa}$,许用挤压应力$[\sigma_{bs}]=196\text{MPa}$,钢板厚度 $\delta=10\text{mm}$,宽度 $b=100\text{mm}$,铆钉直径 $d=17\text{mm}$,铆钉许用切应力$[\tau]=137\text{MPa}$,许用挤压应力$[\sigma_{bs}]=314\text{MPa}$,若铆接件承受的载荷 $F=23.5\text{kN}$,试校核钢板与铆钉的强度。

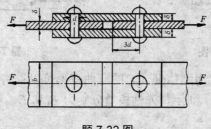

题 7-32 图

7-33 如图所示结构中 1、2 两杆的横截面直径分别为 10mm 和 20mm，试求两杆内的应力(设两根横梁皆为刚体)。

7-34 直径为 10mm 的圆杆在拉力 $P=10$kN 的作用下，试求最大切应力，并求与横截面的夹角为 $\alpha=30°$ 的斜截面上的正应力及切应力。

7-35 如图所示双杠杆夹紧机构，需产生一对 20 kN 的夹紧力，试求水平杆 AB 及两斜杆 BC、BD 的横截面直径。已知：该三杆的材料相同，$[\sigma]=100$ MPa，$\alpha=30°$ 。

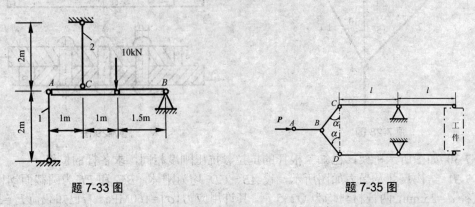

题 7-33 图 题 7-35 图

7-36 某铣床工作台进给油缸如图所示，缸内工作油压 $p=2$MPa，油缸内径 $D=75$mm，活塞杆直径 $d=18$mm。已知活塞杆材料的许用应力$[\sigma]=50$MPa，试校核活塞杆的强度。

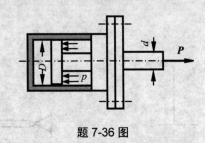

题 7-36 图

7-37 如图所示杆系中，BC 和 BD 两杆的材料相同，且抗拉、抗压许用应力相等，同为$[\sigma]$，为使杆系使用的材料最省，试求夹角 θ 的值。

7-38 阶梯轴如图所示。已知 $A_1=8$cm²，$A_2=4$cm²，$E=200$GPa。求杆的总伸长 Δl。

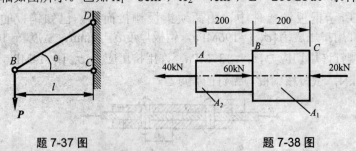

题 7-37 图 题 7-38 图

7-39 如图所示，设 CF 为刚体(即 CF 的弯曲变形可以省略)，BC 为铜杆，DF 为钢杆，两杆的横截面面积分别为 A_1 和 A_2，弹性模量分别为 E_1 和 E_2。如要求 CF 始终保持水平位置，试求 x。

7-40 试校核如图所示联结销钉的剪切强度。已知$F_p=100$kN，销钉直径 $d=30$mm，材料的许用切应力$[\tau]=50\text{MPa}$。若强度不够,应改用多大直径的销钉?

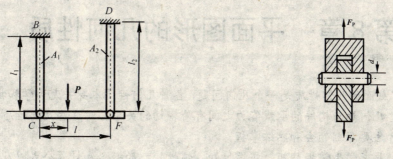

题 7-39 图　　　　　　　　题 3-40 图

7-41　一螺栓将拉杆与厚为 8mm 的两块盖板相联结,如图所示。各零件材料相同,许用应力均为$[\sigma]=80\text{MPa}$,$[\tau]=60\text{MPa}$,$[\sigma_{bs}]=160\text{MPa}$。若拉杆的厚度$\delta=15\text{mm}$,拉力$F_P=120\text{kN}$,试设计螺栓直径$d$及拉杆宽度$b$。

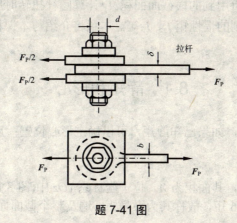

题 7-41 图

7-42　试校核图所示拉杆头部的抗剪强度和挤压强度。已知图中尺寸$D=32\text{mm}$,$d=20\text{mm}$,$h=12\text{mm}$。材料的许用切应力$[\tau]=100\text{MPa}$,许用挤压应力$[\sigma_{bs}]=240\text{MPa}$。

7-43　矩形截面木制拉杆的接头如图所示。已知轴向拉力$F_P=50\text{kN}$。截面宽度$b=250\text{mm}$,木材的顺纹许用挤压应力$[\sigma_{bs}]=10\text{MPa}$,顺纹的许用切应力$[\tau]=1\text{MPa}$。试求接头处所得的尺寸$l$和$a$。

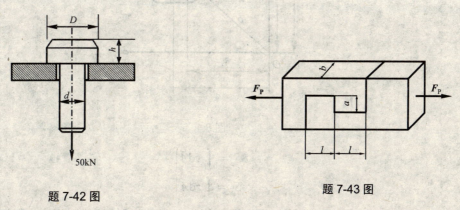

题 7-42 图　　　　　　　　题 7-43 图

第8章 平面图形的几何性质

教学提示： 截面的几何性质是一个几何问题，各种几何性质本身并无力学和物理意义，但在力学中这些几何量与构件的承载能力之间有着密切的关系。对这些几何性质在力学中的意义和计算方法要深刻领会和熟练掌握。

教学要求： 要求学生掌握静矩、极惯性矩、惯性矩、的概念和计算公式以及平行移轴公式的应用。

计算杆件在外力作用下的应力和变形时，要用到杆件横截面图形的几何性质，例如计算拉(压)杆应力和变形时所用到的横截面面积 A，计算圆杆扭转时所用到的横截面极惯性矩 I_p，计算弯曲应力时所用到的惯性矩 I_z、I_y 等。本章将介绍与本课程相关的一些几何性质的定义及其计算方法。

8.1 静矩和形心

静矩和形心密切相关，如果已知静矩，可以确定形心位置；反之亦然。

8.1.1 静矩

设有一任意截面图形，其面积为 A，位于坐标系 yOz 中(图 8.1)。在坐标 y、z 处，取一微面积 dA，则 ydA 和 zdA 矩，故称其为微静矩。遍及整个截面面积 A 的积分 S_z、S_y 分别称为截面图形对于 z 轴和 y 轴的静矩。

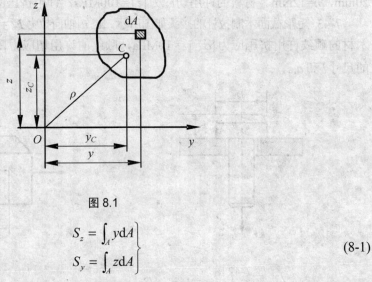

图 8.1

$$\left. \begin{array}{l} S_z = \int_A y dA \\ S_y = \int_A z dA \end{array} \right\} \tag{8-1}$$

静矩是对某一坐标轴而言的，同一截面图形对不同坐标轴的静矩不同。静矩的数值可能为正，可能为负，也可能为零。其量纲为[长度³]，常用单位为 m³ 或 mm³。

【例 8.1】 试计算图 8.2 所示半圆形截面对 z 轴的静矩 S_z。

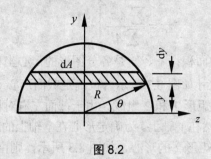

图 8.2

解：取平行于 z 轴的狭长条作为微面积 dA，

即 $dA = 2R\cos\theta dy$，$y = R\sin\theta$，$dy = R\cos\theta d\theta$，因此，$dA = 2R^2\cos^2\theta d\theta$，将其代入式(8-1)，得

$$S_z = \int_A y dA = \int_0^{\frac{\pi}{2}} R\sin\theta \times 2R^2\cos^2\theta d\theta = \frac{2}{3}R^3$$

8.1.2 形心

静矩可用于确定平面图形的形心位置。按照静力学条件可知，各分力对某轴的力矩之和等于合力对同一轴之矩。如前所述，此处的 dA 可视为力，因此有

$$\left. \begin{aligned} \int_A y dA &= y_C A \\ \int_A z dA &= z_C A \end{aligned} \right\} \tag{8-2}$$

式中，y_C、z_C 为截面的形心在 yOz 坐标系中的坐标(图 8.1)，代入式(8-1)，可得

$$S_z = y_C A \quad \text{或} \quad y_C = \frac{S_z}{A} \tag{8-3a}$$

$$S_y = z_C A \quad \text{或} \quad z_C = \frac{S_y}{A} \tag{8-3b}$$

当已知截面的面积及形心坐标，即可按式(8-3)计算此截面对于 z 轴和 y 轴的静矩如矩形，直角三形；反之，已知截面面积及截面对于 z 轴和 y 轴的静矩，式(8-3)可以确定截面形心的坐标。

由式(8-3)可知：截面对于通过其形心的坐标轴的静矩恒等于零；反之，截面对于某一轴的静矩若等于零，则该轴必通过截面的形心。

8.1.3 组合图形的形心

当截面是由若干简单图形组成时，由静矩的定义可知，各简单图形分别对某一轴的静矩之和，等于该截面对于同一轴的静矩。因此，对于形状较复杂的截面，可将其划分为若干简单图形，先计算出每一简单图形的静矩，然后求其代数和，即得整个截面的静矩。设整个截面可划分为 n 个简单图形，则组合图形形心坐标的计算表达式为

$$\left.\begin{array}{l}y_C = \dfrac{\sum A_i y_i}{\sum A_i} \\[2mm] z_C = \dfrac{\sum A_i z_i}{\sum A_i}\end{array}\right\} \tag{8-4}$$

式中，A_i 是各分图形的面积；y_i、z_i 是各分图形的形心坐标。

【例 8.2】 ⊥ 形截面尺寸如图 8.3 所示。试确定截面形心 C 的位置。

解：将截面看成由两个矩形 1 和 2 组成。由于截面左右对称，故有一对称轴。设对称轴为 y 轴，则截面的形心必然在 y 轴上。为确定形心在 y 轴上的位置，先选一辅助坐标轴 z，取 z 轴平行于底边、并通过矩形 2 的形心，如图 8.3 所示，则由式(8-4)可得

$$y_C = \dfrac{A_1 y_1 + A_2 y_2}{A_1 + A_2} = \dfrac{0.14 \times 0.02 \times 0.08 + 0.1 \times 0.02 \times 0}{0.14 \times 0.02 + 0.1 \times 0.02}\,\text{m} = 0.0467\,\text{m} = 46.7\,\text{mm}$$

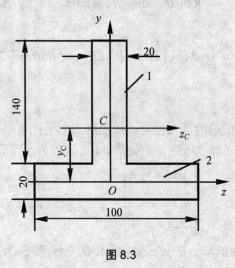

图 8.3

8.2 惯性矩、极惯性矩和惯性积

惯性矩和惯性积都是对确定的坐标系而言的，对于不同的坐标系，它们有不同的数值，而极惯性矩是对某一坐标原点而言的。

8.2.1 惯性矩和极惯性矩

在截面图形内的任意坐标 y、z 处取一微面积 $\mathrm{d}A$，如图 8.1 所示。则 $z^2\mathrm{d}A$ 和 $y^2\mathrm{d}A$ 分别定义为微面积 $\mathrm{d}A$ 对 y 轴和 z 轴的惯性矩。整个图形对 y 轴和 z 轴的惯性矩分别为

$$\left.\begin{array}{l}I_y = \displaystyle\int_A z^2 \mathrm{d}A \\[2mm] I_z = \displaystyle\int_A y^2 \mathrm{d}A\end{array}\right\} \tag{8-5}$$

微面积 dA 到坐标原点 O 的距离为 ρ，定义 $\rho^2 dA$ 为微面积 dA 对 O 点的极惯性矩，整个图形对 O 点的极惯性矩为

$$I_P = \int_A \rho^2 dA \tag{8-6}$$

由图 8.1 知 $\rho^2 = x^2 + y^2$，所以有

$$I_P = \int_A \rho^2 dA = \int_A (y^2 + z^2) dA = I_z + I_y \tag{8-7}$$

即图形对任意一对正交轴的惯性矩之和，等于它对该两轴相交点的极惯性矩。

惯性矩 I_y、I_z 和极惯性矩 I_P 恒为正值，其量纲为 [长度^4]，常用单位为 m^4 或 mm^4。

【例 8.3】 图 8.4 所示矩形高为 h，宽为 b。求矩形对 y_C 轴和对 y 轴的惯性矩。

解： 取微面积 dA，有

$$dA = bdz$$

$$I_{y_C} = \int_A z_C^2 dA = \int_{-h/2}^{h/2} bz_C^2 dz = \frac{bh^3}{12}$$

$$I_y = \int_A z^2 dA = \int_0^h bz^2 dz = \frac{bh^3}{3}$$

【例 8.4】 计算半径为 R 的圆形(图 8.5)对其形心轴的惯性矩和对圆心的极惯性矩。

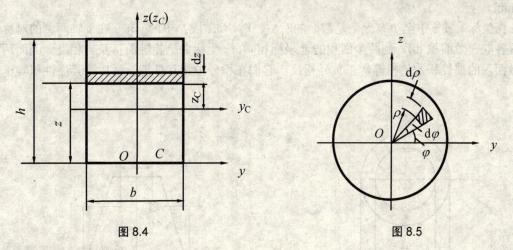

图 8.4　　　　　　　　　图 8.5

解： 1) 求惯性矩

$$I_y = \int_A z^2 dA = \int_0^{2\pi} \int_0^R (\rho \sin\varphi)^2 \rho d\rho d\varphi = \frac{\pi R^4}{4} = \frac{\pi D^4}{64} \tag{8-8}$$

2) 求极惯性矩

由式(8-7)并注意到圆截面 $I_y = I_z$，可求得

$$I_P = I_y + I_y = \frac{\pi D^4}{32}$$

本题也可先求 I_P，再求 I_y 和 I_z，请读者自行练习。

【例 8.5】 试计算图 8.6 所示空心圆形截面对其形心轴的惯性矩。

解： 可将图示空心圆形截面看作在直径为 D 的实心圆形截面减去直径为 d 的圆形而得。这样，根据例 8.4 的结果，由式(8-8)可得

$$I_z = I_y = \frac{\pi D^4}{64} - \frac{\pi d^4}{64} = \frac{\pi}{64}(D^4 - d^4)$$

若令 $\alpha = \dfrac{d}{D}$，则上式又可写为

$$I_z = I_y = \frac{\pi D^4}{64}(1 - \alpha^4)$$

对于多个子图形

$$I_y = \sum I_{yi}$$
$$I_z = \sum I_{zi}$$

8.2.2 惯性积

微面积 dA 与两坐标 y、z 的乘积 $yzdA$(图 8.1)，定义为该微面积对此正交轴的惯性积。而整个截面对于正交轴 y、z 的惯性积为

$$I_{yz} = \int_A yz\,dA \tag{8-9}$$

惯性积 I_{yz} 的数值可能为正或负，也可能等于零，其量纲为[长度]^4，其常用单位为 m^4 或 mm^4。

当坐标 y 或 z 中至少有一个是截面的对称轴时，如图 8.7 中的 y 轴。在 y 轴两侧的对称位置各取一微面积 dA，则两个面积的 y 坐标相同，z 坐标数值相等而正负号相反。因而两个微面积的惯性积数值相等，正负号相反，它们在积分中相互抵消，最后得其惯性积等于零。

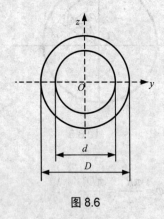

图 8.6

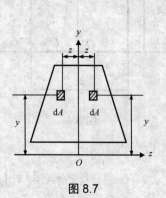

图 8.7

所以正交坐标轴中只要有一个轴为截面的对称轴，则截面对该正交坐标轴的惯性积必等于零。

同理

$$I_{yz} = \sum I_{yzi}$$

在力学计算中，有时把惯性矩写成图形面积与某一长度平方的乘积，即

$$\left. \begin{array}{l} I_y = A i_y^2 \\ \\ I_z = A i_z^2 \end{array} \right\} \tag{8-10}$$

式中，i_y 和 i_z 分别称为截面图形对 y 轴和 z 轴的惯性半径(或回转半径)，其单位为 m 或

mm。

8.2.3 主惯性轴和主惯性矩、形心主惯性轴和形心主惯性矩

如果图形对某一对坐标轴 y、z 的惯性积等于零，则这对坐标轴称为图形的主惯性轴。可以证明，在任意平面图形中过任一点，都必然存在一对主惯性轴。

通过截面形心的主惯性轴，称为形心主惯性轴。任意平面图形中过任一点，都必然存在一对主惯性轴。显然，若图形具有一个对称轴，则以形心为原点并含有对称轴在内的一对对称轴，必然就是图形的形心主惯性轴。若图形具有一对相互正交的对称轴，则这一对对称轴必然就是图形的形心主惯性轴。

图形对主惯性轴的惯性矩称为主惯性矩。图形对形心主惯性轴的惯性矩称为形心主惯性矩。

工程中常用的截面图形，大多至少具有一个对称轴。为便于应用，现将这些简单图形的形心主惯性矩计算公式归纳如下：

(1) 矩形截面(图 8.4)

$$\left. \begin{array}{l} I_z = \dfrac{hb^3}{12} \\[2mm] I_y = \dfrac{bh^3}{12} \end{array} \right\} \tag{8-11}$$

(2) 实心圆截面(图 8.5)

$$I_z = I_y = \frac{\pi D^4}{64} \tag{8-12}$$

(3) 空心圆截面(图 8.6)

$$I_z = I_z = \frac{\pi D^4}{64}(1-\alpha^4), \quad \alpha = \frac{d}{D} \tag{8-13}$$

对于工程上各种型钢的截面图形，其形心主惯性轴和形心主惯性矩等数据，可在有关的工程手册中查得。

8.3 平行移轴公式

由 8.2 节内容可知，同一截面图形对不同坐标轴的惯性矩和惯性积并不相同，现在来研究图形对相互平行的两对坐标轴惯性矩及惯性积之间的关系。

图 8.8 所示为一任意截面图形，它对任意一对坐标轴 y、z 的惯性矩和惯性积分别为 I_y，I_z 和 I_{yz}。C 点为图形形心，y_C 和 z_C 为一对分别与 y 轴和 z 轴平行的形心轴，图形对它们的惯性矩和惯性积分别为 I_{y_C}，I_{z_C} 和 $I_{y_C z_C}$。形心 C 在 yOz 坐标系的坐标为 (a, b)，这样微面积 dA 在两个坐标系中的坐标关系为

$$y = y_C + a, \quad z = z_C + b$$

因此

$$I_y = \int_A z^2 dA = \int_A (z_C+b)^2 dA = \int_A z_C^2 dA + 2b\int_A z_C dA + b^2 \int_A dA$$

由于图形对其形心轴的静矩等于零，即 $\int_A z_C dA = 0$，又 $\int_A dA = A$，故上式可写成

$$I_y = I_{y_C} + b^2 A \tag{8-14a}$$

同理

$$I_z = I_{z_C} + a^2 A \tag{8-14b}$$

$$I_{yz} = I_{y_C z_C} + abA \tag{8-14c}$$

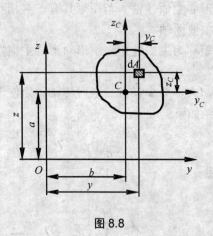

图 8.8

式(8-14)称为惯性矩和惯性积的平行移轴公式。应用平行移轴公式，可以使较复杂的组合图形惯性矩和惯性积的计算得以简化。

【例 8.6】 已知直角三角形截面对通过底边的 y 轴惯性矩是 $I_y = bh^3/12$，求对通过顶点并与 y 轴平行的 y_1 轴的惯性矩 I_{y_1}。

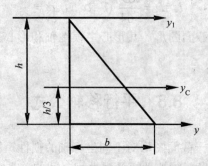

图 8.9

解：与底边平行的形心轴是 y_C，距底边 $h/3$。

应用平行移轴公式

$$I_y = I_{y_C} + \left(\frac{h}{3}\right)^2 \cdot A$$

$$I_{y_1} = I_{y_C} + \left(\frac{2h}{3}\right)^2 \cdot A$$

将上两式相减，得

$$I_{y_1} = I_y + \left[\left(\frac{2h}{3}\right)^2 - \left(\frac{h}{3}\right)^2\right] \cdot A = \frac{1}{4}bh^3$$

小　结

截面的几何性质是一个几何问题，各种几何性质本身并无力学和物理意义，但在力学中这些几何量与构件的承载能力之间有着密切的关系。对这些几何性质的力学意义和计算方法要深刻领会和熟练掌握。

(1) 杆件变形时，如果截面只作相对平移(如拉伸和压缩)，则应力均匀分布，应力、应变只与截面面积有关；如果截面作相对转动(如扭转和弯曲)，则应力将不均匀分布，应力、变形与截面的静矩、极惯性矩、惯性矩等有关。

(2) 本章的主要计算公式

静矩

$$\left. \begin{array}{l} S_z = \int_A y \mathrm{d}A \\ \\ S_y = \int_A z \mathrm{d}A \end{array} \right\}$$

形心坐标

$$\left. \begin{array}{l} y_C = \dfrac{\sum A_i y_i}{\sum A_i} \\ \\ z_C = \dfrac{\sum A_i z_i}{\sum A_i} \end{array} \right\}$$

惯性矩

$$\left. \begin{array}{l} I_y = \int_A z^2 \mathrm{d}A \\ \\ I_z = \int_A y^2 \mathrm{d}A \end{array} \right\} \qquad \left. \begin{array}{l} I_y = \sum I_{yi} \\ \\ I_z = \sum I_{zi} \end{array} \right\}$$

极惯性矩

$$I_P = \int_A \rho^2 \mathrm{d}A = I_z + I_y$$

惯性积

$$I_{yz} = \int_A yz \mathrm{d}A \qquad I_{yz} = \sum I_{yz}$$

平行移轴公式

$$\left. \begin{array}{l} I_y = I_{y_C} + b^2 A \\ \\ I_z = I_{z_C} + a^2 A \\ \\ I_{yz} = I_{y_C z_C} + abA \end{array} \right\}$$

(3) 惯性矩、极惯性矩的值永远为正,静矩、惯性积的值可为正,可为负,也可为零,这与截面在坐标系中的位置有关。当轴通过截面形心时,静矩一定为零;当轴为对称轴时,惯性积一定为零。

(4) 平行移轴公式在计算惯性矩时经常使用,要注意其应用条件是两轴平行,并有一轴通过图形的形心。

(5) 组合图形对某轴的静矩、惯性矩分别等于各简单图形对同一轴的静矩、惯性矩之和。

(6) 矩形截面 $I_z = \frac{1}{12}bh^3$,圆形截面 $I_z = \frac{\pi}{64}D^4$, $I_p = \frac{\pi}{32}D^4$

思 考 题

8-1 何谓截面对一轴的静矩?截面对其形心轴的静矩等于什么?
8-2 如何确定截面的形心位置?
8-3 如何定义截面对坐标轴的惯性矩和惯性积?
8-4 何谓极惯性矩?它与惯性矩之间有何关系?
8-5 写出惯性矩和惯性积的平行移轴公式?
8-6 怎样求组合截面的惯性矩?

习 题

8-1 如图所示△ABC 的面积为 A,若对 x 轴的惯性矩为 I_x,则对 x' 轴的惯性矩 $I_{x'}=$ ____。

(A) $I_x-(h/3)^2A-(h/6)^2A$;   (B) $I_x-h/3)^2A+(h/6)^2A$;
(C) $I_x+(h/3)^2A-(h/6)^2A$;   (D) $I_x+(h/3)^2A+(h/6)^2A$。

8-2 求如图所示 1/4 圆对 y 轴和 z 轴的惯性积。

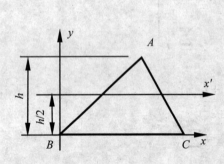

题 8-1 图

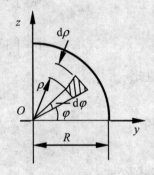

题 8-2 图

8-3 试计算图所示截面对 y、z 轴的惯性矩(其中半圆形心到 O 点的距离为 $\frac{2a}{3\pi}$)。

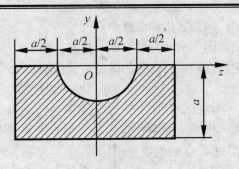

题 8-3 图

8-4 对于某个平面图形，以下结论中哪些是正确的？

(1) 图形的对称轴必定通过形心；

(2) 图形如有两根对称轴，该两对称轴的交点必为形心；

(3) 对于图形的对称轴，图形的静矩必为零；

(4) 若图形对于某个轴的静矩为零，则该轴必为对称轴。

  (A) (1)、(2)； (B) (3)、(4)； (C) (1)、(2)、(3)； (D) (1)、(3)、(4)。

8-5 下列结论中哪些是正确的？

(1) 平面图形对于其形心轴的静矩和惯性积均为零；

(2) 平面图形对于其对称轴的静矩和惯性积均为零；

(3) 平面图形对于不通过形心的轴，其静矩和惯性积均不为零；

(4) 平面图形对于非对称轴的静矩和惯性积有可能为零。

(A) (1)、(3)； (B) (2)、(4)； (C) (1)、(2)、(3)； (D) (2)、(3)、(4)。

8-6 如图所示直角三角形对 x，y 轴的惯性矩和惯性积分别为 I_x、I_y 和 I_{xy}。下列结论中哪些是正确的？

(1) $I_{x'}=I_x+9ab^3/2$；

(2) $I_{y'}=I_y+9a^3b/2$；

(3) $I_{x'y'}=I_{xy}+9a^2b^2/2$。

  (A) (1)、(2)； (B) (3)； (C) 全对； (D) 全错。

8-7 如图所示 T 字形截面，其形心在 C 点，y 轴为其对称轴，下列结论中哪些是正确的？

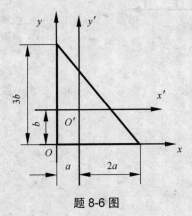

题 8-6 图

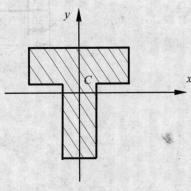

题 8-7 图

(1) x、y 轴为主惯性轴，因为它们都通过形心；

(2) x、y 轴为主惯性轴，因为 y 轴为对称轴，故 $I_{xy}=0$；

(3) x、y 轴均为形心主惯性轴，因为它们既是主惯性轴，又都通过形心；

(4) y 轴为形心主惯性轴，x 轴只是形心轴(非形心主惯性轴)。

  (A) (1)；   (B) (2)、(3)；   (C) (4)；   (D) (1)、(3)。

8-8 确定如图所示的形心位置，计算平面图形对形心轴 y_C 的惯性矩。

8-9 计算如图所示图形对 y、z 轴的惯性积。

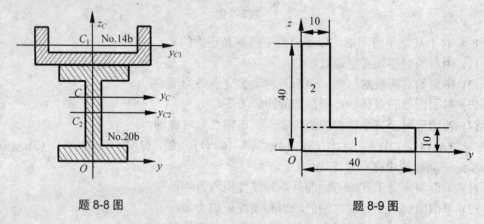

题 8-8 图   题 8-9 图

8-10 试确定如图所示平面图形的形心主惯性轴的位置，并求形心主惯性矩。

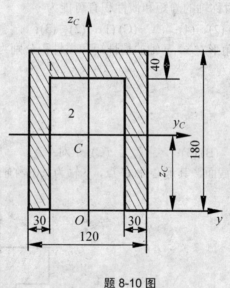

题 8-10 图

第9章 扭 转

教学提示：本章主要研究圆截面等直杆的扭转，在介绍纯剪切、切应力互等定理、剪切胡克定律等基本概念的基础上，详细推导了圆轴扭转时的切应力分布规律，以及扭转变形，同时介绍了非圆截面的扭转等问题。

教学要求：学习本章后，学生应该了解扭转的概念，初步具备分析判断工程中受扭构件并将其简化为力学模型的能力。能够熟练地计算扭矩和绘制扭矩图。牢固掌握圆轴扭转时的切应力分布规律和计算公式以及扭转角的计算公式，进一步领会和掌握材料力学的基本分析方法。能够初步分析和解决有关的工程实际问题。

9.1 扭转的概念和实例

以扭转为主要变形的构件称为轴，如图 9.1 所示的汽车的转向轴，如图 9.2 所示的攻螺纹的丝锥。扭转有如下特点。

(1) 受力特点：在杆件两端垂直于杆轴线的平面内作用一对大小相等、方向相反的外力偶。

(2) 变形特点：横截面形状大小未变，只是绕轴线发生相对转动，其角位移用 φ 表示，称为扭转角，其物理意义是用来衡量扭转程度的。

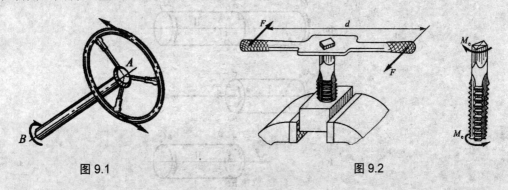

图 9.1　　　　　　图 9.2

9.2 扭矩及扭矩图

在研究扭转构件的强度和刚度问题时，需要先计算出作用在构件上的外力偶矩及横截面上的内力。

9.2.1 外力偶矩的计算

如图 9.3 所示，通常外力偶矩用 M_e 表示。M_e 不是直接给出的，而是与轴所输入功率 P

之间有关系。

由于 1kW=1000N·m/s，P 千瓦的功率相当于每分钟输入功 $W=1000\times P\times 60$，单位为 N·m；而外力偶在 1min 内所做的功为

$$W = 2\pi n \cdot M_e \quad (\text{N·m})$$

由于二者做的功应该相等，则有

$$P\times 1000\times 60 = 2\pi n \cdot M_e$$

所以

$$M_e = 9549\frac{P}{n} \quad (\text{N·m}) \tag{9-1}$$

式中，P 为输入功率(kW)；n 为轴转速(r/min)。

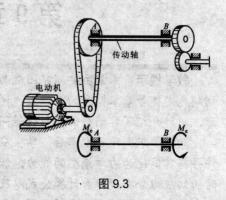

图 9.3

9.2.2 扭矩

扭矩用 T 表示。求出作用在构件上的所有外力偶矩 M_e 后，即可用截面法研究横截面上的内力。如图 9.4 所示，可知 $\sum M_x = 0$，从而得

$$T - M_e = 0$$

所以

$$T = M_e$$

T 为截面 $n-n$ 上分布合力系的内力偶矩，称为扭矩。扭矩的正负号规定为：若按照右手螺旋法则把 T 表示为矢量，则当 T 矢量指向离开截面时为正，反之为负。根据内力的性质，用截面法求扭矩时，无论保留哪一部分，求得的结果相同。

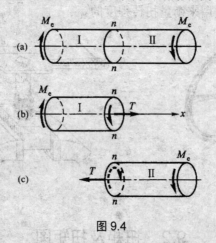

图 9.4

9.2.3 扭矩图

为了形象地表示扭矩沿轴的轴线的变化情况，与拉(压)杆轴力图相类似，取平行于轴线的坐标表示横截面的位置，垂直于轴线的坐标表示相应截面上扭矩的大小，这样绘制出的图形，称为扭矩图。下面用例题具体说明。

【例 9.1】 传动轴如图 9.5(a)所示，主动轮 A 输入功率 $P_A = 36\,\text{kW}$，从动轮 B、C、D 输出功率分别为 $P_B = P_C = 11\,\text{kW}$，$P_D = 14\,\text{kW}$，轴的转速为 $n = 300\,\text{r/min}$。试画出轴的扭矩图。

解：按外力偶矩公式计算出各轮上的外力偶矩

$$M_{eA} = 9549\frac{P_A}{n} = 1146\,\text{N·m}$$

$$M_{eB} = M_{eC} = 9549\frac{P_B}{n} = 350\,\text{N·m}$$

$$M_{eD} = 9549\frac{P_D}{n} = 446\,\text{N·m}$$

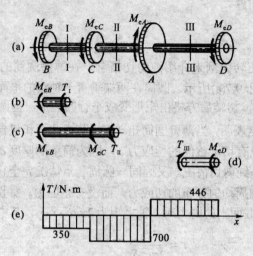

图 9.5

从受力情况看出，轴在 BC、CA、AD 三段内，各截面上的扭矩是不相等的。现在用截面法，根据平衡方程计算各段内的扭矩。

在 BC 段内，以 T_I 表示截面 I—I 上的扭矩，由平衡方程

$$T_I + M_{eB} = 0$$

得

$$T_I = -M_{eB} = -350\,\text{N·m}$$

同理，在 CA 段内，由图 9.5(c)，得

$$T_{II} + M_{eC} + M_{eB} = 0$$

$$T_{II} = -M_{eC} - M_{eB} = -700\,\text{N·m}$$

在 AD 段内[图 9.5(d)]

$$T_{III} - M_{eD} = 0$$

$$T_{III} = -M_{eD} = 446\,\text{N·m}$$

根据所得数据，把各截面上的扭矩沿轴线变化的情况用图 9.5(e) 表示出来，就是扭矩图。从图 9.5 中看出，最大扭矩发生于 CA 段内，且 $T_{max} = 700\,\text{N·m}$。

对同样一根轴，若把主动轮 A 安置于轴的一端，例如放在右端，则轴的扭矩图如图 9.6 所示。这时，轴的最大扭矩是：$T_{max} = 1146\,\text{N·m}$。可见，传动轴上主动轮和从动轮安置的位置不同，轴所承受的最大扭矩也就不同。两者

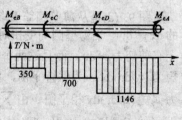

图 9.6

相比,显然图 9.5 所示的布局比较合理。

9.3 纯 剪 切

在讨论扭转的应力与变形之前,为了研究切应力与切应变的规律以及两者之间的关系,先考查薄壁圆筒的扭转问题。

9.3.1 纯剪切的概述

以等厚薄壁圆筒的扭转为例来介绍纯剪切概念。在薄壁圆筒的外表面上画有一些纵向直线和横向圆周线,如图 9.7(a)所示。圆筒在两端垂直于轴线的平面内受到大小相等而转向相反的外力偶 M_e 的作用,扭转后方格由矩形变成平行四边形,但圆筒沿轴线及周线的长度都没有变化[图 9.7(b)]。这表明,当薄壁圆筒扭转时,其横截面和包含轴线的纵向截面上都没有正应力,横截面上便只有切于截面的切应力 τ,因为筒壁的厚度 δ 很小,可以认为沿筒壁厚度切应力不变,这就是纯剪切情况。又因同一圆周各点情况完全相同,应力也相同。即纯剪切是横截面上只有沿圆周均匀分布的切应力,而没有正应力。如图 9.7(c)所示截面部分的平衡方程 $\sum M_x = 0$,横截面上的内力对 x 轴之矩为 $2\pi r\delta \cdot \tau \cdot r$,其中 r 为圆周平均半径。得

$$\tau = \frac{M_e}{2\pi r^2 \delta} \tag{9-2}$$

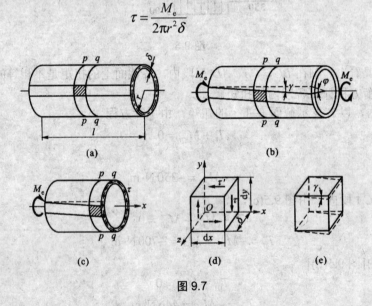

图 9.7

9.3.2 切应力互等定理

图 9.7(d)是从薄壁圆筒上取出的一块厚度为 δ 的单元体,它的宽度和高度分别为无穷小的 dx、dy。当薄壁圆筒受扭时,此单元体的左、右侧面上有切应力 τ,因此在这两个侧面上有剪切力 $\tau\delta dy$,而且这两个侧面上剪切力大小相等而方向相反,形成一个力偶,其力偶矩为 $(\tau\delta dy)dx$。为保持平衡,单元体的上、下两个侧面上必须有切应力,并组成力偶以与力偶矩 $(\tau\delta dy)dx$ 相平衡。由 $\sum X = 0$ 知,上、下两个面上存在大小相等,方向相反的切应力 τ',于是组成力偶矩为 $(\tau'\delta dx)dy$ 的力偶。对整个单元体,由 $\sum m_z = 0$ 得

$$(\tau\delta \cdot dy)dx = (\tau\delta dx)dy$$

所以

$$\tau = \tau' \tag{9-3}$$

式(9-3)表明，在一对相互垂直的平面上，切应力必然成对存在；其数值大小相等，两者都垂直两平面的交线，方向为共同指向或共同背离两平面的交线，这称为切应力互等定理。

9.3.3 剪切胡克定律

纯剪切单元体的相对两侧面发生微小的相对错动，使原来互相垂直的两个棱边的夹角改变了一个微量 γ，称为切应变或角应变。若 φ 为圆筒两端的相对扭转角，l 为圆筒的长度，则切应变 γ 为

$$\gamma = \frac{r\varphi}{l} \tag{9-4}$$

纯剪切试验结果表明，在弹性范围内，切应变 γ 与切应力 τ 成正比，即

$$\tau = G\gamma \tag{9-5}$$

式(9-5)为剪切胡克定律，G 称为材料剪切弹性模量(简称切变模量)，量纲 τ 相同，一般使用 GPa。钢材的 G 值约有 80GPa。

至此，我们已经引用了材料的三个弹性常量，即弹性模量 E、泊松比 μ 和剪切弹性模量 G，对于各项同性材料，可以证明 E、G、μ 之间存在下列关系：

$$G = \frac{E}{2(1+\mu)} \tag{9-6}$$

可见，三个弹性模量中，只要知道任意两个，另一个即可确定。

9.4 圆轴扭转时的应力和强度条件

取一等截面圆轴，在其表面等间距地画上纵线和圆周线，然后在轴的两端施加一对大小相等、方向相反的外力偶 M_e。通过观察圆轴的扭转变形，首先对圆轴扭转作下述平面假设：圆轴的横截面扭转变形前后都保持为平面，形状和大小不变，半径仍保持为直线；且相邻两截面间的距离不变，如图 9.9(a)所示。

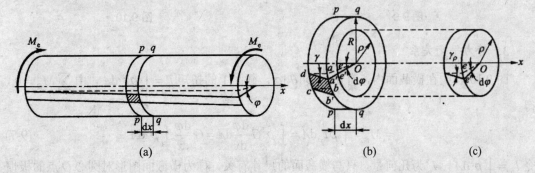

图 9.8

1. 变形几何关系

取一楔形体如图 9.8(b)所示，根据平面假设，横截面 $q-q$ 像刚性平面一样，相对于 $p-p$ 横截面绕轴线旋转了一个角度 $d\varphi$，半径 oa 转到了 oa'，于是，表面方格 $abcd$ 的 ab 边相对于 cd 边发生了微小的错动，使直角 $\angle adc$ 角度发生改变，改变量为

$$\gamma = \frac{\overline{aa'}}{\overline{ad}} = R\frac{d\varphi}{dx} \tag{a}$$

γ 是圆截面边缘上 a 点切应变，显然，γ 发生在垂直于半径 Oa 的平面内。

根据平面假设，距圆心为 ρ 处的切应变为

$$\gamma_\rho = \rho \frac{d\varphi}{dx} \tag{b}$$

γ_ρ 也同样发生于垂直于半径 Oa 的平面内。对同一横截面而言，$\dfrac{d\varphi}{dx}$ 为一常量，故式(b) 表明，$\gamma_\rho \propto \rho$。

2. 物理关系

由剪切胡克定理和式(b)得

$$\tau_\rho = \gamma_\rho G = G\rho \frac{d\varphi}{dx} \tag{c}$$

这表明横截面上任意点的切应力 τ_ρ 与该点到圆心的距离 ρ 成正比，即

$$\tau_\rho \propto \rho$$

当 $\rho = 0$，$\tau_\rho = 0$；当 $\rho = R$，τ_ρ 取最大值。

由切应力互等定理，则在纵向截面和横截面上均有切应力，沿半径切应力的分布如图 9.9 所示。

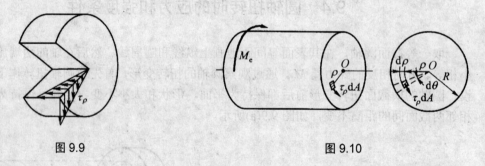

图 9.9　　　　　　　　　　图 9.10

3. 静力平衡关系

图 9.10 表明在横截面内，有 $dA = \rho d\theta d\rho$，截面上的扭矩 $T = \int_A \rho \tau_\rho dA$，由 $\sum M_O = 0$，得

$$T = M_e = \int_A \rho \tau_\rho dA = \int_A \rho^2 G \frac{d\varphi}{dx} dA = G\frac{d\varphi}{dx}\int_A \rho^2 dA \tag{9-7}$$

令 $I_p = \int_A \rho^2 dA$，I_p 为几何量，只与横截面的尺寸有关，称为横截面图形对圆心 O 点的极惯性矩，单位为 m^4 或 mm^4。

则

$$T = G\frac{d\varphi}{dx}I_p$$

所以

$$\frac{d\varphi}{dx} = \frac{T}{GI_p} \tag{9-8}$$

由式(c)知 $\frac{d\varphi}{dx} = \frac{\tau_\rho}{G\rho}$，所以

$$\tau_\rho = \frac{T\rho}{I_p} \tag{9-9}$$

则在圆截面边缘上，ρ 为最大值 R 时，得最大切应力为

$$\tau_{max} = \frac{TR}{I_p} \tag{9-10}$$

令 $W_t = \frac{I_p}{R}$，W_t 称为抗扭截面系数，单位为 m^3 或 mm^3。

所以式(9-12)又可写成

$$\tau_{max} = \frac{T}{W_t} \tag{9-11}$$

由此得强度条件为

$$\tau_{max} = \frac{T_{max}}{W_t} \leqslant [\tau] \tag{9-12}$$

式中 $[\tau]$ 为材料的许用剪应力。在静载荷的情况下，扭转许用剪应力 $[\tau]$ 与许用拉应力 $[\sigma]$ 之间有如下关系：钢 $[\tau] = (0.5 \sim 0.6)[\sigma]$；铸铁 $[\tau] = (0.8 \sim 1)[\sigma]$。式(9-12)适用范围：符合剪切胡克定律且为圆轴(实心、空心)。

4. I_p、W_t 计算

对实心圆轴

$$\begin{cases} I_p = \int_A \rho^2 dA = \int_A \rho^2 \cdot \rho d\rho d\theta = \int_0^{2\pi}\int_0^R \rho^3 d\rho d\theta = \frac{\pi D^4}{32} \\ W_t = \frac{I_p}{R} = \frac{\pi D^3}{16} \end{cases} \tag{9-13}$$

对空心圆轴

$$\begin{cases} I_p = \int_A \rho^2 dA = \int_0^{2\pi}\int_{\frac{d}{2}}^{\frac{D}{2}} \rho^3 d\rho d\theta = \frac{\pi(D^4-d^4)}{32} = \frac{\pi D^4}{32}(1-\alpha^4) \\ W_t = \frac{I_p}{R} = \frac{\pi(D^4-d^4)}{16D} = \frac{\pi D^3}{16}(1-\alpha^4) \end{cases} \quad (\alpha = \frac{d}{D}) \tag{9-14}$$

【例9.2】 一轴 AB 传递的功率为 $P=7.5\text{kW}$，转速 $n=360\text{r/min}$。轴 AC 段为实心圆截面，CB 段为空心圆截面，如图9.11所示。已知 $D=3\text{cm}$，$d=2\text{cm}$。试计算 AC 段横截面边缘处的切应力以及 CB 段横截面上内、外边缘处的切应力。

解：(1) 计算扭矩，轴所受的外力偶矩为

$$M_e = 959\frac{P}{n} = 199\text{ N·m}$$

由截面法，可知各横截面上的扭矩均为

$$T = M_e = 199\text{ N·m}$$

(2) 计算极惯性矩，AC 段和 CB 段轴横截面的极惯性矩分别为

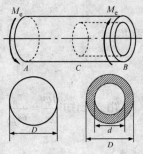

图9.11

$$I_{P1} = \frac{\pi D^4}{32} = 7.95\text{ cm}^4$$

$$I_{P2} = \frac{\pi}{32}(D^4 - d^4) = 6.38\text{ cm}^4$$

(3) 计算应力，AC 段轴在横截面边缘处的切应力为

$$\tau_{\text{外}}^{AC} = \frac{T}{I_{P1}} \cdot \frac{D}{2} = 37.5 \times 10^6 \text{ Pa} = 37.5 \text{ MPa}$$

CB 段轴横截面内、外边缘处的切应力分别为

$$\tau_{\text{内}}^{CB} = \frac{T}{I_{P2}} \cdot \frac{d}{2} = 31.2 \times 10^6 \text{ Pa} = 31.2 \text{ MPa}$$

$$\tau_{\text{外}}^{CB} = \frac{T}{I_{P2}} \cdot \frac{D}{2} = 46.8 \times 10^6 \text{ Pa} = 46.8 \text{ MPa}$$

【例9.3】 某传动轴，轴内的最大扭矩 $T=1.5\text{kN·m}$，若许用切应力 $[\tau]=50\text{MPa}$，试按照下列两种方案确定轴的横截面尺寸，并比较重量。

(1) 实心圆截面轴；
(2) 空心圆截面轴，其内、外径的比值 $d_i/d_o = 0.9$。

解：(1) 确定实心圆轴的直径。
根据式(9-12)与式(9-13)，实心圆轴的直径为

$$d \geq \sqrt[3]{\frac{16T}{\pi[\tau]}} = \sqrt[3]{\frac{16(1.5 \times 10^3 \text{ N·m})}{\pi(50 \times 10^6 \text{ Pa})}} = 0.0535\text{m}$$

取

$$d = 54\text{mm}$$

(2) 确定空心轴的内、外径。
根据式(9-12)与式(9-14)，空心圆轴的外径为

$$d_o \geq \sqrt[3]{\frac{16T}{\pi(1-\alpha^4)[\tau]}} = \sqrt[3]{\frac{16(1.5 \times 10^3 \text{ N·m})}{\pi(1-0.9^4)(50 \times 10^6 \text{ Pa})}} = 0.0763\text{m}$$

则内径为

$$d_i = 0.9d_o = 0.0687\text{m}$$

取
$$d_o = 76\text{mm}, \quad d_i = 68\text{mm}$$

(3) 重量比较。

上述空心轴和实心轴的长度与材料均相同，所以二者的重量比 β 等于其横截面积之比，即

$$\beta = \frac{\pi(d_o^2 - d_i^2)}{4} \cdot \frac{4}{\pi d^2} = \frac{(0.076\text{m})^2 - (0.068\text{m})^2}{(0.054\text{m})^2} = 0.395$$

上述数据说明，空心轴远比实心轴轻。可以节约材料，减轻重量。

【例 9.4】 图示阶梯形圆轴，由两段平均半径相同的薄壁圆管焊接而成，圆管承受均匀分布的扭力偶矩作用，试校核圆管的强度。已知单位长度的扭力偶矩集度 $m_e = 3500\text{N}\cdot\text{m/m}$，轴长 $l=1\text{m}$，管的平均直径 $R_0 = 50\text{mm}$，左端管的壁厚 $\delta_1 = 5\text{mm}$，右端管的壁厚 $\delta_2 = 4\text{mm}$，许用切应力 $[\tau] = 50\text{MPa}$。

解：（1）扭矩分析。

设固定端的支反力偶矩为 M_A，则由平衡方程 $\sum M_x = 0$，得

$$M_A = m_e l$$

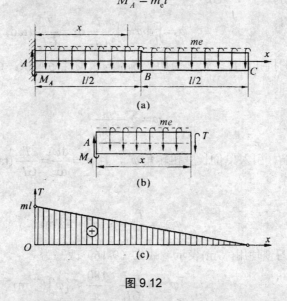

图 9.12

为了分析轴的内力，利用截面法，在 x 截面处将轴切开，根据左段的平衡条件，得到 x 截面的扭矩为

$$T = M_A - m_e x = m_e(l - x)$$

所以轴的扭矩图如图 9.12(c)所示，截面 A 的扭矩最大，其值为

$$T_{\max} = m_e l$$

(2) 强度校核。

截面 A 为一危险截面。该截面的扭转切应力为

$$\tau_1 = \frac{m_e}{2\pi R_0^2 \delta_1} = \frac{(3500\text{N}\cdot\text{m/m})(1\text{m})}{2\pi(0.050\text{m})^2(0.005\text{m})}$$

$$= 4.46 \times 10^7 \text{Pa} = 44.6\text{MPa} < [\tau]$$

由图 9.12 中可知，截面 B 为另一危险截面。可得该截面的扭矩为

$$T_B = m_e(l - \frac{l}{2}) = \frac{m_e}{2}$$

相应的扭转切应力为

$$\tau_1 = \frac{m_e}{4\pi R_0^2 \delta_2} = \frac{(3500\text{N}\cdot\text{m/m})(1\text{m})}{4\pi(0.050\text{m})^2(0.004\text{m})}$$
$$= 2.79\times 10^7 \text{Pa} = 27.9\text{MPa} < [\tau]$$

故该轴满足强度条件。

9.5　圆轴扭转时的变形和刚度条件

圆轴的扭转变形用扭转角来衡量，扭转角是指两个横截面绕轴线的相对转角。通常用 φ 来表示。

由式(9-8) $\dfrac{d\varphi}{dx} = \dfrac{T}{GI_p}$ 知 $d\varphi = \dfrac{Tdx}{GI_p}$，对等截面杆有

$$\varphi = \int_l d\varphi = \int_0^l \frac{T}{GI_p}dx = \frac{Tl}{GI_p}\text{(rad)} \tag{9-15}$$

式中，GI_p 称为圆轴的抗扭刚度，定义为切变模量与极惯性矩乘积。GI_p 越大，则扭转角 φ 越小，即扭转变形越小。

对于阶梯轴

$$\varphi = \sum \frac{T_i l_i}{GI_{p_i}}$$

为了消除 l 的影响，引入单位长度扭转角 φ'，且 $\varphi' = \dfrac{d\varphi}{dx} = \dfrac{T}{GI_p}\text{(rad/m)}$。

扭转的刚度条件

$$\varphi'_{\max} = \frac{T_{\max}}{GI_p} \leqslant [\varphi']\text{(rad/m)} \tag{9-16}$$

在工程上，$[\varphi']$ 习惯使用(°/m)表示，故式（9-16）改写为

$$\varphi'_{\max} = \frac{T_{\max}}{GI_p} \times \frac{180}{\pi} \leqslant [\varphi'](°/\text{m}) \tag{9-17}$$

【例 9.5】 已知一空心轴传递的功率 $P = 150\text{kW}$，$n = 300\text{r/min}$，已知 $[\tau] = 40\text{MPa}$，$[\varphi] = 0.5°/\text{m}$，$G = 80\text{GPa}$，如果轴的内外径比 $\alpha = 0.5$ 试设计轴的外径 D。

解：（1）计算外力偶矩。

$$M_e = 9549\frac{P}{n} = 4775\text{N}\cdot\text{m}$$

（2）轴横截面上扭矩 $T = M_e = 4775\text{N}\cdot\text{m}$

（3）由强度设计直径 D_1。

$$D_1 \geqslant \sqrt[3]{\frac{16T}{\pi[\tau](1-\alpha^4)}} = \sqrt[3]{\frac{16\times 4775}{\pi\times 40\times 10^6\times(1-0.5^4)}}\text{m} = 86.5\times 10^{-3}\text{m} = 86.5\text{mm}$$

(4) 由刚度设计直径 D_2。

$$D_2 \geqslant \sqrt[4]{\frac{32 \times 180 T}{\pi^2 G [\varphi'](1-\alpha^4)}} = \sqrt[4]{\frac{32 \times 180 \times 4775}{\pi^2 \times 80 \times 10^9 \times 0.5 \times (1-0.5^4)}} \mathrm{m} = 92.8 \times 10^{-3} \mathrm{m} = 92.8 \mathrm{mm}$$

为了保证轴既有足够的强度，又有足够的刚度，取轴的外径为 $D=D_2=93\mathrm{mm}$。

9.6 圆柱形密圈螺旋弹簧的应力和变形

圆柱形螺旋弹簧在工程上应用广泛。它可用于缓冲减振，又可用于控制机械运动，也可用于测量力的大小。图 9.13 所示是一条螺旋弹簧，其弹簧丝的轴线是一条空间螺旋线，当螺旋角 $\alpha<5°$ 时，弹簧丝的横截面与弹簧轴线可视为在同一平面内上，一般将这种弹簧称为圆柱形密圈螺旋弹簧。

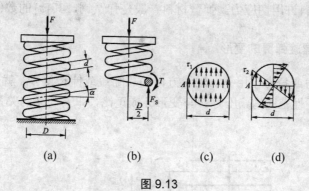

图 9.13

9.6.1 圆柱形密圈螺旋弹簧丝横截面上的应力

根据平衡方程，以弹簧丝的任意横截面取出上部分为研究对象，如图 9.14(b)所示，则有剪切力 $F_S=F$，扭矩 $T=\frac{1}{2}FD$。

由剪切力 F_S 引起的切应力按实用计算方法，有 $\tau_1=\frac{F_S}{A}=\frac{4F}{\pi d^2}$，而且认为均匀分布于横截面上[图 9.14(c)]。

由扭矩 T 引起的切应力最大值 $\tau_{2\max}=\frac{T}{W_t}=\frac{16T}{\pi d^3}=\frac{8FD}{\pi d^3}$。

在靠近弹簧轴线的内侧点 A 处，总应力达到最大值，即

$$\tau_{\max}=\tau_1+\tau_{2\max}=\frac{8FD}{\pi d^3}\left(1+\frac{d}{2D}\right)$$

因由剪切力 F_S 引起的切应力 τ_1 较小，若只计扭矩 T 引起的切应力 τ_2，可得近似式

$$\tau_{\max}=\frac{8FD}{\pi d^3} \tag{9-18}$$

若考虑弹簧丝曲率和 τ_1 非均匀分布等因素的影响，可求得最大切应力的修正公式

$$\tau_{\max}=k\frac{8FD}{\pi d^3} \tag{9-19}$$

式中，k 称为曲度因数（$k>1$），一般 $k = \dfrac{4c-1}{4c-4} + \dfrac{0.615}{c}$，与 C 值有关。 (9-20)

$c = \dfrac{D}{d}$，称为弹簧指数，k 与 C 的数值关系见表 9-1。当 $c \geqslant 10$ 时，使用式(9-18)；当 $c < 10$ 时，使用式(9-19)。

表 9-1 螺旋弹簧的曲度因数

c	4	4.5	5	5.5	6	6.5	7	7.5	8	8.5	9	9.5	10	12	14
k	1.40	1.35	1.31	1.28	1.25	1.23	1.21	1.20	1.18	1.17	1.16	1.15	1.14	1.12	1.10

弹簧丝的强度条件是

$$\tau_{\max} \leqslant [\tau] \tag{9-23}$$

式中，$[\tau]$ 为弹簧材料许用切应力。弹簧材料一般是弹簧钢，其 $[\tau]$ 的数值较高。

9.6.2 圆柱形密圈螺旋弹簧的变形

弹簧在轴向压力或拉力作用下，轴线方向的总缩短或伸长量 λ，就是弹簧的变形，如图 9.14(a)所示。在弹性范围内，压力 F 与变形 λ 成正比，即 F 与 λ 的关系是一条斜直线[图 9.15(b)]。

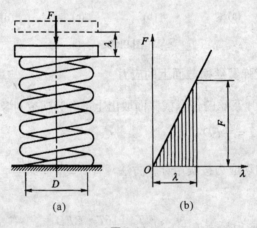

图 9.14

由于螺旋弹簧的轴线是一空间曲线，直接求解弹簧沿轴线方向的变形 λ 比较困难，但如果采用第 13 章介绍的能量方法则比较方便，现将其推导公式直接引用如下：

$$\lambda = \dfrac{8FD^3 n}{Gd^4} = \dfrac{64FR^3 n}{Gd^4} \tag{9-22}$$

式中，$R = \dfrac{D}{2}$ 为弹簧圈的平均半径，n 为弹簧的有效圈数（即总圈数扣除两端与底座接触部分后的圈数）。

若引入记号 $C = \dfrac{Gd^4}{8D^3 n}$，则式(9-22)可写成

$$\lambda = \frac{F}{C} \tag{9-23}$$

C 代表弹簧抵抗变形的能力，称为弹簧刚度。C 越大则 λ 越小。从式(9-22)看出，λ 与 d^4 成反比，若希望弹簧有较好的减振和缓冲作用，即要求它有较大变形和比较柔软时，应使弹簧丝直径 d 尽可能小一些，于是相应的 τ_{max} 的数值也就增高。一般在工程上采用增加弹簧圈数来增大变形量，而不是减小弹簧丝的直径。

【例 9.6】 某柴油机的气阀弹簧，簧圈平均半径 $R = 59.5\,\text{mm}$，簧丝横截面直径 $d = 14\,\text{mm}$，有效圈数 $n = 5$。材料的许用切应力 $[\tau] = 350\,\text{MPa}$，$G = 80\,\text{GPa}$。弹簧工作时总压缩变形(包括预压变形)为 $\lambda = 55\,\text{mm}$。试校核弹簧的强度。

解： 由公式

$$\lambda = \frac{64FR^3 n}{Gd^4}$$

求出弹簧所受压力 F 为

$$F = \frac{\lambda Gd^4}{64R^3 n} = \frac{55 \times 10^{-3} \times 80 \times 10^9 \left(14 \times 10^{-3}\right)^4}{64 \left(59.5 \times 10^{-3}\right)^3 \times 5}\,\text{N} = 2510\,\text{N}$$

由 R 及 d 求出

$$c = \frac{D}{d} = \frac{2R}{d} = \frac{2 \times 59.5}{14} = 8.5$$

由 $k = \dfrac{4c-1}{4c-4} + \dfrac{0.615}{c}$ 计算或查表 9.1 得弹簧的曲度因数 k 的值为 1.17，故

$$\tau_{max} = k\frac{8FD}{\pi d^3} = 1.17 \frac{8 \times 2510 \times 59.5 \times 2 \times 10^{-3}}{\pi \left(14 \times 10^{-3}\right)^3}\,\text{Pa} = 325 \times 10^6\,\text{Pa} = 325\,\text{MPa} < [\tau]$$

弹簧满足强度要求。

9.7 非圆截面杆扭转的概念

受扭转的杆件除圆形截面外，还有其他形状的截面，下面简要介绍矩形截面杆扭转，如图 9.15 所示。

9.7.1 限制扭转和自由扭转

非圆截面杆受到外力作用发生变形，在变形前后其横截面将由平面变为曲面，这种现象称为截面翘曲。若扭转时，各截面可以自由翘曲，此时横截面上只有切应力没有正应力，这种扭转称为自由扭转。如果横截面的翘曲受到限制，例如杆的固定端处，横截面的翘曲受到固定端的限制，这时横截面上不仅存在切应力，而且存在正应力，这种扭转称为限制扭转。

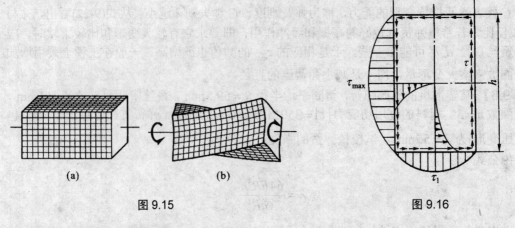

图 9.15   图 9.16

9.7.2 矩形截面杆的扭转切应力与扭转角

设图 9.17 所示矩形截面杆受自由扭转作用，其扭转切应力需在弹性力学中讨论，在此只直接引用一些结果，主要是：

(1) 边缘各点的切应力 τ 与周边相切，形成剪力流。

(2) 整个横截面上 τ_{max} 发生在矩形长边中点处，公式为

$$\tau_{max} = \frac{T}{\alpha h b^2} \tag{9-24}$$

(3) 四角点处切应力 $\tau = 0$。

(4) 矩形短边中点的最大切应力为

$$\tau_1 = \upsilon \tau_{max}$$

而杆件两端相对扭转角 φ 为

$$\varphi = \frac{Tl}{G\beta h b^3} \tag{9-25}$$

α，β，υ 与 $\frac{h}{b}$ 有关系，见表 9-2 所列。

表 9-2 矩形截面杆扭转时的系数 α，β，υ

h/b	1.0	1.2	1.5	2.0	2.5	3.0	4.0	6.0	8.0	10.0	∞
α	0.208	0.219	0.231	0.246	0.258	0.267	0.282	0.299	0.307	0.313	0.333
β	0.141	0.166	0.196	0.229	0.249	0.263	0.281	0.299	0.307	0.313	0.333
υ	1.000	0.930	0.858	0.796	0.767	0.753	0.745	0.743	0.743	0.743	0.743

当 $\frac{h}{b} > 10$ 时，截面成为狭长矩形截面，$\alpha = \beta \approx \frac{1}{3}$，若以 δ 表示狭长矩形的短边长度，则式(9-24)和式(9-25)化为

$$\left.\begin{array}{c}\tau_{\max}=\dfrac{T}{\dfrac{1}{3}h\delta^2}\\[2ex]\varphi=\dfrac{Tl}{G\dfrac{1}{3}h\delta^3}\end{array}\right\} \quad (9\text{-}26)$$

【例 9.7】 某柴油机曲轴的曲柄截面 Ⅰ—Ⅰ 可以认为是矩形的，如图 9.17 所示。在实用计算中，其扭转切应力近似地按矩形截面杆受扭计算。若 $b=22\text{mm}$，$h=102\text{mm}$，已知曲柄所受扭矩为 $T=281\text{N}\cdot\text{m}$，试求这一矩形截面上的最大切应力。

解： 由截面 Ⅰ—Ⅰ 的尺寸求得

$$\frac{h}{b}=\frac{102}{22}=4.64$$

查表 9.2，并利用插入法，求出

$$a=0.287$$

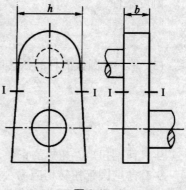

图 9.17

于是得

$$\tau_{\max}=\frac{T}{ahb^2}=\frac{281}{0.287\times 102\times 10^{-3}\left(22\times 10^{-3}\right)^2}\text{Pa}=19.8\text{MPa}$$

小 结

本章的主要内容是研究圆轴受扭转时，其内力、应力、变形的分析方法及强度和刚度的计算。对于非圆截面杆的扭转问题只作简单的介绍。

(1) 圆轴或圆管扭转时，其横截面上仅有切应力。通过薄壁圆筒的分析和试验，得到有关切应力的两个规律如下。

切应力互等定理

$$\tau=\tau'$$

剪切胡克定律

$$\tau=G\gamma$$

这两个规律是研究圆轴扭转时的应力和变形的理论基础，在材料力学的理论分析和试验研究中经常用到。

(2) 圆轴扭转时，横截面上的切应力沿半径方向呈线性分布；两截面间将产生相对的转动扭转。计算的基本公式如下。

扭转切应力公式

$$\tau_\rho=\frac{T}{I_p}\rho$$

扭转变形公式

$$\varphi = \frac{Tl}{GI_p}$$

主要应用公式如下。

强度条件

$$\tau_{\max} = \frac{T}{W_t} \leqslant [\tau]$$

刚度条件

$$\varphi' = \frac{T}{GI_p} \times \frac{180}{\pi} \leqslant [\varphi']$$

(3) 掌握非圆截面杆的扭转时的结论。

思 考 题

9-1 何谓扭矩？扭矩的正负号是如何规定的？如何计算扭矩与绘制扭矩图？

9-2 薄壁圆管扭转切应力公式是如何建立的？应用条件是什么？当切应力超过剪切比例极限时，该公式是否仍正确？

9-3 建立圆轴扭转切应力公式的基本假设是什么？它们在建立公式时起何种作用？公式的应用条件是什么？如何判定公式的正确性？

9-4 从强度方面考虑，空心圆截面轴何以比实心圆截面轴合理？空心圆截面轴的壁厚是否越薄越好？

9-5 如图 9.18 所示的两个传动轴，试问哪一种轮的布置对提高轴的承载能力有利？

9-6 一空心轴的截面如图 9.19 所示，它的极惯性矩 I_p 和抗扭截面系数 W_t，是否可以按照下式来计算？

$$I_P = I_{P外} - I_{P内} = \frac{\pi D^4}{32} - \frac{\pi d^4}{32}$$

$$W_t = W_{t外} - W_{t内} = \frac{\pi D^3}{16} - \frac{\pi d^3}{16}$$

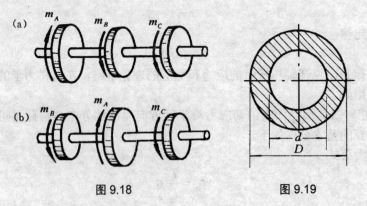

图 9.18　　　　图 9.19

9-7 如何计算圆轴的扭转角？其单位是什么？何谓扭转刚度？圆轴扭转刚度条件是如何建立的？应用该条件时应该注意什么？

习 题

9-1 试作如图所示各杆的扭矩图。

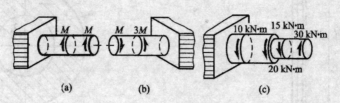

题 9-1 图

9-2 试作如图所示各杆的扭矩图，并指出最大的扭矩值。

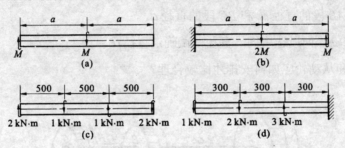

题 9-2 图

9-3 如图所示，T 为圆杆横截面上的扭矩，试画出截面上与 T 对应的切应力分布图。

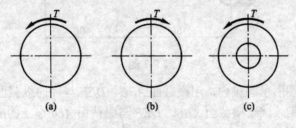

题 9-3 图

9-4 如图所示，一钻探机的转速 $n=180\text{r/min}$，输入功率为 $P=10\text{kW}$，钻杆深入土层的深度 $l=40\text{m}$。设土层对钻杆的阻力偶矩沿钻杆均匀分布，其集度为 m_e。试画钻杆的扭矩图。

9-5 如图所示空心圆截面轴，外径 $D=40\text{mm}$，内径 $d=20\text{mm}$，扭矩 $T=1\text{N}\cdot\text{m}$，试计算 $\rho_A=15\text{mm}$ 的 A 点处的扭转切应力 τ_A，以及横截面上的最大与最小扭转切应力。

9-6 直径为 $D=50\text{mm}$ 的圆轴，受到扭矩 $T=2.15\text{kN}\cdot\text{m}$ 的作用。试求在距离轴心 10mm 处的切应力，并求轴横截面上的最大切应力。

9-7 传动轴的转速为 $n=500\text{r/min}$，主动轮 1 输入功率 $P_1=368\text{kW}$，从动轮 2、3 分别输出功率 $P_2=147\text{kW}$，$P_3=221\text{kW}$。已知 $[\tau]=70\text{MPa}$，$[\varphi']=1°/\text{m}$，$G=80\text{GPa}$。

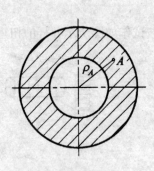

题 9-4 图　　　　　　　　题 9-5 图

(1) 试确定 AB 段的直径 d_1 和 BC 段的直径 d_2。

(2) 若 AB 和 BC 两段选用同一直径，试确定直径 d。

(3) 主动轮和从动轮应如何安排才比较合理？

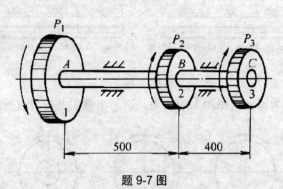

题 9-7 图

9-8 在题 9-8 (a)图所示圆轴内，用横截面 ABC、DEF 与径向纵截面 ADFC 切出单元体 ABCDEF[题 9-8 (b)图]，试绘横截面 ABC、DEF 与纵截面 ADFC 上的应力分布图，并说明该单元体是如何平衡的。

9-9 某小型水电站的水轮机容量为 50kW，转速为 300r/min，钢轴直径为 75mm，如果在正常运转下且只考虑扭矩作用，其许用切应力$[\tau]$=20MPa。试校核轴的强度。

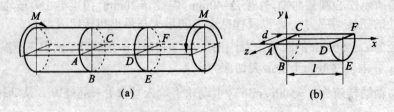

题 9-8 图

9-10 如图所示，圆轴 AB 与套管 CD 用刚性突缘 C 焊接成一体，并在截面 A 承受扭力偶矩 M 作用。圆轴的直径 d=56mm，许用切应力$[\tau_1]$=80MPa，套管的外径 D=80mm，壁厚

$\delta=6\text{mm}$,许用切应力$[\tau]=40\text{MPa}$。试求扭力偶矩 M 的许用值。

9-11 发电量为 1500kW 的水轮机主轴如图所示。$D=550\text{mm}$,$d=300\text{mm}$,正常转速 $n=250\text{r/min}$。材料的许用切应力$[\tau]=50\text{MPa}$。试校核水轮机主轴的强度。

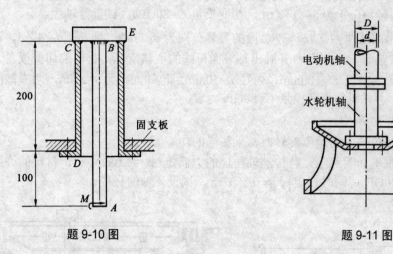

题 9-10 图　　　　　　题 9-11 图

9-12 如图所示,实心轴与空心轴通过牙嵌离合器相连接。已知:轴的转速为 $n=100\text{r/min}$,功率 $P=10\text{kW}$,许用切应力$[\tau]=80\text{MPa}$。试确定实心轴的直径 d,空心轴的内、外径为 d_1 与 d_2,若 $d_1/d_2=0.6$。

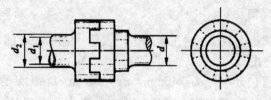

题 9-12 图

9-13 如图所示,某传动轴,转速 $n=300\text{r/min}$,轮 1 为主动轮,输入功率 $P_1=50\text{kW}$,轮 2、轮 3 与轮 4 为从动轮,输出功率分别为 $P_2=10\text{kW}$,$P_3=P_4=20\text{kW}$。

(1) 试画轴的扭矩图,并求轴的最大扭矩;
(2) 若许用切应力$[\tau]=80\text{MPa}$,试确定轴径 d;
(3) 若将轮 1 与轮 3 的位置对调,轴的最大扭矩变为何值,对轴的受力是否有利?

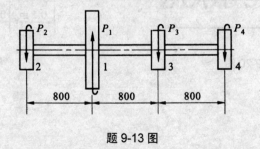

题 9-13 图

9-14 一圆柱形密圈螺旋弹簧的平均直径 $D=40\text{ mm}$,弹簧丝直径 $d=7\text{ mm}$,承受轴向载

荷 $F=1$ kN 作用，许用切应力 $[\tau]=400$MPa，试校核弹簧强度。

9-15 一圆截面试样，直径 $d=20$mm，当作用于试样两端的扭力偶矩 $M=230$N·m 时，测得标距 $l_0=100$mm 范围内轴的扭转角 $\varphi=0.0174$ rad。试确定切变模量 G。

9-16 某圆截面钢轴，转速 $n=250$ r/min，所传功率 $P=60$ kW，许用切应力 $[\tau]=40$MPa，单位长度的许用扭转角 $[\varphi']=0.8(°)$ /m，切变模量 $G=80$GPa。试确定轴径。

9-17 如图所示圆截面轴，AB 与 BC 段的直径分别为 d_1 与 d_2，且 $d_1/d_2=4/3$，试求轴内的最大切应力与截面 C 的转角，并画出轴表面母线的位移情况，材料的切变模量为 G。

9-18 空心钢轴的外径 $D=100$mm，内径 $d=50$mm。已知间距为 $l=2.7$m，两横截面的相对扭转角 $\varphi=1.8°$，材料的切变模量 $G=80$GPa。求：

(1) 轴内的最大切应力；

(2) 当轴以 $n=80$r/min 的速度旋转时，轴传递的功率(kW)。

9-19 桥式起重机如图所示。若传动轴传递的力偶矩 $M=1.08$kN·m，材料的许用应力 $[\tau]=40$MPa，$G=80$GPa，同时规定 $[\varphi]=0.5(°)/m$，试设计轴的直径。

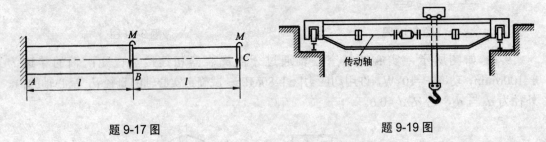

题 9-17 图   题 9-19 图

9-20 如图所示，圆截面杆 AB 的左端固定，承受一集度为 m 的均布力偶作用。试导出计算截面 B 的扭转角公式。

9-21 阶梯形圆轴直径分别为 $d_1=40$mm，$d_2=70$mm，轴上装有三个带轮，如图所示。已知由轮 3 输入的功率为 $P_3=30$kW，轮 1 输出的功率为 $P_1=13$kW，轴作匀速运动，转速 $n=200$r/min，材料的剪切许用应力 $[\sigma]=60$MPa，$G=80$GPa，许用扭转角 $[\varphi']=2(°)/m$ 试校核该轴的强度和刚度。

 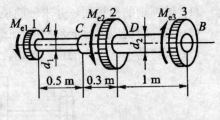

题 9-20 图   题 9-21 图

第10章 弯曲内力

教学提示：梁的弯曲是材料力学中最重要的内容之一。而梁的内力分析是梁的强度和刚度计算的首要条件。

教学要求：通过本章节的学习使学生理解平面弯曲、剪力和弯矩的基本概念。熟练掌握用截面法求梁的弯曲内力、列出剪力方程和弯矩方程并绘制剪力图和弯矩图。掌握载荷集度、剪力和弯矩间的微分关系。理解集中力和集中力偶处剪力图和弯矩图的突变现象及其真正含义。能利用载荷集度、剪力和弯矩间的微分关系绘制剪力图和弯矩图。

10.1 概　　述

在工程中经常会遇到这样一类杆件，它们所承受的载荷的作用线垂直于杆件轴线，或者是通过杆轴平面内的外力偶。在这些外力的作用下，杆件的相邻横截面要发生相对的转动，杆件的轴线将弯成曲线，这种形式的变形称为弯曲变形。凡是以弯曲变形为主要变形的杆件，通常称为梁。轴线是直线的称为直梁，是曲线的称为曲梁。

10.1.1 弯曲的概念

工程中常见的梁，其横截面大多具有纵向对称轴，对全梁来说，则具有纵向对称面，如图 10.1 所示。若所有外力都作用在此纵向对称面内，由对称性知道，梁变形后轴线形成的曲线也在该平面内，这样的弯曲称为平面弯曲。

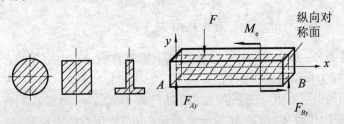

图 10.1

有对称平面的梁称为对称梁，没有对称平面的梁称为非对称梁。即使是对称梁，当载荷作用在对称平面外时，其变形也会呈复杂的状态。本章仅讨论直梁的平面弯曲问题。

10.1.2 梁的类型

由于所研究的主要是等截面的直梁，且外力为作用在梁纵向对称面内的平面力系，因此，在梁的计算简图中以梁的轴线为代表。根据约束情况的不同，静定梁可分为以下三种常见形式。

悬臂梁：梁的一端为固定，另一端为自由[图10.2(a)]。
简支梁：梁的一端为固定铰支座，另一端为可动铰支座[图10.2(b)]。
外伸梁：简支梁的一端或两端伸出支座之外[图10.2(c)]。

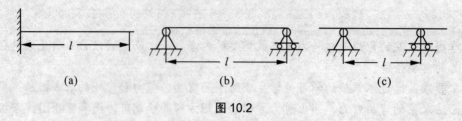

图 10.2

10.2 剪力和弯矩

在载荷作用下，梁处于平衡状态。梁任一横截面上的内力可用截面法求得。以图10.3(a)所示简支梁为例，为求其任意横截面 $m-m$ 上的内力，假想地沿横截面 $m-m$ 把梁分成两部分，并取左段为研究对象，由于原来的梁处于平衡状态，所以梁的左段仍应处于平衡状态。由图10.3(b)可见，为使左段梁平衡，在横截面 $m-m$ 上必然存在一个沿截面方向的内力 F_S。由平衡方程 $\sum F_y = 0$，得

$$F_{Ay} - F_1 - F_S = 0$$
$$F_S = F_{Ay} - F_1 \tag{a}$$

F_S 称为横截面 $m-m$ 上的剪力。它是与横截面相切的分布内力系的合力。

若把左段上的所有外力和内力对 A 端取矩，力矩总和应等于零。这要求在截面 $m-m$ 上有一个内力偶矩 M，由 $\sum M_A = 0$，得

$$M - F_1 a - F_{Ay} x = 0$$
$$M = F_1 a + F_{Ay} x \tag{b}$$

M 称为横截面 $m-m$ 上的弯矩。它是与横截面垂直的分布内力系的合力偶矩。

剪力和弯矩同为梁横截面上的内力。

从式(a)和式(b)中可看出，在数值上，剪力 F_S 等于截面 $m-m$ 左段所有外力在梁轴线的垂线(y轴)上投影的代数和；弯矩 M 等于截面 $m-m$ 左段所有外力对左端(A端)的力矩代数和。所以剪力 F_S 和弯矩 M 可用截面 $m-m$ 左段的外力来计算。

如果取右段梁为研究对象[图10.3(c)]，用同样的方法可求得横截面 $m-m$ 上的剪力 F_S 和弯矩 M。因为剪力和弯矩是左段和右段在截面 $m-m$ 上相互作用的内力，根据作用与反作用定律，取左段梁和取右段梁作为研究对象求得的剪力 F_S 和弯矩 M 虽然大小相等但方向相反。为了使无论取左段梁还是取右段梁得到的同一横截面上的剪力 F_S 和弯矩 M 不仅大小相等，而且正负号一致。为此，可在横截面 $m-m$ 处，从梁中取出微段，根据变形来规定剪力 F_S、弯矩 M 的正负号(图10.4)。

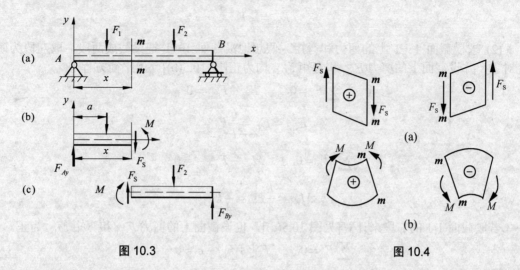

图 10.3　　　　　　　　　　　　图 10.4

(1) 剪力正负号。梁截面上的剪力对所取梁段内任一点的矩为顺时针方向转动时为正，反之为负[图 10.4(a)]。

(2) 弯矩正负号。梁截面上的弯矩使梁段产生上部受压、下部受拉时为正，反之为负[图 10.4(b)]。

根据上述正负号规定，在图 10.3(b)、图 10.3(c)两种情况中，横截面 m—m 上的剪力和弯矩均为正。

【例 10.1】　简支梁如图 10.5(a)所示。求横截面 1—1 上的剪力和弯矩。

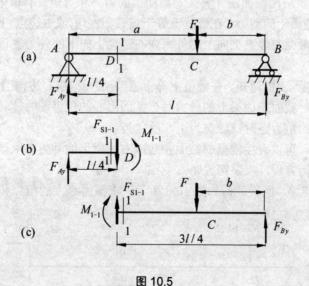

图 10.5

解：(1)求支座反力。由梁的平衡方程求得支座 A、B 处的反力为

$$\sum M_B = 0, \quad F \cdot b - F_{Ay} \cdot l = 0$$

$$F_{Ay} = \frac{b}{l} F$$

$$\sum M_A = 0, \quad F_{By} \cdot l - F \cdot a = 0$$

$$F_{By} = \frac{a}{l}F$$

(2) 求横截面 1—1 上的剪力和弯矩。假想地沿截面 1—1 把梁截成两段，取左段为研究对象，并设截面上的剪力 F_{S1-1} 和弯矩 M_{1-1} 均为正[图 10.5(b)]。由平衡方程

$$\sum F_y = 0, \qquad F_{Ay} - F_{S1-1} = 0$$

$$F_{S1-1} = F_{Ay} = \frac{b}{l}F$$

$$\sum M_D = 0, \qquad M_{1-1} - F_{Ay} \cdot \frac{l}{4} = 0$$

$$M_{1-1} = \frac{l}{4}F_{Ay} = \frac{b}{4}F$$

若取截面 1-1 的右段来计算[见图 10.5(c)]，也设截面上的剪力 F_{S1-1} 和弯矩 M_{1-1} 为正。

$$\sum F_y = 0, \qquad F_{S1-1} + F_{By} - F = 0$$

$$F_{S1-1} = F - F_{By} = F - \frac{a}{l}F = \frac{b}{l}F$$

$$\sum M_D = 0, \qquad F_{By} \cdot \frac{3}{4}l - F\left(l - b - \frac{1}{4}l\right) - M_{1-1} = 0$$

$$M_{1-1} = F_{By} \cdot \frac{3}{4}l - F\left(l - b - \frac{1}{4}l\right) = \frac{b}{4}F$$

由此可见，无论取截面 1—1 的左段还是右段计算，结果都是一样的。

例 10.1 中可知，应用截面法计算某一截面上的剪力和弯矩，有以下两个规律：

(1) 梁任一横截面上的剪力，在数值上等于该截面左边(或右边)梁上所有外力在截面方向投影的代数和。截面左边梁上向上的外力或右边梁上向下的外力在该截面方向的投影为正，反之为负。

(2) 梁任一横截面上的弯矩，在数值上等于该截面左边(或右边)梁上所有外力对该截面形心的矩的代数和。截面左边梁上的外力对该截面形心的矩为顺时针转向，或右边梁上的外力对该截面形心的矩为逆时针转向为正，反之为负。

利用上述规律，可以直接根据横截面左边或右边梁上的外力来求该截面上的剪力和弯矩，而不必列出平衡方程，现举例说明。

【例 10.2】 一外伸梁，所受载荷如图 10.6 所示。求截面 C 上的剪力和弯矩。

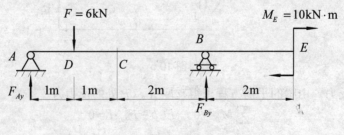

图 10.6

解： (1) 求支座反力。由梁的平衡方程求得支座 A、B 处的反力为

$$F_{Ay} = 2\text{kN}, \quad F_{By} = 4\text{kN}$$

(2) 求横截面 C 上的剪力和弯矩。根据截面左侧梁上的外力，得

$$F_{SC} = \sum F_{yi} = F_{Ay} - F = 2\text{kN} - 6\text{kN} = -4\text{kN}$$

$$M_C = \sum M_{Ci} = F_{Ay} \times 2 - F \times 1 = 2 \times 2\text{kN}\cdot\text{m} - 6 \times 1\text{kN}\cdot\text{m} = -2\text{kN}\cdot\text{m}$$

10.3 剪力图和弯矩图

10.3.1 剪力方程和弯矩方程

在一般情况下，梁横截面上的剪力和弯矩随横截面的位置而变化。若沿梁的轴线建立 x 轴，以坐标 x 表示梁的横截面的位置，则梁横截面上的剪力和弯矩都可表示为坐标 x 的函数，即

$$F_S = F_S(x), \quad M = M(x)$$

通常把以上两个函数表达式分别称为梁的剪力方程和弯矩方程。在写这两个方程时，一般是以梁的左端为 x 坐标的原点，有时为了方便，也可以把坐标原点取在梁的右端。

10.3.2 剪力图和弯矩图

为了直观表明剪力和弯矩沿梁轴线的变化情况，用剪力图和弯矩图来表示梁各横截面上的剪力和弯矩沿梁轴线的变化情况。用与梁轴线平行的 x 轴表示横截面的位置，以横截面上的剪力值或弯矩值为纵坐标，按适当的比例绘出剪力方程和弯矩方程的图线，这种图线称为剪力图或弯矩图。绘图时将正剪力绘在 x 轴上方，负剪力绘在 x 轴下方，并标明正负号；正弯矩绘在 x 轴上方，负弯矩绘在 x 轴下方。

【例 10.3】 如图 10.7(a)所示悬臂梁在自由端受集中力 F 作用，列出它的剪力方程和弯矩方程，并作剪力图和弯矩图。

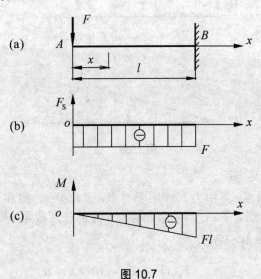

图 10.7

解：(1) 列出剪力方程和弯矩方程。

以梁左端 A 为 x 轴坐标原点，取任意截面 x 的左侧梁来计算，得任意横截面 x 上的剪力和弯矩表达式，即梁的剪力方程和弯矩方程分别为

$$F_S(x) = -F \qquad (0 < x < l)$$
$$M(x) = -Fx \qquad (0 \leqslant x < l)$$

(2) 绘剪力图和弯矩图。

上述剪力方程表明梁各横截面上的剪力都相同，所以剪力图是一条水平线，且位于 x 轴下方[图 10.7(b)]。

上述弯矩方程为 x 的线性函数，弯矩图是一条倾斜直线，只需确定梁上两点弯矩值，如 $x = 0$ 处 $M = 0$，$x = l$ 处 $M = -Fx$，在 $0 \leqslant x < l$ 范围内将这两点连成一直线，就可得到弯矩图[图 10.7(c)]。

从图中可以看出，剪力在全梁各截面都相等，在梁固定端左侧横截面上的弯矩绝对值最大，$|M|_{max} = Fl$。

【例 10.4】 试绘制图 10.8(a)所示简支梁的剪力图和弯矩图。

解：(1) 求约束反力。

由平衡方程 $\sum M_A = 0$ 和 $\sum M_B = 0$ 得

$$F_{Ay} = \frac{b}{l}F, \quad F_{By} = \frac{a}{l}F$$

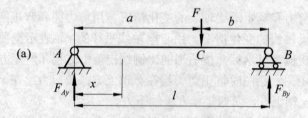

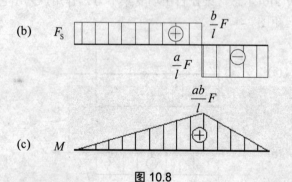

图 10.8

(2) 列剪力方程和弯矩方程。

以梁的左端为坐标原点，集中力 F 作用于 C 点，因此梁 AC 段和 CB 段的剪力方程和弯矩方程不同，必须分段考虑。在 AC 段内取距原点为 x 的任意截面，截面以左只有外力 F_{Ay}，则得 AC 段截面上的 F_S 和 M 分别为

$$F_S(x) = \frac{b}{l}F \qquad (0 < x < a) \tag{a}$$

$$M(x) = \frac{b}{l}Fx \quad (0 \leqslant x < a) \tag{b}$$

在 CB 段内取距左端为 x 的任意截面，则截面以左有 F_{Ay} 和 F 两个外力，截面上的剪力和弯矩分别为

$$F_S(x) = \frac{b}{l}F - F = -\frac{a}{l}F \quad (a < x < l) \tag{c}$$

$$M(x) = \frac{b}{l}Fx - F(x-a) = \frac{a(l-x)}{l}F \quad (a \leqslant x \leqslant l) \tag{d}$$

(3) 绘制剪力图和弯矩图。

由式(a)、式(c)可知，两段梁的剪力图均为平行于 x 轴的直线。在 AC 段内梁任意横截面的剪力为常数 b/lF，且符号为正，在 CB 段内梁任意横截面的剪力为常数 a/lF，且符号为负。根据剪力方程绘制的剪力图如图 10.8(b)所示。

由式(b)、式(d)可知，两段梁的弯矩图是 x 的一次函数，所有弯矩图是一条斜直线，只要确定线上的两点，就可确定这条直线。如图 10.8(c)所示。从弯矩图上可看出，最大弯矩发生在截面 C 上，且 $M_{max} = Fab/l$。

【例 10.5】 简支梁受集中力偶矩 M_e 作用，如图 10.9(a)所示。试绘制梁的剪力图和弯矩图。

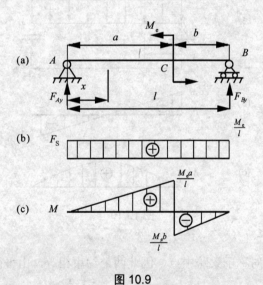

图 10.9

解：(1) 求约束反力。

由平衡方程 $\sum M_A = 0$ 和 $\sum M_B = 0$ 得

$$F_{Ay} = \frac{M_e}{l}, \quad F_{By} = -\frac{M_e}{l}$$

(2) 列剪力方程和弯矩方程。

该简支梁在截面 C 有集中力偶矩 M_e 作用而没有横向外力，因此该梁只有一个剪力方程

$$F_S(x) = \frac{M_e}{l} \quad (0 < x < l)$$

但 AC 和 CB 两段梁的弯矩方程则不同，这些方程是

AC 段梁：$M(x) = \frac{M_e}{l} x \quad (0 \leqslant x < a)$

CB 段梁：$M(x) = \frac{M_e}{l} x - M = -\frac{M_e}{l}(l - x) \quad (a < x \leqslant l)$

(3) 绘制剪力图和弯矩图。

用剪力方程可以看出，剪力图是一条与 x 轴平行的直线[图 10.9(b)]。由弯矩方程可以看出，弯矩图是两条斜直线，C 处截面上的弯矩出现突变[图 10.9(c)]，突变值等于集中力偶矩的大小。

由图 10.9 可见，如果 $a > b$，则最大弯矩发生在集中力偶矩 M_e 作用处稍左的横截面上，其值为 $|M|_{max} = \frac{M_e a}{l}$。不管集中力偶矩 M_e 作用在梁的任何横截面上，梁的剪力都与图 10.9(b) 一样。可见，集中力偶矩不影响剪力图。

【例 10.6】 图 10.10(a)简支梁受集度为 q 的均布载荷作用，试绘制梁的剪力图和弯矩图。

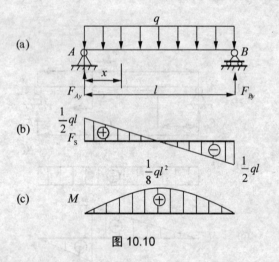

图 10.10

解：(1) 求约束反力。

由于载荷及约束均对称于梁跨中点，因此两个约束相等，由平衡方程 $\sum F_y = 0$ 得

$$F_{Ay} = F_{By} = \frac{1}{2} ql$$

(2) 列剪力方程和弯矩方程。

取图中的 A 点为坐标原点，建立 x 坐标轴，由坐标为 x 的横截面左边梁上的外力列出剪力方程和弯矩方程如下：

$$F_S(x) = F_{Ay} - qx = \frac{1}{2} ql - qx \quad (0 < x < l)$$

$$M(x) = F_{Ay} x - \frac{1}{2} qx^2 = \frac{1}{2} qlx - \frac{1}{2} qx^2 \quad (0 \leqslant x \leqslant l)$$

(3) 绘制剪力图和弯矩图。

由剪力方程可以看出，该梁的剪力图是一条直线，只要算出两个点的剪力值就可以绘出，如图 10.10(b)所示。

弯矩图是一条二次抛物线，至少要算出三个点的弯矩值才能大致绘出，如图 10.10(c)所示。

由图 10.10 可见，最大剪力发生在靠近两支座的横截面上，其值为 $|F_S|_{\max} = \dfrac{1}{2}ql$；最大弯矩发生在梁跨中点横截面上，其值为 $|M|_{\max} = \dfrac{1}{8}ql^2$，该截面上剪力为零。

10.4 剪力、弯矩与载荷集度之间的微分关系

由于载荷不同，梁上各横截面的剪力和弯矩不同，因而得出各种不同形式的剪力图和弯矩图。事实上，载荷集度、剪力和弯矩之间存在一定的关系，掌握这一关系，对于作剪力图和弯矩图很有帮助。

直梁的受力如图 10.11(a)所示，分布载荷集度 $q(x)$ 是 x 的连续函数，并规定向上为正。用坐标为 x 和 $x+\mathrm{d}x$ 的梁横截面从梁中取出长为 $\mathrm{d}x$ 的微段来研究[图 10.11(b)]。微段左边截面上的剪力和弯矩分别是 $F_S(x)$ 和 $M(x)$，它们都是 x 的连续函数。当坐标 x 有一增量 $\mathrm{d}x$ 时，$F_S(x)$ 和 $M(x)$ 的相应增量分别是 $\mathrm{d}F_S(x)$ 和 $\mathrm{d}M(x)$。所有微段右边截面上的剪力和弯矩应分别为 $F_S(x)+\mathrm{d}F_S(x)$ 和 $M(x)+\mathrm{d}M(x)$。微段上的这些内力均设为正，且设微段内无集中力和集中力偶矩作用。此外，在该微段上还有集度载荷 $q(x)$ 作用，由于 $\mathrm{d}x$ 很小，可略去其沿长度 $\mathrm{d}x$ 的变化。由微段的平衡方程 $\sum F_y = 0$ 和 $\sum M_C = 0$ 得

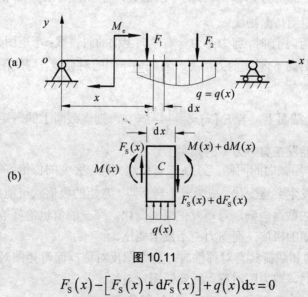

图 10.11

$$F_S(x) - \left[F_S(x) + \mathrm{d}F_S(x)\right] + q(x)\mathrm{d}x = 0$$

$$-M(x) + \left[M(x) + \mathrm{d}M(x)\right] - F_S(x)\mathrm{d}x - q(x)\mathrm{d}x\dfrac{\mathrm{d}x}{2} = 0$$

略去第二式中的二阶微量 $q(x)\mathrm{d}x\dfrac{\mathrm{d}x}{2}$，得

$$\frac{\mathrm{d}F_\mathrm{S}(x)}{\mathrm{d}x}=q(x) \tag{10-1}$$

$$\frac{\mathrm{d}M(x)}{\mathrm{d}x}=F_\mathrm{S}(x) \tag{10-2}$$

由式(10-1)和式(10-2)又可得

$$\frac{\mathrm{d}^2M(x)}{\mathrm{d}x^2}=q(x) \tag{10-3}$$

以上三式就是剪力、弯矩与分布载荷集度之间的微分关系。

根据式(10-1)～式(10-3)，可得出剪力图和弯矩图的如下规律：

(1) 在梁的某一段内无分布载荷作用，即 $q(x)=0$。由 $\dfrac{\mathrm{d}F_\mathrm{S}(x)}{\mathrm{d}x}=q(x)=0$ 可知，该段梁内各横截面上的剪力 $F_\mathrm{S}(x)=$ 常数，剪力图必为平行于 x 轴的直线。又由 $\dfrac{\mathrm{d}^2M(x)}{\mathrm{d}x^2}=q(x)=0$ 可知，弯矩 $M(x)$ 为 x 的一次函数或常数，故弯矩图为斜直线(或水平线)，其倾斜方向由剪力符号决定。

当 $F_\mathrm{S}(x)>0$ 时，弯矩图为右倾向上(/)的斜直线；

当 $F_\mathrm{S}(x)<0$ 时，弯矩图为右向下(\)倾的斜直线；

当 $F_\mathrm{S}(x)=0$ 时，弯矩图为水平直线。

(2) 在有均布载荷作用的一段梁上，即 $q(x)=$ 常数，则 $\dfrac{\mathrm{d}^2M(x)}{\mathrm{d}x^2}=\dfrac{\mathrm{d}F_\mathrm{S}(x)}{\mathrm{d}x}=q(x)=$ 常数。该段梁内各横截面上的剪力 $F_\mathrm{S}(x)$ 为 x 的一次函数，而弯矩 $M(x)$ 为 x 的二次函数，故剪力图是斜直线，而弯矩图是抛物线。

当 $q(x)>0$(载荷向上)时，剪力图为一右倾向上(/)的斜直线，弯矩图为向下凸的抛物线；

当 $q(x)<0$(载荷向下)时，剪力图为一右倾向下(\)的斜直线，弯矩图应为向上凸的抛物线。

(3) 在梁的某一截面上，若 $F_\mathrm{S}(x)=\dfrac{\mathrm{d}M(x)}{\mathrm{d}x}=0$，则该截面上的弯矩可能有一极值。即梁的最大弯矩有可能发在剪力为零的截面上。

(4) 在集中力作用截面的两侧，剪力 F_S 有突然变化，突变的值恰好等于集中力的数值，而弯矩图的斜率也发生突然变化，成为一个转折点。弯矩的极值就可能出现在这类截面上。在集中力偶矩作用的截面两侧，弯矩发生突然变化，突变的值也恰好等于集中力偶矩的数值，这也将出现弯矩的极值，而剪力图不发生变化。

(5) 当梁的结构和载荷具有对称性时，剪力图反对称，而弯矩图对称。若梁的结构对称但载荷是反对称时，剪力图对称，而弯矩图反对称。

(6) 利用微分关系(10-1)和式(10-2)，经过积分得

$$F_\mathrm{S}(x_2)-F_\mathrm{S}(x_1)=\int_{x_1}^{x_2}q(x)\mathrm{d}x \tag{10-4}$$

第10章 弯曲内力

$$M(x_2) - M(x_1) = \int_{x_1}^{x_2} F_x(x)\,\mathrm{d}x \tag{10-5}$$

以上式(10-4)、式(10-5)两式表明，任何两个截面上的剪力之差，等于这两个截面间梁段上的载荷图的面积；当这两截面间无集中力偶作用时，两个截面上的弯矩之差，等于这两个截面间的剪力图的面积。

上述关系自然也可用于剪力图和弯矩图的绘制与核核。

【例 10.7】 绘制图 10.12(a)所示简支梁的剪力图和弯矩图。

解：(1) 求约束反力。

由梁的平衡方程 $\sum M_A = 0$、$\sum M_B = 0$，得

$$F_A = 16\text{kN}, \quad F_B = 24\text{kN}$$

(2) 绘制剪力图。

梁上的外力将梁分成 AC、CD、DE 和 EB 四段。在支座反力 F_A 作用的截面 A 上，剪力图向上突变，突变值等于 F_A 的大小 16kN。在 AC 段，剪力图为右倾向下(\\)的斜直线，截面 C 上的剪力为

$$F_{SC} = F_A - 10 \times 2 = -4\text{kN}$$

并由

$$F_A - 10x = 16 - 10x = 0$$

得到剪力为零的截面 G 的位置 $x = 1.6\text{m}$。CD 段和 DE 段上无载荷作用，截面 D 上受集中力偶矩的作用，故 CE 段的剪力图为水平线。截面 E 上受向下的集中力作用，剪力图向下突变，突变值等于集中力的大小 20kN。EB 段上无载荷作用，剪力图为水平线。截面 B 上受支座反力 F_B 作用，剪力图向上突变。突变值等于 F_B 的大小 24kN。全梁的剪力图如图 10.12(b)所示。

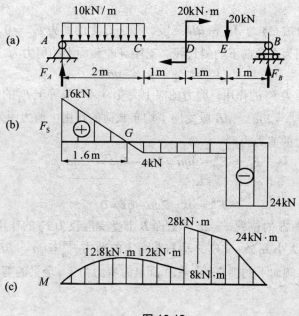

图 10.12

(3) 绘制弯矩图

AC 段受向下均布载荷的作用，弯矩图为向上凸的抛物线。

截面 A 上的弯矩 $M_A = 0$。截面 G 上的弯矩为

$$M_G = M_A + \frac{1}{2} \times 16 \times 1.6 = 12.8 \text{kN} \cdot \text{m}$$

截面 C 上的弯矩为

$$M_C = M_G - \frac{1}{2} \times 4 \times 0.4 = 12 \text{kN} \cdot \text{m}$$

CD 段上无载荷作用，且剪力为负，故弯矩图为向下倾斜的直线。D 点稍左(CD 端)截面上的弯矩为

$$M_D^L = M_C - 4 \times 1 = 8 \text{kN} \cdot \text{m}$$

截面 D 上受集中力偶的作用，力偶矩为顺时针转向，故弯矩图向上突变，突变值等于集中力偶矩的大小 $20 \text{kN} \cdot \text{m}$。$D$ 点稍右(DE 端)截面上的弯矩 $M_D^R = 28 \text{kN} \cdot \text{m}$。$DE$ 段上无荷载作用，剪力为负，故弯矩图为向下倾斜的直线。

截面 E 上的弯矩为

$$M_E = M_D^R - 4 \times 1 = 24 \text{kN} \cdot \text{m}$$

EB 段上无载荷作用，剪力为负，故弯矩图为向下倾斜的直线。截面 B 上的弯矩为零。全梁的弯矩图如图 10.12(c)所示。

梁的最大剪力发生在 D 点稍右截面上，其值为 $M_{\max} = 28 \text{kN} \cdot \text{m}$。

【例 10.8】 绘制图 10.13(a)所示外伸梁的剪力图和弯矩图。

解： (1) 求约束反力。

利用对称性，支座反力为

$$F_A = F_B = 3qa$$

(2) 绘制剪力图。

梁上的外力将梁分成 CA、AB 和 BD 三段。截面 C 上的剪力 $F_{SC} = 0$。CA 段受向下均布载荷的作用，剪力图为右倾向下的斜直线。支座 A 左截面上的剪力为

$$F_{SA}^L = F_{SC} - qa = -qa$$

截面 A 上受支座反力 F_A 的作用，剪力图向上突变，突变值等于 F_A 的大小 $3qa$。支座 A 稍右截面上的剪力 $F_{SA}^R = 2qa$。AB 段受向下均布载荷的作用，剪力图为右倾向下的斜直线，支座 B 稍左截面上的剪力为

$$F_{SB}^L = F_{SA}^R - 4qa = 2qa - 4qa = -2qa$$

并由

$$F_{SA}^R - qx = 2qa - qx = 0$$

得剪力为零的截面 E 的位置 $x = 2a$。截面 B 上受支座反力 F_B 的作用，剪力图向上突变，突变值等于 F_B 的大小 $3qa$。支座 B 稍右截面上的剪力 $F_{SB}^R = qa$。BD 段受向下均布载荷的作用，剪力图为右倾向下的斜直线。截面 D 上的剪力为零。全梁的剪力图如图 10.13(b)所示。

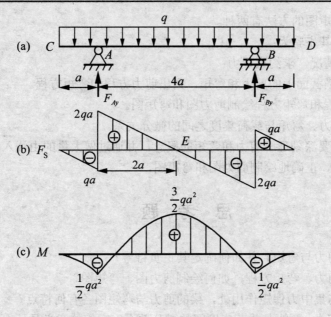

图 10.13

(3) 绘制弯矩图

截面 C 上的弯矩 $M_C = 0$。CA 段受向下均布载荷的作用，弯矩图为向上凸的抛物线。截面 A 上的弯矩为

$$M_A = M_C - \frac{1}{2} \times qa \times a = -\frac{1}{2}qa^2$$

AB 段受向下均布载荷的作用，弯矩图为向上凸的抛物线。截面 E 上的弯矩为

$$M_E = M_A + \frac{1}{2} \times 2qa \times 2a = -\frac{1}{2}qa^2 + 2qa^2 = \frac{3}{2}qa^2$$

截面 B 上的弯矩为

$$M_B = M_E - \frac{1}{2} \times 2qa \times 2a = \frac{3}{2}qa^2 - 2qa^2 = -\frac{1}{2}qa^2$$

BD 段受向下均布载荷的作用，弯矩图为向上凸的抛物线。截面 D 上的弯矩为零。全梁的弯矩图如图 10.13(c)所示。

梁的最大剪力发生在支座 A 稍右和支座 B 稍左截面上，其值为 $|F|_{max} = 2qa$。最大弯矩发生在跨中截面 E 上，其值为 $M_{max} = \frac{3}{2}qa^2$，该截面上的剪力 $F_{SE} = 0$。

由例 10-7、例 10-8 可知，根据剪力图和弯矩图的变化规律来作图很简单。在正确求出约束反力后即可直接作图。另外，在组合梁的中间铰链及简支梁的两端支座处，若没有集中力偶矩作用，则弯矩为零。

小 结

本章介绍了平面弯曲、剪力和弯矩的基本概念；梁的计算简图、剪力、弯矩及其方程；剪力图和弯矩图；弯矩、剪力和分布载荷集度的关系及其应用。

绘制剪力图和弯矩图的方法有两种。

一种是截面法，其步骤为：

(1) 根据外载荷情况，求约束反力；

(2) 用截面法求横截面上的剪力和弯矩，列出剪力方程和弯矩方程。

(3) 根据剪力方程和弯矩方程绘制剪力图和弯矩图。

另一种是利用剪力、弯矩与载荷集度之间的微分关系。

因此，读者一定要深刻理解剪力和弯矩的概念，并通过做大量的由浅入深的习题，逐步做到能熟练、迅速、正确地绘制剪力图和弯矩图。

思 考 题

10-1 如何计算剪力与弯矩？并如何确定其正负符号？

10-2 如何建立剪力、弯矩方程，如何绘制剪力图、弯矩图？

10-3 在集中力与集中力偶矩作用处，梁的剪力与弯矩图各有何特点？

10-4 如何建立剪力、弯矩与载荷集度间的微分关系？它们的意义是什么？在建立上述关系时，对于载荷集度与坐标 x 的选取有何规定？

10-5 在无载荷作用与均布载荷作用的梁段，剪力与弯矩图各有何特点？在线性分布载荷作用的梁段，剪力图与弯矩图又有何特点？如何利用这些特点画剪力图、弯矩图？

习 题

10-1 试计算图所示中各梁中指定截面上的剪力和弯矩(1—1，2—2，3—3 截面均无限接近于 A、B、C、D 点)。

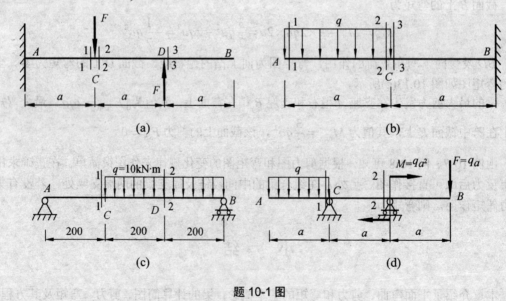

题 10-1 图

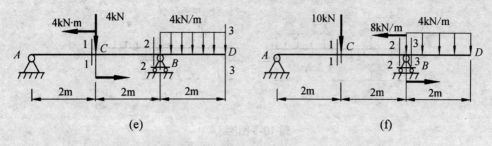

题 10-1 图(续)

10-2 试建立图所示中各梁的剪力方程、弯矩方程,画出剪力图、弯矩图,并求出 $|F_{S\max}|$ 和 $|M_{\max}|$。

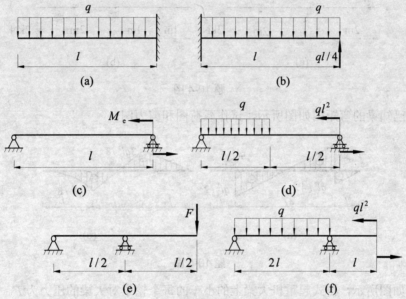

题 10-2 图

10-3 利用载荷集度、剪力和弯矩的微分关系作图所示中各梁的剪力图、弯矩图,并求出 $|F_{S\max}|$ 和 $|M_{\max}|$。

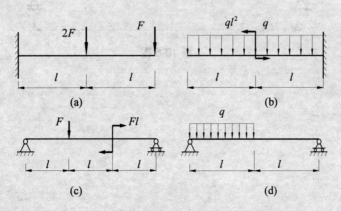

题 10-3 图

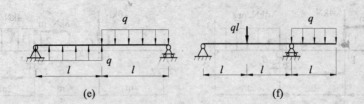

题 10-3 图(续)

10-4 设梁的剪力图如图所示，试作载荷图和弯矩图。已知梁上没有集中力偶矩的作用。

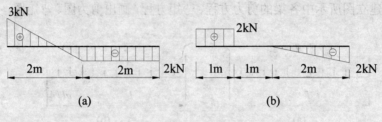

题 10-4 图

10-5 已知梁的弯矩图如图所示，试作载荷图和剪力图。

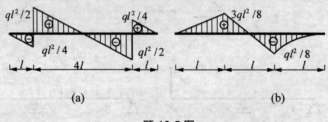

题 10-5 图

10-6 如图所示，桥式起重机大梁上的小车的每个轮子对大梁的压力为 F。试问小车在何位置时梁内的弯矩最大？其最大弯矩为多少？(已知小轮的轮距为 d)。

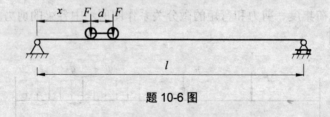

题 10-6 图

第11章 弯 曲 应 力

教学提示：在前一章，讨论了梁在弯曲变形时横截面上的内力计算问题，但要解决梁的强度问题，只知道内力是不够的，还需进一步了解横截面上各点的应力。

教学要求：掌握纯弯曲时的正应力公式、弯矩和挠度曲线曲率半径的关系。理解并掌握抗弯截面系数、抗弯刚度、等强度梁的概念。理解弯曲切应力。掌握梁的强度设计、提高梁抗弯强度的措施；重点掌握弯曲正应力的强度计算。

11.1 概 述

在平面弯曲的梁的横截面上，存在着剪力和弯矩。剪力和弯矩是横截面上分布内力的合力。在横截面上只有切向分布内力才能合成为剪力，只有法向分布内力才能合成为弯矩。因此，梁的横截面上一般存在着切应力 τ 和正应力 σ，它们分别由剪力 F_s 和弯矩 M 所引起。

在图 11.1(a)中，简支梁 AB 受两个外力 F 作用产生平面弯曲。其剪力图和弯矩图分别如图 11.1(b)和图 11.1(c)所示。CD 段内横截面上剪力为零，而弯矩为常数，若梁横截面上只有弯矩而无剪力的弯曲变形称为纯弯曲；梁横截面上既有弯矩又有剪力的变形称为横力弯曲。

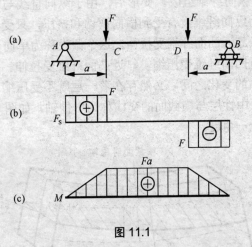

图 11.1

11.2 梁弯曲时的正应力

11.2.1 纯弯曲时梁横截面上的正应力

梁纯弯曲时横截面上只有弯矩，因而只有与弯矩相关的正应力，像研究圆轴扭转时横截面上切应力所用的方法相似，也需综合研究变形的几何关系、应力与应变间的物理关系以及静力平衡关系。

1. 变形几何关系

取截面具有竖向对称轴(例如矩形截面)的等直梁,在梁侧面画上与轴线平行的纵向直线和与轴线垂直的横向直线,如图 11.2(a)所示。然后在梁的纵向对称面的两端施加弯矩 M,使梁发生纯弯曲[图 11.2(b)]。此时可观察到下列现象:

(1) 纵向直线变形后成为相互平行的曲线,靠近凹面的缩短,靠近凸面的伸长。
(2) 横向直线变形后仍然为直线,只是相对地转动一个角度。
(3) 纵向直线与横向直线变形后仍然保持正交关系。

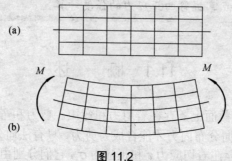

图 11.2

根据所观察到的表面现象,对梁的内部变形情况进行推断,作出如下假设:

(1) 梁的横截面在变形后仍然为一平面,并且与变形后梁的轴线正交,只是绕截面内某一轴旋转了一个角度。这个假设称为平面假设。

(2) 把梁看成由许多纵向纤维组成。变形后,由于纵向直线与横向直线保持正交,即直角没有改变,可以认为纵向纤维没有受到横向剪切和挤压,只受到单向的拉伸或压缩,即靠近凹面纤维受压缩,靠近凸面纤维受拉伸。这个假设称为单向受力假设。

根据以上假设,靠近凹面纤维受压缩,靠近凸面纤维受拉伸。由于变形的连续性,纵向纤维在受压缩到受拉伸的变化之间,必然存在着一层既不受压缩、又不受拉伸的纤维,这一层纤维称为中性层。中性层与横截面的交线称为中性轴,如图 11.3 所示。梁弯曲时各横截面绕各自中性轴转过一角度。

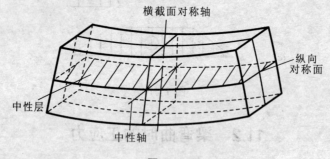

图 11.3

从纯弯曲梁段中取一微段 dx,如图 11.4(a)所示。图 11.4(b)是该微段纯弯曲变形的情况,其中 ρ 为变形后中性层的曲率半径,对于纯弯曲,ρ 显然为一常量;$d\theta$ 为变形后 $a'c'$ 和 $b'd'$ 两横截面之间夹角,O_1O_2 为长度不变的中性层。距离中性层为 y 的一层纤维 ef 变形后为

$\overline{e'f'}$，其线应变为

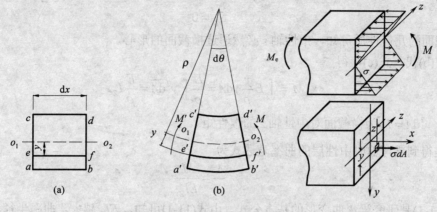

图 11.4

$$\varepsilon = \frac{\overline{e'f'} - ef}{ef} = \frac{\overline{e'f'} - \mathrm{d}x}{\mathrm{d}x} = \frac{(\rho+y)\mathrm{d}\theta - \rho\mathrm{d}\theta}{\rho\mathrm{d}\theta} = \frac{y}{\rho} \tag{a}$$

但式(a)是变形的几何关系式。它表明，梁横截面上任一点处的纵向线应变与该点到中性轴的距离成正比。

2. 物理关系

根据纵向纤维单向受力的假设，当材料在线弹性范围内工作时，由胡克定律可知

$$\sigma = E\varepsilon$$

将式(a)代入上式，得

$$\sigma = E\frac{y}{\rho} \tag{b}$$

式(b)表明，横截面上任意点的正应力与该点到中性轴的距离成正比，亦即沿截面高度，正应力按直线规律变化，如图 11.4(c)所示。

但式(b)还不能用来计算正应力。因为式中变形后中性层的曲率半径 ρ 还没有求出，另外，中性轴的位置也还没有确定，y 值无法度量。为此，还需要利用静力学的关系来解决。

3. 静力平衡关系

梁发生纯弯曲时，横截面上只有正应力 σ，横截面上的法向分布内力 $\sigma \mathrm{d}A$ 组成一空间平行力系，如图 11.4(c)所示而横截面上无轴力，只有弯矩，因此

$$M = \int_A \sigma y \mathrm{d}A \tag{c}$$

$$F_\mathrm{N} = \int_A \sigma \mathrm{d}A = 0 \tag{d}$$

将式(b)代入式(d)，得

$$\int_A E\frac{y}{\rho}\mathrm{d}A = 0 \tag{e}$$

在式(e)中，因 $E/\rho \neq 0$，因此有

$$\int_A y\mathrm{d}A = 0$$

而 $\int_A y\mathrm{d}A = 0$ 是横截面对 z 轴的静矩 S_z，因而有

$$S_z = 0$$

由截面的几何性质可知，中性轴 z 必然通过横截面的形心。

将式(b)代入式(c)，得

$$M = \int_A E\frac{y}{\rho}y\mathrm{d}A = \frac{E}{\rho}\int_A y^2\mathrm{d}A = \frac{E}{\rho}I_z$$

式中，$\int_A y^2\mathrm{d}A = I_z$ 为横截面对中性轴 z 的惯性矩。

于是得到梁弯曲时中性层的曲率表达式为

$$\frac{1}{\rho} = \frac{M}{EI_z} \tag{11-1}$$

式(11-1)是研究梁弯曲变形的基本公式。由式(11-1)可知，EI_z 越大，曲率半径 ρ 越大，梁弯曲变形越小。EI_z 表示梁抵抗弯曲变形的能力，称为梁的弯曲刚度。

将式(11-1)代入式(b)，得

$$\sigma = \frac{My}{I_z} \tag{11-2}$$

式(11-2)就是纯弯曲时梁横截面上正应力的计算公式。

式中，M 为横截面上的弯矩；y 为横截面上待求应力点至中性轴的距离；I_z 为横截面对中性轴的惯性矩。

11.2.2 细长梁横力弯曲时横截面上的正应力

式(11-2)是在纯弯曲状态下，以两个假设(平面假设和纵向纤维间无正应力)为基础导出的。常见的弯曲问题多为横力弯曲，这时，梁的横截面上不但有弯矩对应的正应力，还有与剪力对应的切应力。由于切应力的存在，横截面不能再保持为平面。同时，在横力弯曲时，也不能保证纵向纤维间没有正应力。但进一步的分析表明，对于距高比大于5(即 $l/h \geqslant 5$)的细长梁的横力弯曲，可以近似应用式(11-2)计算横截面上的正应力，其误差不大，能满足工程上的要求。

等直梁横力弯曲时，弯矩随截面位置变化。一般情况下，最大正应力 $\sigma_{\max}$ 发生在弯矩最大的截面上，且距离中性轴最远处。于是由式(11-2)得

$$\sigma_{\max} = \frac{M_{\max}}{I_z}y_{\max} \tag{11-3}$$

式(11-3)表明，正应力不仅与 M 有关，而且与 y/I_z 有关，亦即与截面的形状和尺寸有关。对截面为某些形状或变截面梁进行强度校核时，不应只注意弯矩为最大值的截面。

令

$$W_z = \frac{I_z}{y_{\max}} \tag{11-4}$$

则最大正应力可表示为

$$\sigma_{\max} = \frac{M_{\max}}{W_z} \tag{11-5}$$

式中，W_z 为截面对中性轴 z 的抗弯截面系数，它只与截面的形状及尺寸有关，是衡量截面抗弯能力的一个几何量，其常用单位是 mm^3 或 m^3。若截面是高为 h，宽为 b 的矩形，则

$$W_z = \frac{I_z}{y_{\max}} = \frac{bh^3/12}{h/2} = \frac{bh^2}{6}$$

若截面是直径为 D 的圆形，则

$$W_z = \frac{I_z}{y_{\max}} = \frac{\pi D^4/64}{D/2} = \frac{\pi D^3}{32}$$

若截面是外径为 D、内径为 d 的环形截面，则

$$W_z = \frac{I_z}{y_{\max}} = \frac{\pi(D^4-d^4)/64}{D/2} = \frac{\pi D^4(1-\alpha^4)/64}{D/2} = \frac{\pi D^3(1-\alpha^4)}{32}$$

式中，$\alpha = d/D$。

【例 11.1】 求图 11.5(a)所示矩形截面梁 A 右侧截面上 a、b、c、d 四点处的正应力 [图 11.5(b)]。

解： (1) 求 A 右侧截面上的弯矩。

梁的弯矩图如图 11.5(c)所示。由图可知，A 右侧截面上的弯矩为

$$M_A = 20 \text{kN} \cdot \text{m}$$

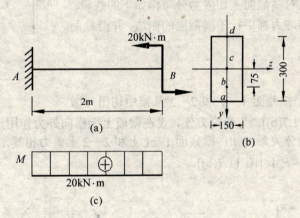

图 11.5

(2) 计算各点处的正应力。

矩形截面对中性轴的惯性矩和抗弯截面系数分别为

$$I_z = \frac{bh^3}{12} = \frac{0.15 \times 0.3^3}{12} = 3.375 \times 10^{-4} \text{m}^4$$

$$W_z = \frac{bh^2}{6} = \frac{0.15 \times 0.3^2}{6} = 2.25 \times 10^{-3} \text{m}^3$$

利用式(11-2)，截面上各点处的正应力分别为

$$\sigma_a = \frac{M}{W_z} = \frac{20 \times 10^3}{2.25 \times 10^{-3}} \text{Pa} = 8.89 \times 10^6 \text{Pa} = 8.89 \text{MPa (拉应力)}$$

$$\sigma_b = \frac{My}{I_z} = \frac{20 \times 10^3 \times 0.075}{3.375 \times 10^{-4}} \text{Pa} = 4.44 \times 10^6 \text{Pa} = 4.44 \text{MPa (拉应力)}$$

$$\sigma_c = 0$$

$\sigma_c = 0$
$\sigma_d = \sigma_a = 8.89\text{MPa}$ (压应力)

11.3 梁弯曲时的切应力

横力弯曲时，在梁的横截面上剪力与弯矩同时存在。已知弯矩引起的弯曲正应力呈线性分布。这里，分析由剪力引起的弯曲切应力在横截面上的分布情况。

11.3.1 矩形截面梁横截面上的切应力

1. 切应力分布假设

图 11.6 所示矩形截面的高度为 h，宽度为 b，截面上的剪力 F_S 沿截面的对称轴作用。因为梁的侧面没有切应力，根据剪应力互等定理，在横截面上靠近两侧面边缘的切应力方向一定平行于横截面的侧边。设矩形截面的宽度相对于高度较小，可以认为沿截面宽度方向切应力的大小和方向都不会有明显变化。所以对横截面上切应力分布作如下的假设：横截面上各点处的切应力都平行于横截面的侧边，并沿截面宽度均匀分布。

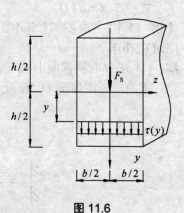

图 11.6

2. 公式推导

用相距 $\mathrm{d}x$ 的两个横截面 1—1 和 2—2 从梁中切出一微段[图 11.7(a)]和[图 11.7(b)]。为研究方便，设在微段上无横向外力作用，则由弯矩、剪力与分布载荷集度间的微分关系可知：横截面 1—1 上和 2—2 上剪力相等，均为 F_S。但弯矩不同，分别为 M 和 $M + F_S \mathrm{d}x$ [图 11.7(b)]。

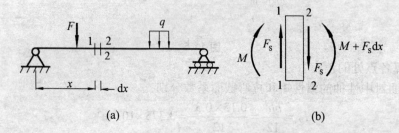

图 11.7

为计算横截面上距中性轴 z 为 y 处的切应力 τ，在 y 处用一水平面 3—3 将微段下部切开[图 11.8(a)]。设切开面下部的剩余横截面 1—1—3—3 和 2—2—3—3 的面积都为 A'，在两个 A' 面积上存在由弯曲正应力组成的轴向力，分别为 F_1 和 F_2，由于 1—1 和 2—2 所在的截面上的弯矩不同，所以 F_1 和 F_2 大小不相等。在切开面 3—3—3—3 水平面上存在数值等于 τ 的切应力 τ'，τ' 组成剪力 F_3 [图 11.8(b)]。由平衡方程 $\sum F_x = 0$，得

$$F_1 + F_3 = F_2 \tag{a}$$

由图 11.8(c)
$$F_1 = \int_{A'} \sigma_1 dA = \int_{A'} \frac{My'}{I_z} dA = \frac{M}{I_z} \int_{A'} y' dA = \frac{MS_z^*}{I_z} \tag{b}$$

$$F_2 = \int_{A'} \sigma_2 dA = \int_{A'} \frac{M + F_s dx}{I_z} y' dA$$
$$= \frac{M + F_s dx}{I_z} \int_{A'} y' dA = \frac{M + F_s dx}{I_z} S_z^* \tag{c}$$

$$F_3 = \tau' b dx = \tau b dx \tag{d}$$

将式(b)、式(c)、式(d)代入式(a)，得
$$\frac{M + F_s dx}{I_z} S_z^* - \frac{M}{I_z} S_z^* = \tau b dx$$

经整理得
$$\tau = \frac{F_s S_z^*}{I_z b} \tag{11-6}$$

$$S_z^* = \int_{A'} y' dA \tag{e}$$

式(e)中 S_z^* 是横截面上横线 3—3 以外部分面积对中性轴 z 的静矩[图 11.8(c)]，式(11-6)为矩形截面梁弯曲时横截面上切应力的计算公式。

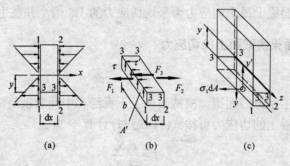

图 11.8

3. 切应力分布规律及最大切应力

对于矩形截面(图 11.9)，取 $dA = b dy_1$，于是式(5)化为
$$S_z^* = \int_{A'} y' dA = \int_y^{\frac{h}{2}} by_1 dy_1 = \frac{b}{2}\left(\frac{h^2}{4} - y^2\right)$$

于是，式(11-6)可以写成
$$\tau = \frac{F_s}{2I_z}\left(\frac{h^2}{4} - y^2\right) \tag{11-7}$$

从式(11-7)可以看出，沿截面高度切应力 τ 按抛物线规律变化。当 $y = \pm \frac{h}{2}$ 时，$\tau = 0$。这表明在截面上、下边缘的各点处，切应力等于零。随着离中性轴的距离 y 的减小，τ 逐渐增大。当 $y = 0$ 时，τ 为最大值，即最大切应力发生在中性轴上，且
$$\tau_{\max} = \frac{F_s h^2}{8I_z}$$

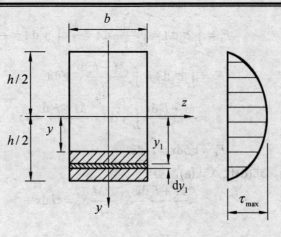

图 11.9

将 $I_z = \dfrac{bh^3}{12}$ 代入上式,即可得出

$$\tau_{max} = \frac{3}{2} \cdot \frac{F_s}{bh} = \frac{3}{2} \cdot \frac{F_s}{A} \tag{11-8}$$

式中,A 为横截面的面积。

由此可见矩形截面梁上最大切应力为平均切应力的 1.5 倍,并发生在中性轴上各点。

11.3.2 其他形状截面梁横截面上的切应力

1. 工字形截面梁

热轧工字钢属于工字形截面梁。横截面由上下翼缘和中间腹板组成[图 11.10(a)]。腹板是矩形截面,所以腹板上的切应力可按式(11-6)进行计算

$$\tau = \frac{F_s S_z^*}{I_z d}$$

式中,d 为腹板的宽度;S_z^* 为距中性轴为 y 的横线以外部分的横截面面积对中性轴的静矩。

对 S_z^* 的计算结果表明,在腹板内,S_z^* 是 y 的二次曲线,其切应力分布如图 11.10(b)所示。最大切应力仍然发生在中性轴上各点处,这也是整个横截面上的最大切应力,其值为

$$\tau_{max} = \frac{F_s S_{z\,max}^*}{I_z d}$$

式中,$S_{z\,max}^*$ 为中性轴任一侧的半个横截面面积对中性轴的静矩。

在腹板与翼缘交接处,由于翼缘面积对中性轴的静矩仍然有一定值,所以切应力 τ_{min} 较大,与 τ_{max} 相差不大,故腹板上的切应力大致接近于均匀分布。而翼缘上的切应力的数值比腹板上切应力的数值小许多,一般忽略不计。

2. 圆形截面梁和圆环形截面梁

圆形截面梁和圆环形截面梁如图 11.11 所示，可以证明，梁横截面上的最大切应力均发生在中性轴上各点处，并沿中性轴均匀分布，其值分别为

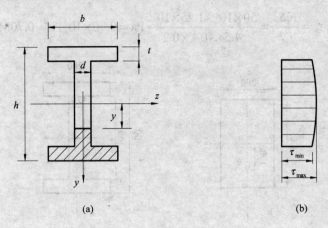

图 11.10

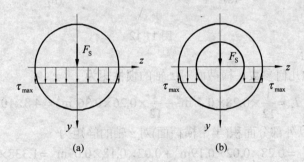

图 11.11

圆形截面
$$\tau_{\max} = \frac{4}{3} \cdot \frac{F_s}{A} \tag{11-9}$$

圆环形截面
$$\tau_{\max} = 2 \cdot \frac{F_s}{A} \tag{11-10}$$

式中，F_s 为横截面上的剪力；A 为横截面面积。

【例 11.2】 梁横截面上的剪力 $F_s = 50 \text{kN}$。试计算图 11.12 所示矩形和工字形横截面上 a、b 两点处的切应力。

解：(1) 矩形截面。

① a 点处的切应力。由式(11-8)，得
$$\tau_{\max} = \frac{3}{2} \times \frac{F_s}{bh} = \frac{3}{2} \times \frac{50 \times 10^3}{0.2 \times 0.3} \text{Pa} = 1.25 \times 10^6 \text{Pa} = 1.25 \text{MPa}$$

② b 点处的切应力。b 点所在横线以外部分面积对 z 轴的静矩为
$$S_z^* = 0.2 \times 0.05 \times 0.125 \text{m}^3 = 1.25 \times 10^{-3} \text{m}^3$$

横截面对 z 轴的惯性矩为

$$I_z = \frac{1}{12} \times 0.2 \times 0.3^3 \text{m}^4 = 4.5 \times 10^{-4} \text{m}^4$$

由式(11-6)，得

$$\tau_b = \frac{F_s S_z^*}{I_z b} = \frac{50 \times 10^3 \times 1.25 \times 10^{-3}}{4.5 \times 10^{-4} \times 0.2} \text{Pa} = 0.70 \times 10^6 \text{Pa} = 0.70 \text{MPa}$$

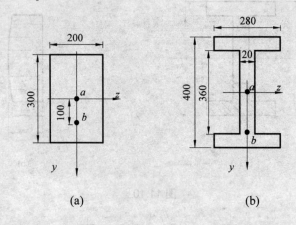

图 11.12

(2) 工字形截面。

① 计算截面的几何参数。横截面对 z 轴的惯性矩为

$$I_z = \frac{1}{12} \times 0.28 \times 0.4^3 \text{m}^4 - \frac{1}{12} \times 0.26 \times 0.36^3 \text{m}^4 = 4.8 \times 10^{-4} \text{m}^4$$

a 点所在横线以外部分面积(半个横截面)对 z 轴的静矩为

$$S_{za}^* = 0.28 \times 0.02 \times 0.19 \text{m}^3 + 0.02 \times 0.18 \times 0.09 \text{m}^3 = 1.338 \times 10^{-3} \text{m}^3$$

b 点所在横线以外部分面积(翼缘面积)对 z 轴的静矩为

$$S_{zb}^* = 0.28 \times 0.02 \times 0.19 \text{m}^3 = 1.064 \times 10^{-3} \text{m}^3$$

② 计算切应力。由式(11-6)，得

$$\tau_a = \frac{F_s S_{za}^*}{I_z b} = \frac{50 \times 10^3 \times 1.338 \times 10^{-3}}{4.8 \times 10^{-4} \times 0.02} = 7.2 \times 10^6 \text{Pa} = 7.2 \text{MPa}$$

$$\tau_b = \frac{F_s S_{zb}^*}{I_z b} = \frac{50 \times 10^3 \times 1.064 \times 10^{-3}}{4.8 \times 10^{-4} \times 0.02} \text{Pa} = 5.7 \times 10^6 \text{Pa} = 5.7 \text{MPa}$$

【例 11.3】 如图 11.13(a)所示矩形截面简支梁，受均布载荷 q 作用。求梁的最大正应力和最大切应力，并进行比较。

解：绘制梁的剪力图和弯矩图，分别如图 11.13(b)和图 11.13(c)所示。由图可知，最大剪力和最大弯矩分别为

$$F_{S\max} = \frac{1}{2}ql, \quad M_{\max} = \frac{1}{8}ql^2$$

根据式(11-5)和式(11-8)，梁的最大正应力和最大切应力分别为

$$\sigma_{\max} = \frac{\frac{1}{8}ql^2}{\frac{bh^2}{6}} = \frac{3ql^2}{4bh^2}$$

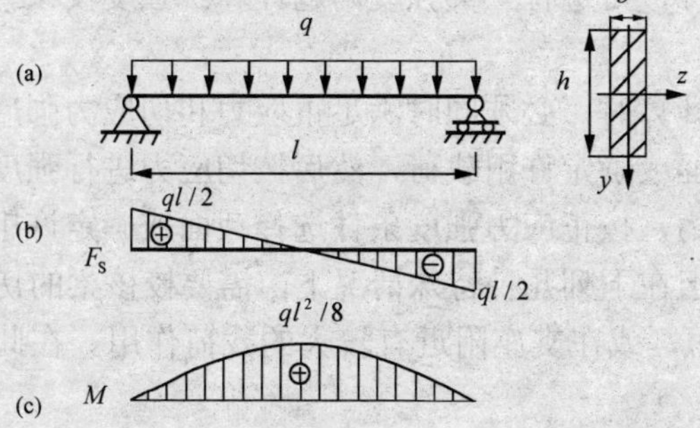

图 11.13

$$\tau_{\max} = \frac{3}{2} \cdot \frac{F_{\max}}{A} = \frac{3}{2} \cdot \frac{\frac{1}{2}ql}{bh} = \frac{3}{4} \cdot \frac{ql}{bh}$$

最大正应力和最大切应力的比值为

$$\frac{\sigma_{\max}}{\tau_{\max}} = \frac{\frac{3}{4} \cdot \frac{ql^2}{bh^2}}{\frac{3}{4} \cdot \frac{ql}{bh}} = \frac{l}{h}$$

例 11.3 看出，梁的最大正应力与最大切应力之比的数量级约等于梁的跨度 l 与梁的高度 h 之比。因为一般梁的跨度远大于其高度，所以梁内的主要应力是正应力。

11.4 横力弯曲时梁的强度条件

在一般情况下，梁横截面上同时存在着弯曲正应力和弯曲切应力，并沿截面高度非均匀分布。最大弯曲正应力发生在最大弯矩所在截面的上下边缘各点处，此处切应力为零，是单向拉伸或压缩。最大弯曲切应力发生在最大剪力所在截面的中性轴上各点处，此处正应力为零，是纯剪切。因此，应该分别建立梁的正应力强度条件和切应力强度条件。

对于等截面直梁，最大弯曲正应力发生在弯矩最大的截面上，强度条件为

$$\sigma_{\max} = \frac{M_{\max}}{W} \leqslant [\sigma] \tag{11-11}$$

式中，$[\sigma]$ 为材料的许用正应力，其值可在有关设计规范中查得。

对于抗拉强度和抗压强度不同的脆性材料，则要求梁的最大拉应力 $\sigma_{t\max}$ 不超过材料的许用拉应力 $[\sigma_t]$，最大压应力 $\sigma_{c\max}$ 不超过材料的许用压应力 $[\sigma_c]$，即

$$\sigma_{t\max} \leqslant [\sigma_t] \tag{11-11a}$$

$$\sigma_{c\max} \leqslant [\sigma_c] \tag{11-11b}$$

对于等截面直梁，最大弯曲切应力发生在剪力最大的截面上，强度条件为

$$\tau_{\max} = \frac{F_{s\max}S_{z\max}^*}{I_z b} \leqslant [\tau] \tag{11-12}$$

式中，$[\tau]$ 为材料的许用切应力，其值可在有关设计规范中查得。

根据上述强度条件，可进行三类强度问题计算：强度校核、确定许用载荷和设计截面尺寸。

在进行梁的强度计算时，必须同时满足正应力和切应力强度条件。通常情况是先按正应力强度条件选择截面或确定许用载荷，然后按切应力进行强度校核。对于细长梁，梁的强度主要取决于正应力，按正应力强度条件选择截面或确定许用载荷后，一般不再需要进行切应力强度校核。但在下列几种特殊情况下，需要校核梁的切应力。

(1) 梁的跨度较短，或在支座附近有较大的载荷作用。在此情况下，梁的弯矩较小，而剪力却较大。

(2) 铆接或焊接的组合截面(如工字形)钢梁，当腹板厚度与高度之比小于型钢截面的相应比值时，腹板的切应力较大。

(3) 木材在顺纹方向抗剪强度较差，木梁在横力弯曲时可能因中性层上的切应力过大而使梁沿中性层发生剪切破坏。

【例 11.4】 如图 11.14(a)所示 T 形截面外伸梁，截面尺寸和载荷如图 11.14 所示。材料的许用拉应力为 $[\sigma_t] = 30\text{MPa}$，许用压应力为 $[\sigma_c] = 160\text{MPa}$。已知截面对形心轴 z 的惯性矩为 763cm^4，且 $|y_1| = 52\text{mm}$。试校核梁的强度。

解： 由静力平衡方程求出梁的约束反力

$$F_{Ay} = 2.5\text{kN}, \quad F_{By} = 10.5\text{kN}$$

作弯矩图如图 11.14(b)所示。最大正弯矩在截面 C 上，$M_C = 2.5\text{kN} \cdot \text{m}$，最大负弯矩在截面 B 上，$M_B = -4\text{kN} \cdot \text{m}$。

T 形截面对中性轴不对称，同一截面上的最大拉应力和最大压应力并不相等。计算最大应力时，应以 y_1 和 y_2 分别代入式(11-2)。

在截面 B 上，弯矩为负值，最大拉应力发生在上边缘各点[图 11.14(c)]，且

$$\sigma_t = \frac{M_B y_1}{I_z} = \frac{4 \times 10^3 \times 52 \times 10^{-3}}{763 \times (10^{-2})^4}\text{Pa} = 2.72 \times 10^7 \text{Pa} = 27.2\text{MPa}$$

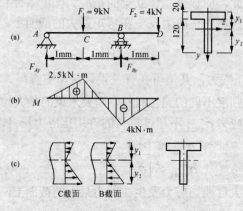

图 11.14

最大压应力发生在下边缘各点，且

$$\sigma_c = \frac{M_B y_2}{I_z} = \frac{4 \times 10^3 \times (120+20-52) \times 10^{-3}}{763 \times (10^{-2})^4} \text{Pa}$$

$$= 4.62 \times 10^7 \text{Pa} = 46.2 \text{MPa}$$

在截面 C 上，虽然弯矩 M_C 的绝对值小于 M_B 的绝对值，但 M_C 是正弯矩，最大拉应力发生在截面的下边缘各点，而这些点到中性轴的距离却比较远，因而就有可能发生比截面 B 还要大的拉应力。由式(11-2)得

$$\sigma_t = \frac{M_C y_2}{I_z} = \frac{2.5 \times 10^3 \times (120+20-52) \times 10^{-3}}{763 \times (10^{-2})^4} \text{Pa}$$

$$= 2.88 \times 10^7 \text{Pa} = 28.8 \text{MPa}$$

所以，最大拉应力是在截面 C 的下边缘各点处。从所得结果可以看出，无论是最大拉应力或最大压应力都未超过许用应力，强度条件满足。

【例 11.5】 两端铰支的矩形截面木梁，受集度 $q=10\text{kN/m}$ 的均布载荷作用，如图 11.15 所示，梁长 $l=3\text{m}$，材料的许用正应力 $[\sigma]=12\text{MPa}$，顺纹许用切应力为 $[\tau]=1.5\text{MPa}$。设 $\dfrac{h}{b}=\dfrac{3}{2}$。试选择木梁的截面尺寸，并进行切应力强度校核。

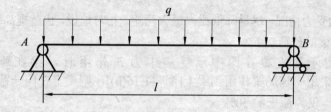

图 11.15

解： 该梁的最大弯矩发生在跨中的横截面上，最大剪力发生在 A、B 支座的内侧横截面上，其值分别为

$$M_{\max} = 11.25 \text{kN} \cdot \text{m}, \quad F_{s\max} = 15 \text{kN}$$

(1) 按正应力强度条件选择截面。

由弯曲正应力强度条件得

$$W_z \geq \frac{M_{\max}}{[\sigma]} = \frac{11.25 \times 10^3}{12 \times 10^6} = 0.00094 \text{m}^3$$

又因 $h=\dfrac{3}{2}b$，则有

$$W_z = \frac{bh^2}{6} = \frac{9b^3}{24}$$

故可求得

$$b = \sqrt[3]{\frac{24 W_z}{9}} = \sqrt[3]{\frac{24 \times 0.00094}{9}} = 0.135 \text{m} = 135 \text{mm}$$

$$h = 200 \text{mm}$$

(2) 校核梁的切应力强度。

最大切应力发生在中性层，由矩形截面梁的最大切应力公式(11-8)得

$$\tau_{max} = \frac{3}{2} \cdot \frac{F_{s\,max}}{A} = \frac{3 \times 15 \times 10^3}{2 \times 0.135 \times 0.2}$$
$$= 0.56 \text{MPa} < [\tau] = 1.5 \text{MPa}$$

故所选木梁截面尺寸满足切应力强度条件。

11.5 提高梁抗弯强度的措施

在工程实际中，对细长梁进行设计计算时，弯曲正应力是控制梁的主要因素，因此其主要依据是梁的弯曲正应力强度条件

$$\sigma_{max} = \frac{M_{max}}{W} \leqslant [\sigma] \tag{a}$$

式(a)往往是设计梁的主要依据。从这个条件看出，要提高梁的承载能力可从两个方面考虑，一是合理安排梁的受力情况，以降低最大弯矩；二是采用合理的截面形状，提高抗弯截面系数。现将工程中经常采用的几种提高梁抗弯强度的措施分述如下。

1. 合理安排梁的受力情况

合理安排梁的受力情况，尽量降低梁内最大弯矩，相对地说，也就提高了梁的抗弯强度。

(1) 合理配置梁的载荷。

图 11.16(a)所示简支梁在跨中承受集中力 F 作用时，梁在跨中最大弯矩为 $M_{max} = Fl/4$，若采用一辅助梁作用到梁上[图 11.16(b)]，则梁上在同一截面处的弯矩就降低为 $M_{max} = Fl/8$，仅为原来的 50%。

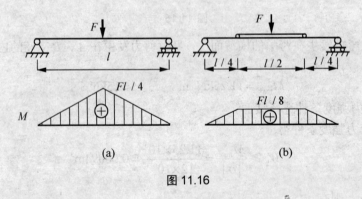

图 11.16

(2) 合理改变支座位置。

图 11.17(a)所示均布载荷作用下的简支梁，梁跨中的最大弯矩值为 $M_{max} = 0.125ql^2$，若将梁两端支座各向内移动 $0.2l$，则最大弯矩减小为 $M_{max} = 0.025ql^2$，只有前者的 1/5。也就是说按图 11.17(b)布置支座，载荷还可提高 4 倍。

(3) 将静定梁改为超静定梁，可以降低梁的最大弯矩。

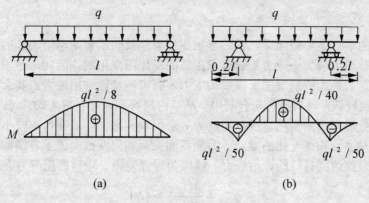

图 11.17

2. 合理选取截面形状

若把弯曲正应力的强度条件改写成

$$M_{\max} \leqslant [\sigma] W_z \qquad (b)$$

梁可能承受的 $M_{\max}$ 与抗弯截面系数 W_z 成正比，W_z 越大越有利，在截面面积保持不变的条件下，抗弯截面系数 W_z 愈大的梁，其承载能力愈高。例如，矩形截面梁，有两个对称轴，显然竖放时的抗弯截面系数大于平放时的值，所以竖放比平放具有较大的抗弯能力，且更为合理。因此，房屋、桥梁及厂房等建筑物中的矩形截面梁，一般都是竖放的。

使用材料的多少和自重的大小，与截面面积 A 成正比，面积越小越经济、越轻。因而合理的截面形状应该是截面面积 A 较小，而抗弯截面系数 W_z 较大。一般把梁的抗弯截面系数 W_z 与其截面面积 A 之比 W_z/A 作为选择合理截面的一个指标。一般来说，该比值越大越合理。

几种常见截面的比值 W_z/A 见表 11-1。从表中所列数值看出，工字钢或槽钢比矩形截面合理，而矩形截面比圆形截面合理。所以桥式起重机的大梁以及其他钢结构中的抗弯杆件，经常采用工字形、槽形或箱形截面等。工字形截面的合理性也可以从梁截面上的正应力分布规律来说明。梁横截面上的正应力沿截面高度线性分布，距离中性轴最远处各点，分别有最大拉应力和最大压应力，而中性轴附近各点正应力较小。为了充分发挥材料的潜力，就尽量减小中性轴附近的材料，把材料布置在距中性轴较远的地方。

表 11-1 几种常见截面的 W_z 与 A 的比值

截面形状	矩 形	圆 形	槽 钢	工 字 钢	圆 环
W_z/A	$0.167h$	$0.125d$	$(0.27 \sim 0.31)h$	$(0.27 \sim 0.31)h$	$0.25D(1+\alpha^2)$ $\alpha = \dfrac{d}{D}$

选取截面形状，还要考虑到材料的因素。对于拉、压许用应力相等的塑性材料(如钢材)制成的梁，其横截面应以中性轴为其对称轴，如工程实际中经常采用的工字形、箱形、矩形、圆环形等截面形式。对于在土建、水利、桥梁工程中常用的混凝土等脆性材料，其抗压强度远高于抗拉强度，宜采用 T 形、槽形截面，并使离中性轴近的一侧承受拉应力。

3. 采用变截面梁和等强度梁

前面讨论的梁都是等截面梁,梁的弯矩图形象地反映了弯矩沿梁轴线的变化规律。由于梁内不同横截面上最大正应力是随着弯矩值的变化而变化的,因此,对于等截面的梁来说,只有在弯矩为最大值的截面上,最大应力才有可能接近许用应力。其余截面上的弯矩较小,应力也就较低,材料没有充分利用。从节约材料和减轻自重考虑,可改变截面尺寸,使抗弯截面系数随弯矩而变化。在弯矩较大处采用较大截面,而在弯矩较小处采用较小截面。这种截面尺寸沿轴线变化的梁,称为变截面梁。如果变截面梁上各横截面上的最大正应力都相等,且都达到材料的许用应力,就成为等强度梁。由弯曲正应力强度条件

$$\sigma_{max} = \frac{M(x)}{W_z(x)} \leqslant [\sigma]$$

可得到等强度梁各截面的抗弯截面系数为

$$W_z(x) = \frac{M(x)}{[\sigma]} \tag{11-13}$$

这就是等强度梁的 $W_z(x)$ 沿梁轴线变化规律。式中,$M(x)$ 是等强度梁横截面上的弯矩。

如图 11.18(a)所示,在集中力 F 作用下的简支梁为等强度梁,截面为矩形,设截面宽度 b 保持不变,而高度 h 为 x 的函数,$h = h(x)$,则由式(11-4)和式(11-13)得

$$W_z(x) = \frac{bh^2(x)}{6} = \frac{M(x)}{[\sigma]} = \frac{(F/2)x}{[\sigma]}$$

$$h(x) = \sqrt{\frac{3Fx}{b[\sigma]}}$$

在靠近支座处,应按切应力强度条件确定截面的最小高度为

$$\tau_{max} = \frac{3}{2} \cdot \frac{F_S}{A} = \frac{3}{2} \cdot \frac{F/2}{bh_{min}} = [\tau] \tag{c}$$

由此求得

$$h_{max} = \frac{3F}{4b[\tau]} \tag{d}$$

按式(c)和式(d)所确定的梁的形状如图 11.18(b)所示,这就是厂房建筑中广泛使用的鱼腹梁。

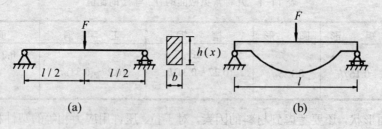

图 11.18

等强度梁虽然有节约材料的优点,但当外载荷比较复杂时,理论上讲存在等强度梁,但由于其形状复杂,给制造加工带来很大的困难。所以在工程实际中,通常用等强度梁设

计思想，并结合具体情况，将其修正成为易于加工制造的形式。

小　结

(1) 学习本章时，应理解弯曲应力的概念，了解静定梁的三种常见形式：悬臂梁、简支梁和外伸梁。

(2) 纯弯曲时梁横截面上正应力的计算公式

$$\sigma = \frac{My}{I_z}$$

正应力不仅与 M 有关，而且与 y/I_z 有关，亦即与截面的形状和尺寸有关。对截面为某些形状或变截面梁进行强度校核时，不应只注意弯矩为最大值的截面。

(3) 梁弯曲时的剪力

① 对于矩形截面

$$\tau = \frac{F_S}{2I_z}\left(\frac{h^2}{4} - y^2\right)$$

② 工字形截面梁

$$\tau = \frac{F_S S_z^*}{I_z d}$$

③ 圆形截面

$$\tau_{max} = \frac{4}{3} \cdot \frac{F_S}{A}$$

④ 圆环形截面

$$\tau_{max} = 2 \cdot \frac{F_S}{A}$$

(4) 横力弯曲时梁的强度条件

$$\sigma_{max} = \frac{M_{max}}{W} \leqslant [\sigma], \quad \tau_{max} = \frac{F_{S max} S_{z max}^*}{I_z b} \leqslant [\tau]$$

根据强度条件，可进行三类强度问题计算：强度校核、确定许可载荷和设计截面尺寸。

(5) 提高梁弯曲强度的措施

① 合理安排梁的受力情况，降低梁的最大弯矩；

a. 合理配置梁的载荷；

b. 合理改变支座位置；

c. 将静定梁该为超静定梁；

② 合理选取截面形状，增大抗弯截面系数；

③ 采用变截面梁和等强度梁。

思 考 题

11-1 何谓弯曲平面假设与单向受力假设？它们在建立弯曲正应力公式时起何作用？

11-2 如何考虑几何、物理与静力学三方面以建立弯曲正应力公式？如何计算最大弯曲正应力？

11-3 矩形截面梁弯曲时，横截面上的弯曲切应力是如何分布的？其计算公式是如何建立的？如何计算最大弯曲切应力？

11-4 在工字形与箱形截面梁的腹板上，弯曲切应力是如何分布的？如何计算最大与最小弯曲切应力？如何计算环形薄壁截面梁的最大弯曲切应力？

11-5 弯曲正应力与弯曲切应力强度条件是如何建立的？依据是什么？

11-6 当梁在两个相互垂直的对称面内同时弯曲时，如何计算最大弯曲正应力？

11-7 梁截面合理强度设计的原则是什么？何谓变截面梁与等强度梁？等强度设计的原则是什么？如何改善梁的受力情况？

11-8 试指出下列概念的区别：纯弯曲与对称弯曲；中性轴与形心轴；惯性矩与极惯性矩；弯曲刚度与抗弯截面系数。

习 题

11-1 截面形状和所有尺寸完全相同的一根钢梁和一根木梁，如果所受外力也相同，则内力图是否相同？它们横截面上的正应力变化规律是否相同？对应点处的正应力是否相同？

11-2 把直径 $d=1\text{mm}$ 的钢丝绕在直径为 2m 的卷筒上，设 $E=200\text{GPa}$。试计算钢丝中产生的最大应力。

11-3 悬臂梁受力及截面尺寸如图所示。试求梁上的最大变曲正应力。

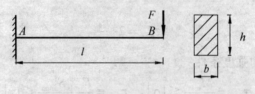

题 11-3 图

11-4 试计算图示矩形截面简支梁的 1-1 截面上 a 点和 b 点的正应力和切应力及最大切应力。

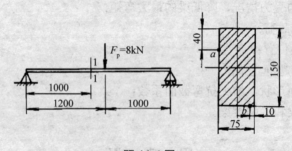

题 11-4 图

11-5 试计算在均布载荷作用下，圆截面简支梁内的最大正应力和最大切应力，并指出它们发生于何处。

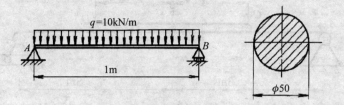

题 11-5 图

11-6 25 号工字钢简支梁，跨度 $l=4$m，承受均布载荷 q 作用。如果已知梁内最大正应力为120MPa，试求梁内最大切应力。

11-7 图为一外伸梁，其截面为宽140mm，高240mm的矩形，所受载荷如图 11.22 所示。试求最大正应力的值和位置。

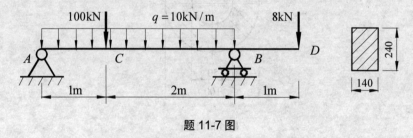

题 11-7 图

11-8 如图所示梁，由 22 号槽钢制成，弯矩 $M=80$N·m，并位于纵向对称面内（x 轴为槽钢的纵向）内。试求梁内的最大弯曲拉应力与最大弯曲压应力。

题 11-8 图

11-9 如图所示，独轮车过跳板，若跳板的支座 A 是固定的，已知跳板全长为 l，小车的重量为 W。试从弯矩方面考虑，支座 B 在什么位置时，跳板的受力最合理。

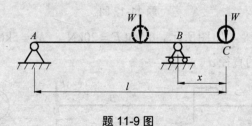

题 11-9 图

11-10 如图所示，当载荷 F 直接作用在简支梁 AB 的跨度中点时，梁内最大弯曲正应力超过许用应力30%。为了消除此种过载，配置一辅助梁 CD，试求辅助梁的最小长度 a。

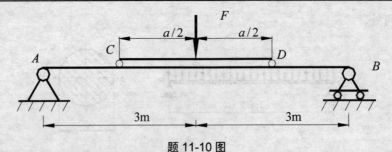

题 11-10 图

11-11 如图所示,横截面为空心的圆截面梁,受正值弯矩 $M=10\text{kN}\cdot\text{m}$ 的作用。试求横截面上 A、B、C 各点处的弯曲正应力。

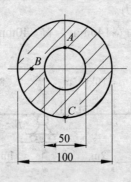

题 11-11 图

11-12 矩形截面悬臂梁如图所示,已知 $l=4\text{m}$, $b/h=2/3$, $q=10\text{kN/m}$, $[\sigma]=10\text{MPa}$。试确定此梁横截面的尺寸。

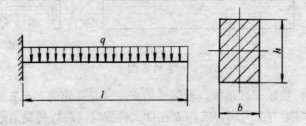

题 11-12 图

11-13 圆截面外伸梁,如图所示,已知 $F=20\text{kN}$, $M=5\text{kN}\cdot\text{m}$, $[\sigma]=160\text{MPa}$, $a=500\text{mm}$,试确定梁的直径 d。

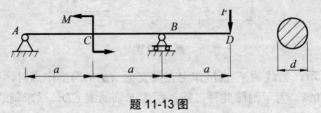

题 11-13 图

11-14 梁的受力情况及截面尺寸如图所示。试求最大拉应力和最大压应力的值,并指出产生最大拉应力和最大压应力的位置。

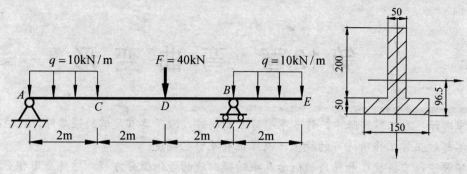

题 11-14 图

11-15 如图所示简支梁受均布载荷作用。采用两种截面面积大小相等的实心和空心圆截面，$D_1 = 40\text{mm}$，$\dfrac{d_0}{D_2} = \dfrac{3}{5}$。试分别求它们的最大弯曲正应力。并问空心截面比实心截面的最大正应力减小了多少？

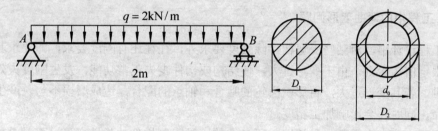

题 11-15 图

11-16 起重机连同配重的重量为 $W_1 = 50\text{kN}$，行走于两根工字钢所组成的简支梁上，如图所示。起重机的起吊重量 $W_2 = 10\text{kN}$，材料的许用弯曲正应力 $[\sigma] = 170\text{MPa}$。试选择工字钢的型号。设全部载荷平均分配在两根梁上。

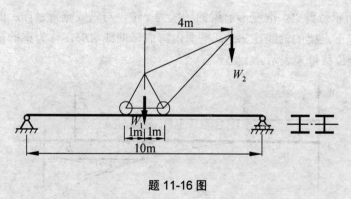

题 11-16 图

第 12 章 弯曲变形

教学提示：在工程实际中，许多承受弯曲的构件，除了要有足够的强度外，还应使其变形量不超过正常工作所允许的数值，以保证有足够的刚度。

教学要求：掌握挠度和转角的概念及梁的挠曲线的近似微分方程，熟练应用积分法、叠加法计算梁的挠度和转角。掌握刚度条件进行梁的设计及简单超静定梁的解法。

12.1 概 述

12.1.1 工程中的弯曲变形问题

在工程设计中，对某些受弯构件除强度要求外，往往还有刚度要求，即要求其变形不能超过限定值。否则，由于变形过大，使结构或构件丧失正常功能，发生刚度失效。如车床的主轴，若其变形过大，将影响齿轮的啮合和轴承的配合，造成磨损不匀，产生噪声，降低寿命，同时还会影响加工精度。

在工程中还存在另外一种情况，所考虑的不是限制构件的弹性变形，而是希望构件在不发生强度失效的前提下，尽量产生较大的弹性变形，如各种车辆中用于减少振动的叠板弹簧，采用板条叠合结构，吸收车辆受到振动和冲击时的动能，起到了缓冲振动的作用。

12.1.2 梁的挠曲线

如图 12.1 所示悬臂梁，取变形前梁的轴线为 x 轴，与轴线垂直且向上的轴为 w 轴。在平面弯曲的情况下，梁的轴线在 $x-w$ 平面内弯成一曲线 AB'，称为梁的挠曲线。梁的变形可用以下两个位移量来表示。

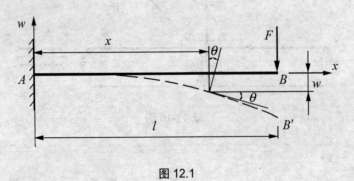

图 12.1

1. 挠度

梁任一横截面的形心在垂直于轴线方向的线位移，称为该横截面的挠度，用 w 表示(图

12.1)。规定沿 w 轴正向(即向上)的挠度为正,反之为负。实际上,横截面形心沿轴线方向也存在线位移,但在小变形条件下,这种位移与挠度相比很小,一般略去不计。

2. 转角

梁的任一横截面绕其中性轴转过的角度,称为该横截面的转角,用 θ 表示图 12.1。根据平面假设,梁变形后的横截面仍保持为平面并与挠曲线正交,因而横截面的转角 θ 也等于挠曲线在该截面处的切线与 x 轴的夹角。规定转角逆时针方向时为正,反之为负。

梁横截面的挠度 w 和转角 θ 都随截面位置 x 而变化,是 x 的连续函数,即

$$w = w(x)$$
$$\theta = \theta(x)$$

以上两式分别称为梁的挠曲线方程和转角方程。在小变形条件下,两者之间存在下面的关系

$$\theta = \tan\theta = \frac{dw}{dx} \tag{12-1}$$

即挠曲线上任一点处切线的斜率等于该处横截面的转角。因此,只要知道梁的挠曲线方程 $w = w(x)$,就可求得梁任一横截面的挠度 w 和转角 θ。

12.2 梁的挠曲线微分方程

在前面推导纯弯曲梁正应力计算公式时,曾得到用中性层曲率半径 ρ 表示的弯曲变形的公式(11-1),即

$$\frac{1}{\rho} = \frac{M}{EI}$$

如果忽略剪切力对变形的影响,则上式也可以用于梁的横力弯曲的情形。在此时,弯矩 M 和相应的曲率半径 ρ 均为 x 的函数,上式变为

$$\frac{1}{\rho(x)} = \frac{M(x)}{EI} \tag{a}$$

另外,从几何关系上看,平面曲线的曲率有如下的表达式

$$\frac{1}{\rho(x)} = \pm \frac{\dfrac{d^2w}{dx^2}}{\left[1+\left(\dfrac{dw}{dx}\right)^2\right]^{3/2}}$$

在小变形条件下,转角 θ 是一个很小的量,故 $\left(\dfrac{dw}{dx}\right)^2 \ll 1$,于是上式可简化为

$$\frac{1}{\rho(x)} = \pm \frac{d^2w}{dx^2} \tag{b}$$

将式(b)代入式(a)，得

$$\pm \frac{d^2w}{dx^2} = \frac{M(x)}{EI} \tag{c}$$

现在来选择式(c)中的正负号。如果弯矩 M 的正负号仍然按以前规定，并选择 w 轴向上为正，则弯矩 M 与 $\dfrac{d^2w}{dx^2}$ 恒为同号，式(c)左端应取正号。故有

$$\frac{d^2w}{dx^2} = \frac{M(x)}{EI} \tag{12-2}$$

式(12-2)称为梁的挠曲线近似微分方程。对其进行积分，可得转角 θ 和挠度 w。

12.3 用积分法求弯曲变形

对挠曲线近似微分方程(12-2)进行两次积分，即可得到梁的转角方程和挠度方程

$$\theta = \frac{dw}{dx} = \int \frac{M(x)}{EI} dx + C \tag{12-3}$$

$$w = \iint \left(\frac{M(x)}{EI} dx \right) dx + Cx + D \tag{12-4}$$

式中，C、D 为积分常数，可以应用梁的边界条件与挠曲线连续光滑条件来确定。

积分常数确定后，分别用式(12-3)和式(12-4)两式求得转角方程和挠度方程。

【例 12.1】 图 12.2 所示为一悬臂梁，$EI=$ 常数，在其自由端受一集中力 F 作用，试求该梁的转角方程和挠度方程，并确定其最大转角和最大挠度。

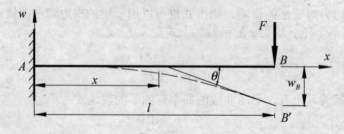

图 12.2

解：（1）建立挠曲线微分方程并积分。

在图 12.2 所示坐标下的梁弯矩方程为

$$M(x) = -F(l-x)$$

则其挠曲线微分方程为

$$\frac{d^2w}{dx^2} = -\frac{F(l-x)}{EI}$$

经积分，得

$$\theta = \frac{\mathrm{d}w}{\mathrm{d}x} = \frac{F}{2EI}x^2 - \frac{Fl}{EI}x + C \qquad (a)$$

$$w = \frac{F}{6EI}x^3 - \frac{Fl}{2EI}x^2 + Cx + D \qquad (b)$$

(2) 确定积分常数。

边界条件

$$x = 0, \quad \theta_A = 0$$
$$x = 0, \quad w_A = 0$$

将上述边界条件分别代入式(a)和式(b), 得

$$C = 0, \quad D = 0$$

(3) 确定转角方程和挠度方程。

将所得积分常数 C 和常数 D 代入式(a)和式(b), 得转角方程和挠度方程分别为

$$\theta = \frac{F}{EI}\left(\frac{1}{2}x^2 - lx\right)$$

$$w = \frac{F}{6EI}\left(x^3 - 3lx^2\right)$$

(4) 确定最大转角和最大挠度。

梁的最大转角和最大挠度均在梁的自由端截面 B 处, 将端截面 B 的横坐标 $x = l$ 代入以上两式, 最大转角和最大挠度分别为

$$\theta_{\max} = -\frac{Fl^2}{2EI}$$

$$w_{\max} = -\frac{Fl^3}{3EI}$$

【例 12.2】 图 12.3 所示为一悬臂梁, 左半部承受均布载荷 q 作用, 试建立梁的转角方程和挠度方程, 并计算截面 A 的转角和挠度。

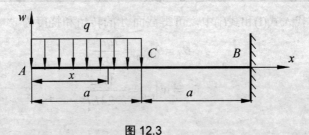

图 12.3

解: 分段列出弯矩方程

AC 段: $M_1(x) = -\dfrac{1}{2}qx^2 \quad (0 \leqslant x \leqslant a)$

CB 段: $M_2(x) = -qax + \dfrac{1}{2}qa^2 \quad (a \leqslant x \leqslant 2a)$

由于 AC 和 CB 两段内的弯矩方程不同, 故挠曲线的微分方程也就不同, 所以应分段进行积分。

AC 段 $(0 \leqslant x \leqslant a)$		CB 段 $(a \leqslant x \leqslant 2a)$	
$\dfrac{d^2 w_1}{dx^2} = -\dfrac{q}{2EI} x^2$	(a)	$\dfrac{d^2 w_2}{dx^2} = -\dfrac{qa}{EI} x + \dfrac{qa^2}{2EI}$	(d)
$\theta_1 = \dfrac{dw_1}{dx} = -\dfrac{q}{6EI} x^3 + C_1$	(b)	$\theta_2 = \dfrac{dw_2}{dx} = -\dfrac{qa}{2EI} x^2 + \dfrac{qa^2}{2EI} x + C_2$	(e)
$w_1 = -\dfrac{q}{24EI} x^4 + C_1 x + D_1$	(c)	$w_2 = -\dfrac{qa}{6EI} x^3 + \dfrac{qa^2}{4EI} x^2 + C_2 x + D_2$	(f)

积分出现四个积分常数，需要四个条件确定。由于挠曲线是一条光滑连续的曲线，因此在 C 点，即 $x = a$ 处，由式(b)和式(e)所确定的转角应相等；由式(c)和式(f)所确定的挠度应相等，即光滑连续条件。将式(b)、式(e)、式(c)和式(f)代入上述光滑连续条件，可得

$$C_1 = C_2 + \frac{qa^3}{6EI} \tag{g}$$

$$D_1 = D_2 - \frac{qa^4}{24EI} \tag{h}$$

此外，B 端为固定端，边界条件为在 $x = 2a$ 处 $w_2 = 0$，$\theta_2 = 0$。

将边界条件代入式(e)和式(f)，得

$$C_2 = \frac{qa^3}{EI}, \quad D_2 = -\frac{5qa^4}{3EI}$$

将上式代入式(g)和式(h)，得

$$C_1 = \frac{7qa^3}{6EI}, \quad D_1 = -\frac{41qa^4}{24EI}$$

将所求得的积分常数代回式(b)、式(c)、式(e)和式(f)中，求得转角方程和挠度方程如下。

AC 段 $(0 \leqslant x \leqslant a)$		CB 段 $(a \leqslant x \leqslant 2a)$	
$\theta_1 = -\dfrac{q}{6EI}(x^3 - 7a^3)$	(i)	$\theta_2 = -\dfrac{qa}{2EI}(x^2 - ax - 2a^2)$	(k)
$w_1 = -\dfrac{q}{24EI}(x^4 - 28a^3 x + 41a^4)$	(j)	$w_2 = -\dfrac{qa}{12EI}(2x^3 - 3ax^2 - 12a^2 x + 20a^3)$	(l)

将 $x = 0$ 分别代入式(i)和式(j)中，可得截面 A 的转角和挠度为

$$\theta_A = \theta_1 \big|_{x=0} = \frac{7qa^3}{6EI}$$

$$w_A = w_1 \big|_{x=0} = -\frac{41qa^4}{24EI}$$

12.4 用叠加法求弯曲变形

积分法是求梁变形的基本方法，其优点是可以求得转角和挠度的普遍方程，但载荷稍复杂些，积分法就显得累赘，如例 12.2。另外，当梁上同时作用多个载荷时，采用积分法需要确定多个积分常数。叠加法就是通过叠加积分法求得的简单载荷的变形结果，而方便地得到复杂载荷下的变形结果。

由于梁的弯曲变形很小,当梁内应力不超过比例极限时,挠曲线近似微分方程(12.2)是线性的,由于截面形心的轴向位移可以忽略,则梁内任一截面的弯矩与载荷成线性齐次关系,因而得到挠度和转角均与作用在梁上的载荷成线性关系。这样,欲求梁上某个截面所产生的挠度和转角,可先分别计算各个载荷单独作用下该截面所产生的挠度和转角,然后叠加,即为这些载荷共同作用时的变形(叠加原理)。

常用简支梁、悬臂梁受多种载荷的挠度函数、端截面转角和最大挠度列于表12-1。

表12-1 梁的挠度和转角公式

载荷类型	转角	最大挠度	挠曲线方程
1. 悬臂梁·集中载荷作用在自由端	$\theta_B = -\dfrac{Fl^2}{2EI}$	$w_B = -\dfrac{Fl^3}{3EI}$	$w(x) = -\dfrac{Fx^2}{6EI}(3l-x)$
2. 悬臂梁·弯曲力偶作用在自由端	$\theta_B = -\dfrac{Ml}{EI}$	$w_B = -\dfrac{Ml^2}{2EI}$	$w(x) = -\dfrac{Mx^2}{2EI}$
3. 悬臂梁·均布载荷作用在梁上	$\theta_B = -\dfrac{ql^3}{6EI}$	$w_B = -\dfrac{ql^4}{8EI}$	$w(x) = -\dfrac{qx^2}{24EI}(x^2 + 6l^2 - 4lx)$
4. 简支梁·集中载荷作用在任意位置上	$\theta_A = -\dfrac{Fb(l^2 - b^2)}{6lEI}$ $\theta_B = \dfrac{Fab(2l-b)}{6lEI}$	$w_{\max} = -\dfrac{Fb(l^2-b^2)^{3/2}}{9\sqrt{3}lEI}$ (在 $x = \sqrt{\dfrac{l^2-b^2}{3}}$ 处)	$w_1(x) = -\dfrac{Fbx}{6lEI}(l^2 - x^2 - b^2)\ (0 \leqslant x \leqslant a)$ $w_2(x) = -\dfrac{Fb}{6lEI}\left[\dfrac{l}{b}(x-a)^3 + (l^2-b^2)x - x^3\right]$ $(a \leqslant x \leqslant l)$
5. 简支梁·均布载荷作用在梁上	$\theta_A = -\theta_B = -\dfrac{ql^3}{24EI}$	$w_{\max} = -\dfrac{5ql^4}{384EI}$ (在 $x = l/2$ 处)	$w(x) = -\dfrac{qx}{24EI}(l^3 - 2lx^2 + x^3)$
6. 简支梁·弯曲力偶作用在梁的一端	$\theta_A = -\dfrac{Ml}{6EI}$ $\theta_B = \dfrac{Ml}{3EI}$	$w_{\max} = -\dfrac{Ml^2}{9\sqrt{3}EI}$ (在 $x = l/\sqrt{3}$ 处)	$w(x) = -\dfrac{Mlx}{6EI}\left(1 - \dfrac{x^2}{l^2}\right)$
7. 简支梁·弯曲力偶作用在两支撑间任意点	$\theta_A = \dfrac{M}{6EIl}(l^2 - 3b^2)$ $\theta_B = \dfrac{M}{6EIl}(l^2 - 3a^2)$ $\theta_C = -\dfrac{M}{6EIl}(3a^2 + 3b^2 - l^2)$	$w_{\max 1} = \dfrac{M(l^2 - 3b^2)^{3/2}}{9\sqrt{3}EIl}$ (在 $x = \dfrac{1}{\sqrt{3}}\sqrt{l^2 - 3b^2}$ 处) $w_{\max 2} = -\dfrac{M(l^2 - 3a^2)^{3/2}}{9\sqrt{3}EIl}$ (在 $x = \dfrac{1}{\sqrt{3}}\sqrt{l^2 - 3a^2}$ 处)	$w_1(x) = \dfrac{Mx}{6EIl}(l^2 - 3b^2 - x^2)$ $(0 \leqslant x \leqslant a)$ $w_2(x) = -\dfrac{M(l-x)}{6EIl}\left[l^2 - 3a^2 - (l-x)^2\right]$ $(a \leqslant x \leqslant l)$

【例 12.3】 悬臂梁 AB 在自由端 B 和中点 C 受集中力 F 作用,如图 12.4 所示。试用叠加法求自由端 B 的位移。

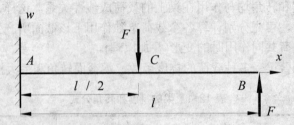

图 12.4

解: 在仅有 B 端点集中力 F 作用时,自由端 B 的挠度通过查表 12-1 得

$$w_{B1} = \frac{Fl^3}{3EI}(\text{向上})$$

在中点 C 仅有集中力 F 作用时,C 点处的位移与转角,通过查表 12-1,有

$$w_C = -\frac{F(l/2)^3}{3EI}, \quad \theta_C = -\frac{F(l/2)^2}{2EI}$$

由于 C 点的位移将引起 B 端点的相同位移,同时由于 C 点的转角亦会引起 B 点的位移,则集中力 F 引起 B 端点位移为这两个位移之和

$$w_{B2} = w_C + \theta_C \times \frac{l}{2} = -\frac{Fl^3}{24EI} - \frac{Fl^3}{16EI} = -\frac{5Fl^3}{48EI}(\text{向下})$$

在两个集中力 F 共同作用下,自由端 B 的挠度为

$$w_B = w_{B1} + w_{B2} = \frac{Fl^3}{3EI} - \frac{5Fl^3}{48EI} = \frac{11Fl^3}{48EI}(\text{向上})$$

【例 12.4】 悬臂梁 AB 自由端 B 受集中力偶矩 M,中点 C 受集中力 F 作用,如图 12.5 所示。试用叠加法求自由端 B 的位移。

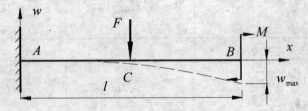

图 12.5

解: 在 M、F 作用下,显然自由端挠度最大,仅有端部力偶矩 M 作用时,端部挠度通过查表 12-1 得

$$w_{B1} = -\frac{Ml^2}{2EI}$$

在中点 C 仅有集中力 F 作用时,C 点处的位移与转角,通过查表 12-1,有

$$w_C = -\frac{F(l/2)^3}{3EI}, \quad \theta_C = -\frac{F(l/2)^2}{2EI}$$

由于 C 点的位移将引起端点 B 的相同位移，同时由于 C 点的转角亦会引起 B 点的位移，则集中力 F 引起 B 端点位移为这两个位移之和

$$w_{B2} = w_C + \theta_C \times \frac{l}{2} = -\frac{Fl^3}{24EI} - \frac{Fl^3}{16EI} = -\frac{5Fl^3}{48EI}$$

在 M、F 共同作用下，自由端 B 的挠度为

$$w_{\max} = w_{B1} + w_{B2} = -\frac{Ml^2}{2EI} - \frac{5Fl^3}{48EI}$$

【例 12.5】 按叠加法计算例 12.2 中悬臂梁截面 A 的转角和挠度。

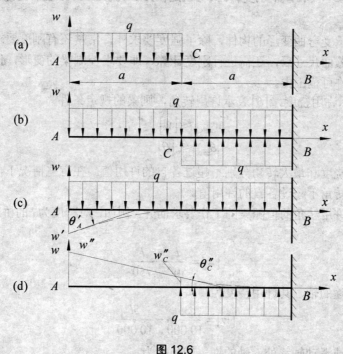

图 12.6

解： 为了利用表 12-1 中梁变形结果，将图 12.6(a)所示载荷作如下等效变化，如图 12.6 所示，将作用在梁左半部的均布载荷 q，延展至梁的右端 B，同时在延展部分施加反相同位均布载荷[图 12.6(b)]，再将其分解为[图 12.6(c)]和[图 12.6(d)]所示两种简单作用的梁。由[图 12.6(c)]查表 12-1 得

$$\theta'_A = \frac{q(2a)^3}{6EI} = \frac{4qa^3}{3EI}$$

$$w'_A = -\frac{q(2a)^4}{8EI} = -\frac{2qa^4}{EI}$$

由图 12.6(d)查表 12-1 得

$$\theta''_A = \theta''_C = -\frac{qa^3}{6EI}$$

$$w''_A = w''_C + \theta''_C \cdot a = \frac{qa^4}{8EI} + \frac{qa^3}{6EI} \cdot a = \frac{7qa^4}{24EI}$$

由叠加法，截面 A 的转角为

$$\theta_A = \theta'_A + \theta''_A = \frac{4qa^3}{3EI} - \frac{qa^3}{6EI} = \frac{7qa^3}{6EI}$$

截面 A 的挠度为

$$w_A = w'_A + w''_A = -\frac{2qa^4}{EI} + \frac{7qa^4}{24EI} = -\frac{41qa^4}{24EI}$$

结果与例 12.2 中一致。但叠加法计算过程则简单得多。

12.5 梁的刚度条件及提高梁的抗弯刚度的措施

对于工程中承受弯曲变形的构件，除了强度要求外，常常还有刚度要求。因此，在按强度条件选择了截面尺寸后，还需进行刚度计算，即要求控制梁的变形，使最大挠度或最大转角在规定的许可范围内。

设以 $[w]$ 表示许用挠度，$[\theta]$ 表示许用转角，则梁的规定条件为

$$|w_{max}| \leqslant [w] \tag{12-5}$$

$$|\theta_{max}| \leqslant [\theta] \tag{12-6}$$

即要求梁的最大挠度和最大转角分别不超过各自的许用值。在有些情况下，则限制梁上某些截面的挠度或转角不超过各自的许用值。

许用挠度和许用转角的值随梁的工作要求而异。例如，对跨度为 l 的桥式起重机梁，其许用挠度为

$$[w] = \frac{l}{500} \sim \frac{l}{750}$$

对于一般用途的轴，其许用挠度为

$$[w] = \frac{3l}{10\,000} \sim \frac{5l}{10\,000}$$

在安装齿轮或滑动轴承处，轴的许用转角则为

$$[\theta] = 0.001\text{rad}$$

至于其他梁或轴的许用挠度或许用转角，可从有关设计规范或手册中查得。

【例 12.6】 一圆截面简支梁，在跨度中点承受集中载荷 F 的作用。已知载荷 $F = 35\text{kN}$，跨度 $l = 4\text{m}$，许用挠度 $[w] = l/500$。弹性模量 $E = 200\text{GPa}$，试根据规定条件确定该简支梁的直径 d。

解： 在跨中集中载荷作用下，梁产生的最大挠度位于中点，查表 12-1，得

$$w_{max} = \frac{Fl^3}{48EI}$$

根据刚度条件 $|w_{max}| \leqslant [w]$

得

$$\frac{Fl^3}{48EI} \leqslant \frac{l}{500}$$

$$\frac{35 \times 10^3 \times 4^3}{48 \times 200 \times 10^9 I} \leqslant \frac{4}{500}$$

$$I \geqslant 29.2 \times 10^{-6} \text{m}^4$$

所以 $d \geqslant \sqrt[4]{\dfrac{64 \times 29.2 \times 10^{-6} \text{m}^4}{\pi}} = 0.156\text{m}$, 可取 d=16mm

在讨论了梁的刚度计算以后，下面进一步研究提高梁的刚度所应采取的措施。

由于梁的弯曲变形与弯矩及抗弯刚度有关，而影响弯矩的因素又包括载荷、支承情况及梁的长度，因此，为提高梁的刚度，可以采取类似第 11 章第 5 节所述的一些措施：一是选用合理等截面形状或尺寸，从而增大截面惯性矩；二是合理安排载荷的作用位置，以尽量降低弯矩的作用；三是在条件许可时，减小梁的跨度或增加支座。其中第三条措施效果最为显著。

最后应当注意，梁的变形虽然与材料的弹性模量 E 有关，但就钢材而言，它们的弹性模量 E 却十分地接近。因此，在设计中，若选择普通钢材就可以满足强度要求时，就没有必要选用优质钢材。

12.6 简单静不定梁

前面讨论的都是静定梁，用静力平衡方程可以解出全部未知力。但在工程实际中，有时为了提高梁的强度与刚度，或由于结构的需要，往往给静定梁再增加约束，于是，梁的约束力的个数超过静力平衡方程的数目，即成为静不定梁。

在静不定梁中，凡是多于维持平衡所必需的约束称为多余约束，与其相对应的约束力称为多余约束力。多余约束力的数目就是静不定的次数。

现以受均布载荷 q 作用的两端固支梁 AB [图 12.7(a)]为例来说明求解静不定梁的基本方法。

求解静不定梁的关键是确定多余约束，在求解静不定梁时，除了建立外力平衡方程外，还应利用变形协调条件以及力与位移之间的关系，以建立求解静不定梁所需的补充方程。

首先将 B 端多余约束解除，以解除约束后的悬臂梁作为静定结构，本系统简称静定基。B 端有三个多余约束，因此有三个多余约束力[图 12.7(b)]，即水平约束力(图中未画出)，垂直约束力 F_{By} 和约束力矩 M_B。因该题中无水平作用力，考虑到小变形条件，梁的水平位移忽略不计，故水平约束力为零，因此只有两个多余约束力 F_{By} 和约束力矩 M_B。相应的约束条件为 B 端挠度和转角为零，即

$$w_B = 0, \quad \theta_B = 0$$

通过查表 12-1，用叠加法求 w_B 和 θ_B，得

$$w_B = +\frac{F_{By}l^3}{3EI} - \frac{M_B l^2}{2EI} - \frac{ql^4}{8EI} = 0$$

$$\theta_B = +\frac{F_{By}l^2}{2EI} - \frac{M_B l}{EI} - \frac{ql^3}{6EI} = 0$$

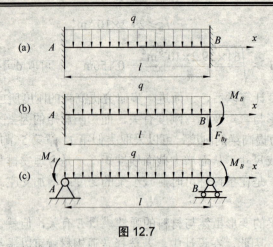

图 12.7

最后解得

$$F_{By} = \frac{1}{2}ql, \quad M_B = \frac{1}{12}ql^2$$

该例中如果应用对称性,可以在求解问题之前,首先判断出 $F_{Ay} = F_{By} = \frac{1}{2}ql$。因而只需求解约束力矩 M_B。

此外,还可以解除两端的转动约束,代之以两端约束力矩 M_A 和 M_B,以简支梁作为静定基[图 12.7(c)]。利用对称性,有 $M_A = M_B$,只要使 B 端(或 A 端)转角 θ_B 为零这一变形协调条件,即可建立补充方程解出约束力矩 M_B。由表 12-1 可以查得简支梁在均布载荷和两端力矩作用下 B 端转角

$$\theta_B = -\frac{ql^3}{24EI} + \frac{M_B l}{3EI} + \frac{M_A l}{6EI} = 0$$

其中 $M_A = M_B$,解上式可得

$$M_B = \frac{1}{12}ql^2 = M_A$$

所得结果与前法相同。

小 结

1. 学习本章时,应掌握工程中的弯曲变形概念

2. 梁的挠曲线近似微分方程

$$\frac{d^2 w}{dx^2} = \frac{M(x)}{EI}$$

由梁的挠曲线近似微分方程,可计算截面的转角 θ 和挠度 w。

3. 梁的转角方程和挠度方程

$$\theta = \frac{dw}{dx} = \int \frac{M(x)}{EI} dx + C$$

$$w = \iint \left(\frac{M(x)}{EI}\mathrm{d}x\right)\mathrm{d}x + Cx + D$$

4. 用叠加法求弯曲变形

对于受复杂载荷作用的梁，梁上某个截面所产生的挠度和转角大小计算，可先分别计算各个载荷单独作用下该截面所产生的挠度和转角，然后叠加，即为这些载荷共同作用时的变形。

5. 梁的刚度条件

$$|w_{\max}| \leqslant [w]$$
$$|\theta_{\max}| \leqslant [\theta]$$

6. 提高梁的抗弯刚度的措施

(1) 选用合理等截面形状或尺寸，从而增大截面惯性矩。
(2) 合理安排载荷的作用位置，以尽量降低弯矩的作用。
(3) 在条件许可时，减小梁的跨度或增加支座。
其中最后一条措施效果最为显著。

7. 简单静不定梁

静不定梁是梁的约束力的个数超过静力平衡方程的数目，求解静不定梁的关键是确定多余约束，在求解静不定梁时，除了建立外力平衡方程外，还应利用变形协调条件以及力与位移之间的关系，以建立求解静不定梁所需的补充方程。

思 考 题

12-1 何谓挠曲线？挠曲线有何特点？挠度与转角之间有何关系？

12-2 挠曲线近似微分方程是如何建立的？应用条件是什么？关于坐标轴的选取有何规定？

12-3 何谓位移边界条件与连续光滑条件？如何确定积分常数？如何根据挠度与转角的正负判断位移的方向？如何求最大挠度？

12-4 如何绘制挠曲线的大致形状？根据是什么？如何判断挠曲线的凹、凸性与拐点的位置？

12-5 如何利用叠加法与逐段分析求和法分析梁的位移？

12-6 何谓多余约束与多余支反力？何谓相当系统？如何求解静不定梁？如何计算静不定梁的内力、应力和位移？

12-7 试述如何按刚度要求合理设计梁？

习 题

12-1 高为200mm，宽为100mm的矩形梁。试问在相同的条件(载荷、支承条件和跨度)下，截面平放时的挠度是竖放时的多少倍？

12-2 用积分法求图所示各梁的最大挠度和最大转角(各梁的 EI 相同)。

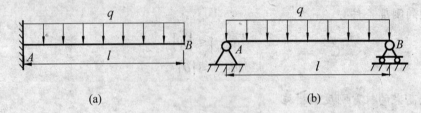

题 12-2 图

12-3 用积分法求图所示中梁的最大挠度和最大转角。

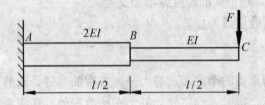

题 12-3 图

12-4 试用叠加法计算图所示梁中点截面的挠度和两端截面的转角(EI 为已知)。

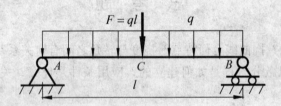

题 12-4 图

12-5 求图所示悬臂梁自由端截面的挠度和转角(EI 为已知)。

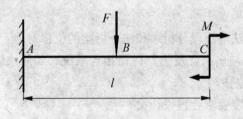

题 12-5 图

12-6 求图所示简支梁中点截面的挠度和两端截面的转角(EI 为已知)。

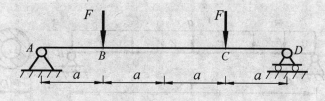

题 12-6 图

12-7 求图所示外伸梁 A 截面的挠度和 B 截面的转角(EI 为已知)。

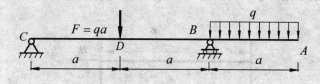

题 12-7 图

12-8 试用叠加法计算图所示梁 C 截面的挠度和转角(已知 EI 为常数)。

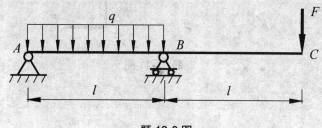

题 12-8 图

12-9 图所示外伸梁,两端受 F 作用,EI 为常数,试问:

(1) $\dfrac{x}{l}$ 为何值时,梁跨度中点的挠度与自由端的挠度数值相等?

(2) $\dfrac{x}{l}$ 为何值时,梁跨度中点的挠度最大。

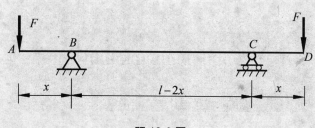

题 12-9 图

12-10 两端简支的输气管道如图所示。已知其外径 $D=14$ mm ,内外径之比 $\alpha=0.9$,其单位长度的重力 $q=106$ N/m ,材料的弹性模量 $E=210$ GPa 。若管道材料的许用应力为

$[\sigma]=120\text{MPa}$,其许用挠度$[w]=\dfrac{l}{400}$。试确定此管道允许的最大跨度$l_{\max}$。

题 12-10 图

12-11 用叠加法求图所示折杆自由端 C 的垂直和水平位移(设杆件的 EI_z 均为常数)。

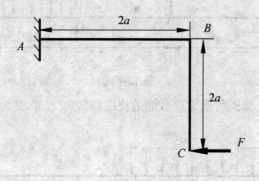

题 12-11 图

第 13 章 应力状态与强度理论

教学提示：在解决了杆件在四种基本变形情况下的强度问题以后，为了继续研究杆件在组合变形情况下的强度问题，将介绍应力状态和强度理论，来研究强度问题的普遍规律。

教学要求：学习本章之后，学生应该明确一点应力状态、主应力和主平面、单元体等基本概念，熟练掌握单元体的截取方法及其各微面上应力分量的计算方法。掌握用解析法和图解法计算平面应力状态下任意斜截面的应力、主应力和主平面的方位。掌握广义胡克定律及其应用。了解材料常见的两种破坏方式，理解四种常见的强度理论。

13.1 应力状态概念及其表示方法

对弯曲或扭转的研究表明，杆件内不同位置的点具有不同的应力。所以一点的应力是该点坐标的函数。就一点而言，通过这一点的截面可以有不同的方位，而截面上的应力又随截面的方位而变化。

现以直杆拉伸为例[图 13.1(a)]，设想围绕 A 点以纵横六个截面从杆内截取单元体，并放大为图 13.1(b)，其平面图则表示为图 13.1(c)。单元体的左、右两侧面是杆件横截面的一部分，面上的应力皆为 $\sigma = \dfrac{F}{A}$。单元体的上、下、前、后四个面都是平行于轴线的纵向面，面上都没有应力。但如按图 13.1(d)所示的方式截取单元体，使其四个侧面虽与纸面垂直，但与杆件轴线既不平行也不垂直，成为斜截面，则在这四个面上，不仅有正应力而且还有切应力(见 7.3.2 节)。所以，随所取方位的不同，单元体各面上的应力也就不同。

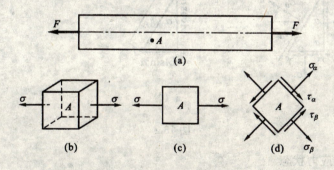

图 13.1

围绕一点 A 取出的单元体，一般在三个方向上的尺寸均为无穷小。以致可以认为，在它的每个面上，应力都是均匀的；且在单元体内相互平行的截面上，应力都是相同的，均等于通过 A 点的平行面上的应力。所以这样的单元体的应力状态可以代表一点的应力状态。研究通过一点的不同截面上的应力变化情况，就是应力分析的内容。

在图 13.1(b)中，单元体的三个相互垂直的面上都无切应力，这种切应力等于零的面称为主平面。主平面上的正应力称为主应力。一般说，通过受力构件的任意点皆可找到三个相互垂直的主平面，因而每一点都有三个主应力。对简单拉伸(或压缩)，三个主应力中只有一个不等于零，称为单向应力状态。若三个主应力中有两个不等于零，称为二向或平面应力状态。当三个主应力皆不等于零时，称为三向或空间应力状态。单向应力状态也称为简单应力状态，二向和三向应力状态也统称为复杂应力状态。

研究一点的应力状态时，通常用 σ_1、σ_2、σ_3 代表该点的三个主应力，并以 σ_1 代表代数值最大的主应力，σ_3 代表代数值最小的主应力，即 $\sigma_1 > \sigma_2 > \sigma_3$。

13.2 平面应力状态应力分析——解析法

平面应力状态是经常见到的情况。如图 13.2 所示单元体，为平面应力状态最一般的情况。在构件中截取单元体时，总是选取这样的截面位置，使得单元体上作用的应力为已知。然后在此基础上，来分析任意斜截面上的应力。

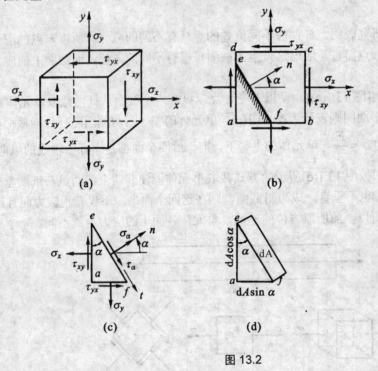

图 13.2

13.2.1 平面一般应力状态

如图 13.2 所示应力状态具有以下特点：在单元体的六个侧面上，仅在四个侧面上作用有应力，且其作用线均平行于单元体的不受力表面。这种应力状态称为平面应力状态，它是常见的一种应力状态。实际上，单向受力与纯切应力状态均为平面应力状态的特殊情况。

平面应力状态的一般形式如图 13.2(a)所示，在垂直于坐标轴 x 的截面上，应力用 σ_x 与 τ_{xy} 来表示；在垂直于坐标轴 y 的截面上，应力用 σ_y 与 τ_{yx} 来表示。若上述的应力已知，现

在研究与坐标轴 Z 平行的任一横截面 ef 上的应力[图 13.2(b)]。

13.2.2 平面一般应力状态斜截面上应力

如图 13.2(b)所示斜截面平行于 z 轴且与 x 面成倾角 α，单独切取 aef 部分进行分析[图 13.2(c)]。把作用于 aef 部分上的力投影到 ef 面的外法线 n 和切线 t 方向，由力的平衡条件：

$\sum F_n = 0$ 时，$\sigma_\alpha dA + (\tau_{xy}dA\cos\alpha)\sin\alpha - (\sigma_x dA\cos\alpha)\cos\alpha +$
$\qquad (\tau_{yx}dA\sin\alpha)\cos\alpha - (\sigma_y dA\sin\alpha)\sin\alpha = 0$

$\sum F_t = 0$ 时，$\tau_\alpha dA - (\tau_{xy}dA\cos\alpha)\cos\alpha - (\sigma_x dA\cos\alpha)\sin\alpha +$
$\qquad (\sigma_y dA\sin\alpha)\cos\alpha - (\tau_{yx}dA\sin\alpha)\sin\alpha = 0$

可求得斜截面上应力 σ_α、τ_α。

$$\sigma_\alpha = \sigma_x \cos^2\alpha + \sigma_y \sin^2\alpha - \tau_{xy} \cdot 2\sin\alpha\cos\alpha$$
$$= \frac{1}{2}(\sigma_x + \sigma_y) + \frac{1}{2}(\sigma_x - \sigma_y)\cos 2\alpha - \tau_{xy}\sin 2\alpha \tag{13-1}$$

$$\tau_\alpha = (\sigma_x - \sigma_y)\sin\alpha\cos\alpha + \tau_{xy}(\cos^2\alpha - \sin^2\alpha)$$
$$= \frac{1}{2}(\sigma_x - \sigma_y)\sin 2\alpha + \tau_{xy}\cos 2\alpha \tag{13-2}$$

注意：

(1) 图 13.2 中应力均为正值，并规定倾角 α 自 x 轴开始逆时针转动者为正，反之为负。

(2) 式中 τ_{xy}、τ_{yx} 均为垂直于坐标轴 x 的截面上的 x 面上切应力，且已按切应力互等定理将 τ_{yx} 换成 τ_{xy}，一般情况下可简写为 τ_x。

(3) 单元体无限小，故 aef 部分可视为汇交力系平衡。

【例 13.1】 已知应力状态如图 13.3 所示，试计算截面 $m—m$ 上的正应力 σ_m 与切应力 τ_m。

解：由图可知，x 与 y 截面的应力分别为
$$\sigma_x = -100\text{MPa}$$
$$\tau_x = -60\text{MPa}$$
$$\sigma_y = 50\text{MPa}$$

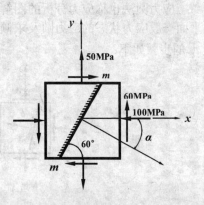

图 13.3

而截面 $m—m$ 的方位角为
$$\alpha = -30°$$

将上述数据带入公式
$$\sigma_m = \frac{1}{2}(\sigma_x + \sigma_y) + \frac{1}{2}(\sigma_x - \sigma_y)\cos 2\alpha - \tau_x \sin 2\alpha$$
$$= \frac{1}{2}(-100 + 50)\text{MPa} + \frac{1}{2}(-100 - 50)\text{MPa}\cos(-60°) - (-60\text{MPa})\sin(-60°)$$
$$= -114.5\text{MPa}$$

$$\tau_m = \frac{1}{2}(\sigma_x - \sigma_y)\sin 2\alpha + \tau_x \cos 2\alpha$$
$$= \frac{1}{2}(-100-50)\text{MPa}\sin(-60°) + (-60\text{MPa})\cos(-60°)$$
$$= 35.0\text{MPa}$$

13.3 平面一般应力状态分析——应力圆法

13.3.1 应力圆

由式(13-1)和式(13-2)消去 $\sin 2\alpha$、$\cos 2\alpha$ 得到

$$(\sigma_\alpha - \frac{\sigma_x + \sigma_y}{2})^2 + \tau_\alpha^2 = (\frac{\sigma_x - \sigma_y}{2})^2 + \tau_{xy}^2 \tag{13-3}$$

此为以 σ_α、τ_α 为变量的圆方程,以 σ_α 为横坐标轴,τ_α 为纵坐标轴,则此圆圆心 O 坐标为 $[(\sigma_x + \sigma_Y)/2, 0]$,半径为 $R = \left[((\sigma_x - \sigma_y)/2)^2 + \tau_{xy}^2\right]^{\frac{1}{2}}$,此圆称应力圆或莫尔圆,如图13.4所示。

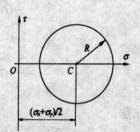

图 13.4

13.3.2 应力圆的作图方法

应力圆法也称应力分析的图解法。如图 13.5(a)所示,已知平面一般应力状态的应力圆及求倾角为 α 的斜截面上应力 σ_α、τ_α 的步骤如下:

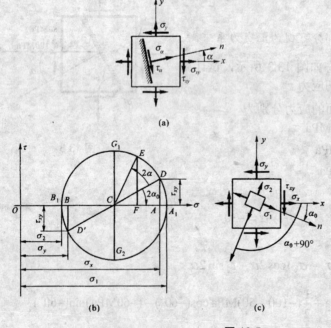

图 13.5

(1) 根据已知应力 σ_x、σ_y、τ_{xy} 值选取适当比例尺；

(2) 在 $\sigma-\tau$ 坐标平面上，由图 13.5(a)中微元体的 x，y 面上已知应力，作 $D(\sigma_x, \tau_{xy})$，$D'(\sigma_y, -\tau_{xy})$ 两点；

(3) 过 D、D' 两点作直线交 σ 轴于 C 点，以 C 为圆心，CD 为半径作应力圆；

(4) 半径 $\overline{CD}$ 逆时针(与微元体上 α 转向一致)转过圆心角 $\theta = 2\alpha$ 得 E 点，则 E 点的横坐标值 $\overline{OF}$ 即为 σ_α，纵坐标值 $\overline{FE}$ 即为 τ_α。

微元体中面上应力与应力圆上点的坐标的对应关系如下。

(1) $\overline{OF} = \sigma_\alpha$，$\overline{FE} = \tau_\alpha$。

(2) 几个重要的对应关系

$$\overline{OA_1} = \overline{OB_1} + \overline{B_1A_1} = \frac{1}{2}(\sigma_x + \sigma_y) + \sqrt{\left(\frac{\sigma_x - \sigma_y}{2}\right)^2 + \tau_{xy}^2} = \sigma_{\text{极大}}$$

$$\overline{OB_1} = \overline{OC} - \overline{B_1C_1} = \frac{1}{2}(\sigma_x + \sigma_y) - \sqrt{\left(\frac{\sigma_x - \sigma_y}{2}\right)^2 + \tau_{xy}^2} = \sigma_{\text{极小}}$$

主平面位置：

应力圆上由 D 点顺时针转过 $2\alpha_0$ 到 A_1 点。$\tan 2\alpha_0 = -\dfrac{\tau_{xy}}{(\sigma_x - \sigma_y)/2}$，对应微元体内从 x 面顺时针转过 α_0 角(n_{α_0} 面)。应力圆上继续从 A_1 点转过 $180°$ 到 B_1，对应微元体上从 n_{α_0} 面继续转过 $90°$ 到 $n_{\alpha_0+90°}$ 面，此时 $\tau_{\alpha_0} = \tau_{\alpha_0+90°} = 0$。

【例 13.2】 试用图解法求解例 13.1。

解：首先在 $\sigma-\tau$ 平面内，按照选定的比例尺，由坐标$(-100, -60)$ 与 $(50, 60)$ 分别确定 A 点与 B 点。然后以 AB 为直径画圆，即得到相应的应力圆，如图 13.6(b)所示。

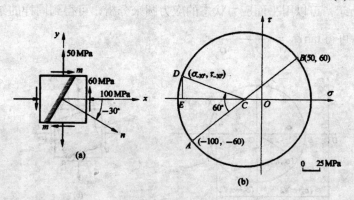

图 13.6

为了确定 $m-m$ 面上的应力，将半径 CA 沿顺时针旋转 $|2\alpha| = 60°$ 至 CD 处，所得 D 点即为 $m-m$ 截面的对应点。

按照比例尺，量的 $\overline{OE} = 115\text{MPa}$，$\overline{ED} = 35\text{MPa}$，由此得到 $m-m$ 面上的正应力与切应力分别为

$$\sigma_m = -115\text{MPa}, \quad \tau_m = 35.0\text{MPa}$$

13.4 极值应力与主应力

在分析构件强度时，需要确定在哪个截面上的应力为极值，以及它们的大小。根据式 13-1 与式 13-2，利用高等数学求极值的方法可以得到极值应力的大小和所在方位。

13.4.1 平面应力状态的极值应力

1. 正应力极值

根据式(13-1)，由求极值条件 $\dfrac{d\sigma_\alpha}{d\alpha}=0$，得

$$-(\sigma_x-\sigma_y)\sin 2\alpha - 2\tau_{xy}\cos 2\alpha = 0$$

即有

$$\tan 2\alpha_0 = -\dfrac{2\tau_{xy}}{\sigma_x-\sigma_y} \tag{13-4}$$

α_0 为 σ_α 取极值时的 α 角，应有 α_0 和 $\alpha_0+90°$ 两个解。

将相应值 $\sin 2\alpha_0$、$\cos 2\alpha_0$ 分别代入式(13-1)和式(13-2)即得

$$\left.\begin{array}{c}\sigma_{\max}\\ \sigma_{\min}\end{array}\right\} = \dfrac{1}{2}(\sigma_x+\sigma_y) \pm \dfrac{1}{2}\sqrt{(\sigma_x-\sigma_y)^2 + 4\tau_{xy}^2} \tag{13-5}$$

$$\tau_{\alpha_0} = \tau_{\alpha_0+90°} = 0 \tag{13-6}$$

说明：当倾角 α 转到 α_0 和 $\alpha_0+90°$ 面时，对应有 σ_{α_0}、$\sigma_{\alpha_0+90°}$，其中有一个为极大值，另一个为极小值；而此时 τ_{α_0}、$\tau_{\alpha_0+90°}$ 均为零。可见在正应力取极值的截面上切应力为零。

如图 13.7 所示，可以用平面应力状态的应力圆来分析，可得到同样的结果。其中由图 (a)的几何关系，可得 $\tan\alpha_0 = -\dfrac{\tau_x}{\sigma_{\max}-\sigma_y}$

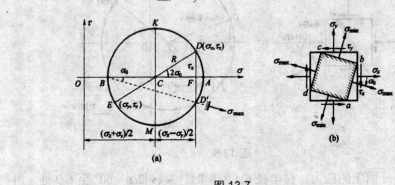

图 13.7

2. 切应力极值

根据式(13-2)及取极值条件 $\dfrac{d\tau_\alpha}{d\alpha}=0$，可得

$$\tan 2\alpha_1 = \frac{\sigma_x - \sigma_y}{2\tau_{xy}} \tag{13-7}$$

α_0^* 为 τ_α 取极值时的 α 角，应有 α_1、$\alpha_1 + 90°$ 两个解。将相应值 $\sin 2\alpha_1$、$\cos 2\alpha_1$ 分别代入式(13-1)、式(13-2)即得

$$\left.\begin{matrix}\tau_{\max}\\ \tau_{\min}\end{matrix}\right\} = \pm\frac{1}{2}\sqrt{(\sigma_x - \sigma_y)^2 + 4\tau_{xy}^2} = \pm\frac{1}{2}(\sigma_{\max} - \sigma_{\min}) \tag{13-8}$$

$$\sigma_{\alpha_0} = \sigma_{\alpha_0 + 90°} = \frac{1}{2}(\sigma_{\max} + \sigma_{\min}) = \sigma_m$$

说明：当倾角 α 转到 α_1 和 $\alpha_1 + 90°$ 面时，对应有 $\tau_{\max}$、$\tau_{\min}$，且二者大小均为 $(\sigma_{\max} - \sigma_{\min})/2$，方向相反，体现了切应力互等定理；而此两面上正应力大小均取平均值 $(\sigma_{\max} + \sigma_{\min})/2$。

13.4.2 主应力

由图 13.7(a)可以看出，正应力极值所在截面的切应力为零。

切应力为零的截面称为主平面。因此，图 13.7(b)所示截面 ab，bc，cd 与截面 da 均为主平面。此外，该单元体的前、后两面(即不受力表面)的切应力也为零，因此也是主平面。由此三对互垂主平面所构成的单元体，称为主平面单元体。

主平面上的正应力称为主应力，通常按其代数值，通常用 σ_1、σ_2、σ_3 代表该点的三个主应力，并以 σ_1 代表代数值最大的主应力，σ_3 代表代数值最小的主应力，即 $\sigma_1 \leq \sigma_2 \leq \sigma_3$。

上述分析表明，在处于平面应力状态的单元体内，一定存在主单元体。还可以证明，在处于任意应力状态的单元体内，同样也存在主单元体。可见，用主应力 σ_1、σ_2、σ_3，描写一点处的应力状态，具有普遍意义。

根据主应力的数值，可将应力状态分为三类。三个主应力中，仅一个主应力不为零的应力状态，即前述单向应力或单向受力状态；三个主应力中，两个或三个主应力不为零的应力状态，分别称为二向与三向应力状态。二向与三向应力状态统称为复杂应力状态。

【例 13.3】 从构件中切取一微元体，各截面的应力如图 13.8(a)所示。试确定主应力的大小和方位。

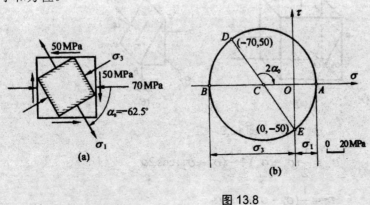

图 13.8

解：x 与 y 截面的应力分别为

$$\sigma_x = -70\text{MPa}, \quad \tau_x = 50\text{MPa}, \quad \sigma_y = 0$$

代入式(13-5)可得

$$\left.\begin{matrix}\sigma_{\max}\\ \sigma_{\min}\end{matrix}\right\} = \frac{-70\text{MPa}+0}{2} \pm \sqrt{\left(\frac{-70\text{MPa}-0}{2}\right)^2 + (50\text{MPa})^2} = \begin{cases}26\text{MPa}\\ -96\text{MPa}\end{cases}$$

$$\alpha_0 = \arctan(-\frac{\tau_x}{\sigma_{\max}-\sigma_y}) = \arctan(-\frac{50\text{MPa}}{26\text{MPa}-0}) = -62.5°$$

同样，可以用图解法在应力圆中得到同样的结果，如图13.8所示。

13.5 空间应力状态的主应力与最大切应力

一般来说，自受力构件中取出的空间应力状态单元体，三个互相垂直的截面上的应力可能是任意方向的。与平面应力状态类似，可以找到三对互相垂直的截面，其上只有正应力，没有切应力，即空间应力状态的主单元体。

13.5.1 空间应力状态主应力

对于空间一般应力状态，可以证明，总可将微元体转到某一方位，此时三对微面上只有正应力作用而无切应力作用。此三对微面即主平面，三个正应力即主应力(正应力极值)。空间一般应力状态具有三个非零的主应力，故也称三向应力状态。

约定：三个主应力按代数值从大到小排列，即 $\sigma_1 \geq \sigma_2 \geq \sigma_3$。

13.5.2 空间应力状态的最大切应力

1. 平行 σ_3 方向的任意斜截面 α 上应力[如图 13.9(a)]

由于 σ_3 不参加图 13.9(b)所示微元体的力平衡。可得

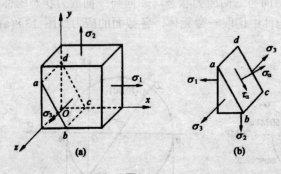

图 13.9

$$\sigma_\alpha = \frac{1}{2}(\sigma_1 + \sigma_2) + \frac{1}{2}(\sigma_1 - \sigma_2)\cos 2\alpha$$

$$\tau_\alpha = \frac{1}{2}(\sigma_1 - \sigma_2)\sin 2\alpha$$

相应于式中 σ_1、σ_2 构成的应力圆，如图13.10所示。此时极值切应力：

$$\tau_{12} = \pm\frac{1}{2}(\sigma_1 - \sigma_2), \quad \alpha = \pm 45°$$

2. 平行 σ_2 方向斜截面上的极值切应力

$$\tau_{13} = \pm\frac{1}{2}(\sigma_1 - \sigma_3)$$

3. 平行 σ_1 方向斜截面上的极值切应力

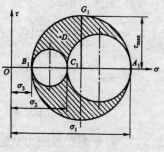

图 13.10

$$\tau_{23} = \pm\frac{1}{2}(\sigma_2 - \sigma_3)$$

结论：在按约定排列的三个非零主应力 σ_1、σ_2、σ_3 作出的两两相切的三个应力圆中，可以找到三个相应的极值切应力 τ_{12}、τ_{13}、τ_{23}，其中最大切应力值为

$$\tau_{\max} = \tau_{13} = \frac{\sigma_1 - \sigma_3}{2} \tag{13-9}$$

处在与 σ_1、σ_3 作用面成 $\pm 45°$ 的面上。

13.6 广义胡克定律

本节来研究各向同性材料在复杂应力状态下的应力应变关系。已知单向应力状态和纯切应力状态的胡克定律和横向效应关系见表 13-1。

表 13-1　简单应力状态的胡克定律与横向效应关系

单向应力状态	单向胡克定律 $\varepsilon_x = \dfrac{\sigma_x}{E}$	横向效应	$\varepsilon_y = -\mu\varepsilon_x$ $\varepsilon_z = -\mu\varepsilon_x$
纯切应力状态	剪切胡克定律 $\gamma_{xy} = \dfrac{\tau_{xy}}{G}$		

表 13-1 中关系式适用条件为：各向同性材料、弹性范围内、线弹性材料、小变形。由此可知：

(1) 在复杂应力状态下，应变分量可由各应力分量引起的应变分量叠加得到。

(2) 正应变只与正应力有关，切应变只与切应力有关，线变形与角变形的相互影响可以略去。

所以，广义胡克定律有如下形式。

(1) 对空间一般应力状态

$$\begin{cases} \varepsilon_x = \dfrac{1}{E}\left[\sigma_x - \mu(\sigma_y + \sigma_z)\right] \\ \varepsilon_y = \dfrac{1}{E}\left[\sigma_y - \mu(\sigma_z + \sigma_x)\right] \\ \varepsilon_z = \dfrac{1}{E}\left[\sigma_z - \mu(\sigma_x + \sigma_y)\right] \end{cases}, \quad \begin{cases} \gamma_{yz} = \dfrac{\tau_{yz}}{G} \\ \gamma_{zx} = \dfrac{\tau_{zx}}{G} \\ \gamma_{xy} = \dfrac{\tau_{xy}}{G} \end{cases} \tag{13-10}$$

(2) 主应力形式

$$\begin{cases} \varepsilon_1 = \dfrac{1}{E}[\sigma_1 - \mu(\sigma_2 + \sigma_3)] \\ \varepsilon_2 = \dfrac{1}{E}[\sigma_2 - \mu(\sigma_3 + \sigma_1)] \\ \varepsilon_3 = \dfrac{1}{E}[\sigma_3 - \mu(\sigma_1 + \sigma_2)] \end{cases}, \qquad \begin{cases} \gamma_{yz} = 0 \\ \gamma_{zx} = 0 \\ \gamma_{xy} = 0 \end{cases} \tag{13-11}$$

(3) 对平面一般应力状态

$$\begin{cases} \varepsilon_x = \dfrac{1}{E}(\sigma_x - \mu\sigma_y) \\ \varepsilon_y = \dfrac{1}{E}(\sigma_y - \mu\sigma_x) \end{cases}, \qquad \gamma_{xy} = \dfrac{\tau_{xy}}{G}$$

其余

$$\begin{cases} \varepsilon_z = -\dfrac{\mu}{E}(\sigma_x + \sigma_y) \\ \gamma_{yz} = \gamma_{zx} = 0 \end{cases} \tag{13-12}$$

13.7 强度理论

工程中经常遇到一些复杂变形的构件，其危险点往往处于复杂应力状态。在此情况下，不能采用将构件内的应力直接与极限应力比较来确定构件的强度了。对于这类复杂应力状态下的构件，如何来建立构件的强度条件？本节来讨论这个问题。

13.7.1 强度理论概述

不同材料在同一环境及加载条件下对"破坏"(或称为失效)具有不同的抵抗能力(抗力)。常温、静载条件下，低碳钢的拉伸破坏表现为塑性屈服失效，具有屈服应力 σ_s；铸铁破坏表现为脆性断裂失效，具有抗拉强度 σ_b。

同一材料在不同环境及加载条件下也表现出对失效的不同抗力。常温、静载条件下，带有环形深切槽的圆柱形低碳钢试件受拉时，不再出现塑性变形，而沿切槽根部发生脆断，切槽导致的应力集中使根部附近出现两向和三向拉伸型应力状态。常温、静载条件下，圆柱形铸铁试件受压时，不再出现脆性断口，而出现类似的塑性变形，此时材料处于压缩型应力状态。常温、静载条件下，圆柱形大理石试件受轴向压力和侧向压力作用下发生明显的塑性变形，此时材料处于三向压缩应力状态下。

根据常温静力拉伸和压缩试验，已建立起单向应力状态下的弹性失效准则，考虑安全因数后，其强度条件为 $\sigma \leqslant [\sigma]$。根据薄壁圆筒扭转实验，可建立起纯切应力状态下的弹性失效准则，考虑安全因数后，强度条件为 $\tau \leqslant [\tau]$。对于复杂应力状态，二向与三向实验比较复杂，而且由于技术上的困难和工作的繁重，往往是难以实现的。所以经常是依据部分实验结果，经过推理，提出一些假说，推测材料的失效原因，从而建立强度条件。

建立常温、静载、一般复杂应力状态下的弹性失效准则——强度理论，其基本思想是：

(1) 确认引起材料失效存在共同的力学原因，提出关于这一共同力学原因的假设；

(2) 根据实验室中标准试件在简单受力情况下的破坏实验(如拉伸)，建立起材料在复杂应力状态下共同遵循的弹性失效准则和强度条件。

(3) 实际上，当前工程上常用的经典强度理论都按脆性断裂和塑性屈服两类失效形式，分别提出共同力学原因的假设。

13.7.2 关于脆性断裂的强度理论

1. 最大拉应力准则(第一强度理论)

基本观点：材料中的最大拉应力达到材料单向拉伸的极限应力时 σ_u，即产生脆性断裂。

表达式
$$\sigma_{tmax} = \sigma_u$$

复杂应力状态
$$\sigma_1 \geqslant \sigma_2 \geqslant \sigma_3 \text{(当 } \sigma_1 > 0 \text{，} \sigma_{tmax} = \sigma_1 \text{)}$$

简单拉伸破坏试验中材料的极限应力
$$\sigma_1 = \sigma_u = \sigma_b, \quad \sigma_2 = \sigma_3 = 0$$

最大拉应力脆断准则
$$\sigma_{r1} = \sigma_1 = \sigma_b, \quad [\sigma] = \frac{\sigma_b}{n_b}$$

相应的强度条件
$$\sigma_1 \leqslant [\sigma] \tag{13-13}$$

式中，σ_{r1} 为第一强度理论的相当应力。

适用范围：虽然只突出 σ_1 而未考虑 σ_2、σ_3 的影响，它与铸铁、工业陶瓷等多数脆性材料的实验结果较符合。特别适用于拉伸型应力状态(如 $\sigma_1 \geqslant \sigma_2 > \sigma_3 = 0$)，混合型应力状态中拉应力占优者($\sigma_1 > 0$，$\sigma_3 < 0$，但 $|\sigma_1| > |\sigma_3|$)。

2. 最大伸长线应变准则(第二强度理论)

基本观点：材料中最大伸长线应变达到材料的脆断伸长线应变 ε_u 时，即产生脆性断裂。

表达式
$$\varepsilon_{tmax} = \varepsilon_u$$

复杂应力状态
$$\varepsilon_1 \geqslant \varepsilon_2 \geqslant \varepsilon_3 \text{(当 } \varepsilon_1 > 0 \text{，} \varepsilon_1 \text{ 为最大伸长线应变，故有)}$$

故有
$$\varepsilon_{tmax} = \varepsilon_1 = \frac{1}{E}[\sigma_1 - \mu(\sigma_2 + \sigma_3)]$$

简单拉伸破坏试验中材料的脆断伸长线应变
$$\sigma_1 = \sigma_b, \quad \sigma_2 = \sigma_3 = 0, \quad \varepsilon_u = \varepsilon_b = \frac{\sigma_b}{E}$$

最大伸长线应变准则

$$\sigma_{r2} = \sigma_1 - \mu(\sigma_2 + \sigma_3) = \sigma_b$$

由于 $[\sigma] = \dfrac{\sigma_b}{n_b}$，相应的强度条件

$$\sigma_{r2} = \sigma_1 - \mu(\sigma_2 + \sigma_3) \leqslant [\sigma] \tag{13-14}$$

式中，σ_{r2} 为第二强度理论的相当应力。

适用范围：虽然考虑了 σ_2、σ_3 的影响，它只与石料、混凝土等少数脆性材料的实验结果较符合。铸铁在混合型压应力占优势状态下 ($\sigma_1 > 0$，$\sigma_3 < 0$，$|\sigma_1| < |\sigma_3|$) 的实验结果也较符合，但上述材料的脆断实验不支持本理论描写的 σ_2、σ_3 对材料强度的影响规律。

13.7.3 关于塑性屈服的强度理论

1. 最大切应力准则(第三强度理论)

基本观点：材料中的最大切应力达到该材料单向拉伸时的极限切应力 τ_u 时，即产生塑性屈服。

表达式

$$\tau_{\max} = \tau_u$$

复杂应力状态

$$\sigma_1 \geqslant \sigma_2 \geqslant \sigma_3, \quad \tau_{\max} = \tau_{13} = \dfrac{\sigma_1 - \sigma_3}{2}$$

简单拉伸屈服试验中的剪切抗力

$$\sigma_1 = \sigma_s, \quad \sigma_2 = \sigma_3 = 0, \quad \tau_u = \tau_s = \dfrac{\sigma_s}{2}$$

最大切应力屈服准则

$$\sigma_{r3} = \sigma_1 - \sigma_3 = \sigma_s \tag{13-15}$$

相应的强度条件

$$\sigma_{r3} = \sigma_1 - \sigma_3 \leqslant [\sigma] = \dfrac{\sigma_s}{n_s} \tag{13-16}$$

式中，σ_{r3} 为第三强度理论的相当应力。

适用范围：虽然只考虑了 σ_1、σ_3，而未考虑其 σ_2 的影响，但与低碳钢、铜、软铝等塑性较好材料的屈服试验结果符合较好；并可用于像硬铝那样塑性变形较小，无缩颈材料的剪切破坏。

2. 形状改变比能准则(第四强度理论)

基本观点：材料中形状改变比能 u_f 达到该材料单向拉压时形状改变比能的临界值 $(u_f)_u$ 时，即产生塑性屈服。

表达式

$$u_f = (u_f)_u$$

复杂应力状态

$$\sigma_1 \geqslant \sigma_2 \geqslant \sigma_3$$

有关推导表明

$$u_f = \frac{1+\mu}{6E}\left[(\sigma_1-\sigma_2)^2 + (\sigma_2-\sigma_3)^2 + (\sigma_3-\sigma_1)^2\right]$$

简单拉伸屈服试验中的相应临界值

$$\sigma_1 = \sigma_s,\quad \sigma_2 = \sigma_3 = 0,\quad (u_f)_u = \frac{1+\mu}{6E}\cdot 2\sigma_s^2$$

形状改变比能准则

$$\sigma_{r4} = \sqrt{\frac{1}{2}\left[(\sigma_1-\sigma_2)^2 + (\sigma_2-\sigma_3)^2 + (\sigma_3-\sigma_1)^2\right]} = \sigma_s$$

由于 $[\sigma] = \dfrac{\sigma_s}{n_s}$,应的强度条件

$$\sigma_{r4} = \sqrt{\frac{1}{2}\left[(\sigma_1-\sigma_2)^2 + (\sigma_2-\sigma_3)^2 + (\sigma_3-\sigma_1)^2\right]} \leqslant [\sigma] \tag{13-17}$$

式中,σ_{r4} 为第四强度理论的相当应力。

适用范围:塑性较好材料的试验结果比第三强度理论符合得更好。此准则也称为米泽斯(Mises)屈服准则。

由于机械、动力行业遇到的载荷往往较不稳定,因而较多地采用偏于安全的第三强度理论;土建行业的载荷往往较为稳定,因而较多地采用第四强度理论。

13.7.4 强度理论的选用原则

(1) 对于常温、静载、常见应力状态下通常的塑性材料,如低碳钢,其弹性失效状态为塑性屈服;通常的脆性材料,如铸铁,其弹性失效状态为脆性断裂,因而可根据材料来选用强度理论。

塑性材料 { 第三强度理论——可进行偏保守(安全)设计。

第四强度理论——可用于更精确设计,要求对材料强度指标,载荷计算较有把握。

脆性材料 { 第一强度理论——用于拉伸型和拉应力占优的混合型应力状态。

第二强度理论——仅用于石料、混凝土等少数材料。

(2) 对于常温、静载但具有某些特殊应力状态的情况下,不能只看材料,还必须考虑应力状态对材料弹性失效状态的影响,根据所处失效状态选取强度理论。

① 塑性材料(如低碳钢)在三向拉伸应力状态下呈脆断破坏,应选用第一强度理论,但此时的失效应力应通过能造成材料脆断的试验获得。

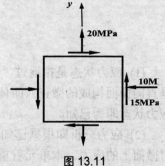

图 13.11

② 脆性材料(如大理石)在三向压缩应力状态下呈塑性屈服失效状态，应选用第三、第四强度理论，但此时的失效应力应通过能造成材料屈服的试验获得。

【例 13.4】 一灰铸铁构件危险点处的应力如图 13.11 所示，若许用拉应力 $[\sigma_t]=30\,\text{MPa}$，试校核其强度。

解： x 与 y 截面的应力分别为
$$\sigma_x=-10\,\text{MPa}，\tau_x=-15\,\text{MPa}，\sigma_y=20\,\text{MPa}$$

代入式(13-5)可得
$$\left.\begin{array}{l}\sigma_{\max}\\\sigma_{\min}\end{array}\right\}=\frac{-10\,\text{MPa}+20\,\text{MPa}}{2}\pm\sqrt{\left(\frac{-10\,\text{MPa}-20\,\text{MPa}}{2}\right)^2+(-15\,\text{MPa})^2}$$
$$=\begin{cases}26.2\,\text{MPa}\\-16.2\,\text{MPa}\end{cases}$$

即主应力为
$$\sigma_1=26.2\,\text{MPa}，\sigma_2=0，\sigma_3=-16.2\,\text{MPa}$$

上式表明，主应力 σ_3 虽为压应力，但绝对值小于主应力 σ_1，所以可采用第一强度理论来校核强度。由于
$$\sigma_1<[\sigma_1]$$

故构件强度可以满足要求。

【例 13.5】 某构件内某处的应力状态如图 13.12 所示，试分别根据第三、第四强度理论建立相应的强度条件。

解： 该单元体的最大正应力与最小正应力分别为
$$\left.\begin{array}{l}\sigma_{\max}\\\sigma_{\min}\end{array}\right\}=\frac{1}{2}(\sigma\pm\sqrt{\sigma^2+4\tau^2})$$

相应的主应力为
$$\left.\begin{array}{l}\sigma_1\\\sigma_3\end{array}\right\}=\frac{1}{2}(\sigma\pm\sqrt{\sigma^2+4\tau^2})，\sigma_2=0$$

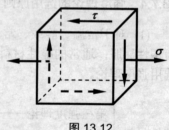

图 13.12

根据第三强度理论，可得
$$\sigma_{r3}=\sqrt{\sigma^2+4\tau^2}\leqslant[\sigma]$$

根据第四强度理论，可得
$$\sigma_{r4}=\sqrt{\sigma^2+3\tau^2}\leqslant[\sigma]$$

小　结

(1) 应力状态是指通过"一点"不同截面上的应力情况，它可以用围绕该点三对相互垂直的微面构成的微正六面体来表示，如果作用于三对微面上的应力分量已知，则该点的应力状态即为已知。

(2) 应力分析即根据已知应力状态求解任意指定斜截面上应力及相应方位微元体的三对微面上的应力。本单元着重对平面一般应力状态作应力分析，其基本方法为截面法，利

用平衡条件可求得平行 z 轴且与 x 轴成 α 倾角的斜截面上应力表达式

$$\sigma_\alpha = \frac{1}{2}(\sigma_x + \sigma_y) + \frac{1}{2}(\sigma_x - \sigma_y)\cos 2\alpha - \tau_{xy}\sin 2\alpha \tag{a}$$

$$\tau_\alpha = \frac{1}{2}(\sigma_x - \sigma_y)\sin 2\alpha + \tau_{xy}\cos 2\alpha \tag{b}$$

(3) 主应力即正应力极值，或切应力为零的微面上的正应力，平面一般应力状态一般有两个非零主应力

$$\left.\begin{matrix}\sigma_{\max}\\ \sigma_{\min}\end{matrix}\right\} = \frac{1}{2}(\sigma_x + \sigma_y) \pm \frac{1}{2}\sqrt{(\sigma_x - \sigma_y)^2 + 4\tau_{xy}^2}$$

位于与 x 面成 α_0、$\alpha_0 + 90°$ 倾角的两个主平面上

$$\tan 2\alpha_0 = -\frac{2\tau_{xy}}{\sigma_x - \sigma_y}$$

主切应力即切应力极值。两个主切应力大小相等，方向相反，即遵守切应力互等定理，并且大小等于两个主应力之差的一半，有

$$\left.\begin{matrix}\tau_{\max}\\ \tau_{\min}\end{matrix}\right\} = \pm\frac{1}{2}\sqrt{(\sigma_x - \sigma_y)^2 + 4\tau_{xy}^2} = \pm\frac{1}{2}(\sigma_{\max} - \sigma_{\min})$$

其作用面与主平面成 $\pm 45°$。

(4) 应力分析除了上述解析法外，图解法(应力圆法)也非常简洁方便。正确掌握单元体上的"面"与应力圆上的"点"的对应关系是应用应力圆法求解指定截面上应力的关键。

(5) 空间一般应力状态具有三个非零主应力 $\sigma_1 \geqslant \sigma_2 \geqslant \sigma_3$。约定：三个主应力按代数值从大到小排列。

(6) 广义胡克定律描述线弹性材料在弹性范围内，小变形条件下的应力分量与应变分量的关系。对于各向同性材料，主应变用主应力形式的表达式为

$$\varepsilon_1 = \frac{1}{E}\left[\sigma_1 - \mu(\sigma_2 + \sigma_3)\right]$$

$$\varepsilon_2 = \frac{1}{E}\left[\sigma_2 - \mu(\sigma_3 + \sigma_1)\right]$$

$$\varepsilon_3 = \frac{1}{E}\left[\sigma_3 - \mu(\sigma_1 + \sigma_2)\right]$$

(7) 强度理论(弹性失效准则)提出引起材料"破坏"(弹性失效)的共同力学原因的假设，通过实验室中标准试件在简单受力(如简单拉伸)情况下的破坏试验，建立材料在各种复杂应力状态下共同遵循的失效准则。考虑安全因数后可进而建立起不同受力形式下构件的强度条件。

(8) 四个经典强度理论中，第一、第二理论针对脆性断裂分别提出最大拉应力和最大拉应变为引起材料脆断的共同原因。

第一强度理论表达为

破坏条件： $\sigma_{r1} = \sigma_1 = \sigma_b$

强度条件： $\sigma_{r1} = \sigma_1 \leqslant [\sigma]$

第二强度理论表达为

破坏条件：$$\sigma_{r2}=\sigma_1-\mu(\sigma_2+\sigma_3)=\sigma_b$$
强度条件：$$\sigma_{r2}=\sigma_1-\mu(\sigma_2+\sigma_3)\leqslant[\sigma]$$

第三强度理论表达为

破坏条件：$$\sigma_{r3}=\sigma_1-\sigma_3=\sigma_s$$
强度条件：$$\sigma_{r3}=\sigma_1-\sigma_3\leqslant[\sigma]$$

第四强度理论表达为

破坏条件：$$\sigma_{r4}=\sqrt{\frac{1}{2}\left[(\sigma_1-\sigma_2)^2+(\sigma_2-\sigma_3)^2+(\sigma_3-\sigma_1)^2\right]}=\sigma_s$$

强度条件：$$\sigma_{r4}=\sqrt{\frac{1}{2}\left[(\sigma_1-\sigma_2)^2+(\sigma_2-\sigma_3)^2+(\sigma_3-\sigma_1)^2\right]}\leqslant[\sigma]$$

思 考 题

13-1 何谓一点处的应力状态？何谓平面应力状态？

13-2 平面应力状态任一斜截面的应力公式是如何建立的？关于应力与方位角的正负符号有何规定？如果应力超出弹性范围，或材料为各向异性材料，上述公式是否仍可用？

13-3 如何画应力圆？如何利用应力圆确定平面应力状态任一斜截面的应力？如何确定最大正应力与最大切应力？

13-4 何谓主平面？何谓主应力？如何确定主应力的大小与方位？

13-5 何谓单向、二向与三向应力状态？何谓复杂应力状态？二向应力状态与平面应力状态的含义是否相同？

13-6 如何确定纯剪切状态的最大正应力与最大切应力？并说明扭转破坏形式与应力间的关系。与轴向拉压破坏相比，它们之间有何共同之点？

13-7 如何画三向应力圆？如何确定最大正应力与最大切应力？

13-8 目前四种常用强度理论的基本观点是什么？如何建立相应的强度条件？各适用于何种情况？

13-9 强度理论是否只适用于复杂应力状态，不适用于单向应力状态？

13-10 当材料处于单向与纯剪切的组合应力状态时，如何建立相应强度条件？

13-11 如何确定塑性与脆性材料在纯剪切时的许用应力？

13-12 当圆轴处于弯扭组合及弯拉(压)扭组合变形时，横截面上存在哪些内力？应力如何分布？危险点处于何种应力状态？如何根据强度理论建立相应的强度条件？

13-13 如何建立薄壁圆筒受内压时的周向与轴向正应力公式？应用条件是什么？如何建立相应强度条件？

13-14 当矩形截面杆处于双向弯曲、轴向拉压与扭转组合变形时，危险点位于何处？如何计算危险点处的应力并建立相应的强度条件？

习 题

13-1 何谓单向应力状态和二向应力状态？圆轴受扭时，轴表面各点处于何种应力状态？梁受横力弯曲时，梁顶、梁底以及其他各点处于何种应力状态？

13-2 构件受力如图所示。
(1) 确定危险点的位置；
(2) 用单元体表示危险点的应力状态。

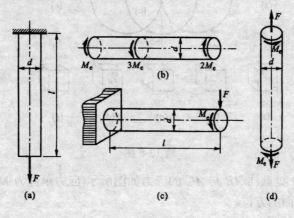

题 13-2 图

13-3 如图所示的应力状态中，试用解析法求出指定斜截面上的应力，并画在单元体上(应力的单位为 MPa)。

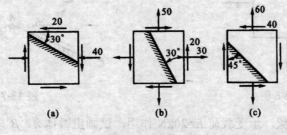

题 13-3 图

13-4 如图所示的应力状态中，试用图解法求出指定斜截面上的应力(应力的单位为 MPa)。

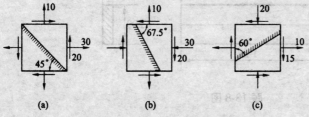

题 13-4 图

13-5 如图所示五个平面应力状态的应力圆，试在主平面微体上画出相应主应力，并注明数值。

13-6 如图所示双向拉伸应力状态，应力 $\sigma_x = \sigma_y = \sigma$，试证明任意斜截面上的正应力均等于 σ，而切应力则为零。

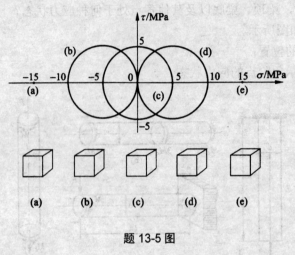

题 13-5 图

13-7 已知某点 A 处截面 AB 与 AC 的应力如图所示(应力单位为 MPa)，试用图解法求主应力大小及所在截面的方位。

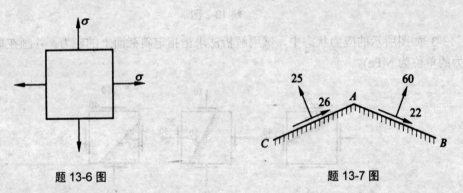

题 13-6 图　　　　　　　题 13-7 图

13-8 图所示悬臂梁，承受载荷 $F=20\text{kN}$ 作用，试画出微体 A、B 与 C 的应力图，并确定主应力的大小及方位。

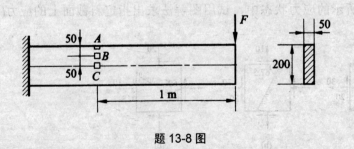

题 13-8 图

13-9 已知应力状态如图所示，图中应力单位皆为 MPa。试用解析法及图解法求：
(1) 主应力大小，主平面位置；

(2) 在单元体上绘出主平面位置及主应力方向；

(3) 切应力极值。

13-10 如图所示，已知矩形截面梁某截面上的弯矩及剪切力分别为 $M=10$kN·m，$F_s=120$kN，试绘出截面上 1、2、3、4 各点应力状态的单元体，并求其主应力。

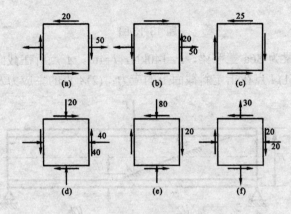

题 13-9 图

13-11 如图所示，锅炉直径 $D=1$m，壁厚 $t=10$mm，内受蒸汽压力 $p=3$ MPa 。试求：[注：$\sigma_1 = \dfrac{pD}{2t}$，$\sigma_2 = \dfrac{pD}{4t}$]

(1) 壁内主应力及切应力极值；

(2) 截斜面 ab 上的正应力及切应力。

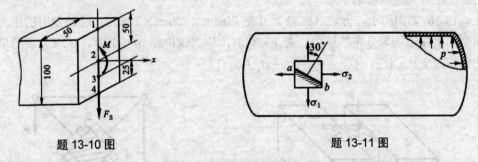

题 13-10 图　　　　题 13-11 图

13-12 试求如图所示各应力状态的主应力及最大切应力(应力单位为 MPa)。

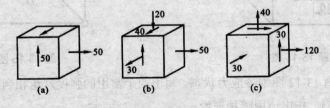

题 13-12 图

13-13. 薄壁圆筒的扭转-拉伸示意图如下。若 $P=20$kN，$T=600$N·m，且 $d=50$mm，$\delta=2$mm。试求：(1) A 点在指定斜截面上的应力。(2) A 点主应力的大小及方向，并用单元体表示。

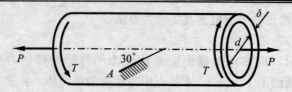

题 13-13 图

13-14 图示简支梁为 36a 工字梁，$P=140$kN，$l=4$m。A 点所在截面在 P 的左侧，且无限接近于 P。试求：(1)A 点在指定斜截面上的应力；(2)A 点的主应力及主平面位置。

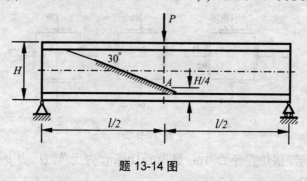

题 13-14 图

13-15 如图所示，在一体积较大的钢块上开一个贯穿的槽，其宽度和深度都是 10mm。在槽内紧密无隙地嵌入一铝质立方块，它的尺寸是 10mm×10mm×10mm。当铝块受到压力 $F=6$kN 的作用时，假设钢块不变形。铝的弹性模量 $E=70$GPa，$\mu=0.33$。试求铝块的三个主应力及相应的变形。

13-16 如图所示，方块 $ABCD$ 尺寸是 70mm×70mm×70mm，通过专用的压力机在其四个面上作用均匀分布的压力。若 $F=50$kN，$E=200$GPa，$\mu=0.30$，试求方块的单位体积的体积改变 θ。[注：$Q=\dfrac{1-3\mu}{E}(\sigma_1+\sigma_2+\sigma_3)$]

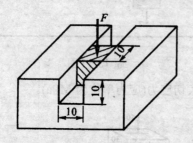

题 13-15 图

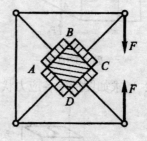

题 13-16 图

13-17 对于题 13-12 图中各应力状态，写出四个常用的强度理论相当应力。设 $\mu=0.3$。如果材料为中碳钢，指出该用哪种理论。

13-18 车轮与钢轨接触点处的主应力为 -1300MPa、-900MPa、-1100MPa。若 $[\sigma]=300\text{MPa}$,试对接触点作强度校核。

13-19 钢制圆柱形薄壁容器,直径为 1300mm,壁厚 $\delta=4\text{mm}$,$[\sigma]=120\text{MPa}$。试用强度理论确定可能承受的内压力 p。

13-20 已知脆性材料的许用拉应力 $[\sigma_t]=40\text{MPa}$ 与泊松比 μ,试根据第一强度理论与第二强度理论确定该材料纯剪切时的许用切应力 $[\tau]$。

13-21 试比较如图所示的正方形棱柱体在下列两种情况下的相当应力 σ_{r3},弹性常数 E 与 μ 均为已知。

(1) 棱柱体自由受压;

(2) 棱柱体在刚性方模中受压。

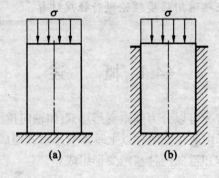

题 13-21 图

第 14 章 组合变形

教学提示：本章在基本变形和应力状态以及强度理论的基础上，来研究组合变形问题的强度问题。针对在工程实际中常遇到的组合变形问题，如拉伸或压缩与弯曲、弯曲与扭转的组合，来掌握利用叠加法解决组合变形问题的基本方法与步骤。

教学要求：学生通过对本章的学习，应该明确组合变形的概念，能够建立常见组合变形的强度条件，分析解决工程实际中组合变形杆件强度的计算问题。要求学生熟练掌握杆件组合变形计算的全部过程，包括：内力分析、作内力图、判断危险截面和危险点、作出危险点的原始单元体图、正确运用强度理论进行强度计算。

14.1 概 述

构件的变形根据受力情况可以分为基本变形形式(如轴向拉压、扭转、平面弯曲、剪切)和组合变形形式。组合变形由两种或两种以上基本变形形式组成。图 14.1 所示为压力机框架立柱的变形，便是由拉伸和弯曲两种基本变形组成。

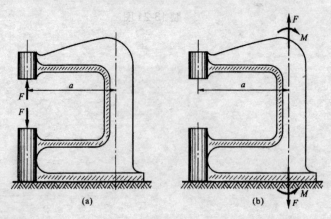

图 14.1

处理组合变形构件的内力、应力和变形(位移)问题时，主要运用基于叠加原理的叠加法。如果内力、应力、变形等与外力成线性关系，则在小变形条件下，复杂受力情况下组合变形构件的内力、应力、变形等力学响应可以分成几个基本变形单独受力情况下相应力学响应的叠加，且与各单独受力的加载次序无关。

运用叠加原理需要满足以下条件：

(1) 保证上述线性关系的条件是线弹性材料，加载在弹性范围内，即服从胡克定律；

(2) 必须是小变形，保证能按构件初始形状或尺寸进行分解与叠加计算，且能保证与加载次序无关。

因此，解决组合变形问题的主要步骤有：

(1) 将载荷按基本变形加载条件进行静力等效处理。

(2) 得到相应的几种基本变形形式，分析危险截面，分别计算危险截面上危险点的应力。

(3) 由叠加法得组合变形情况下，亦即原载荷作用下危险点的应力。

(4) 根据危险点的应力状态形式直接校核(简单应力状态)或选用强度理论进行校核(复杂应力状态)。

14.2 轴向拉伸或压缩与弯曲的组合

下面以图 14.2(a)所示起重机横梁 AB 为例来说明轴向拉压与弯曲的组合变形。受力简图如图 14.2(b)所示。吊重 $W=8kN$，AB 杆假设为材料为 $Q235$ 钢的 16 号工字钢，$[\sigma]=130MPa$。试校核强度。

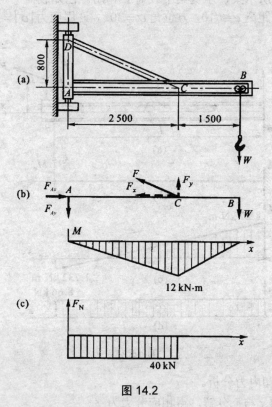

图 14.2

1. 将截荷分解，然后按照引起不同的基本变形进行分组

画出 AB 梁的受力分析图后，可以看到轴向力 F_x 和 F_{Ax} 引起轴向压缩变形；横向力 F_y 和 W、F_{Ay} 引起弯曲变形。AB 梁的变形是轴向压缩与弯曲的组合变形。

设 CD 杆的拉力为 F，由平衡方程 $\sum M_A=0$ 容易得到：$F=42KN$。

把 F 分解可得到：$F_x=40kN$，$F_y=12.8kN$。

2. 分析基本变形形式，分别计算危险截面上可能危险点的应力

根据基本变形形式的分组情况分别画出 AB 的弯矩图和轴力图，如图 14.2(c)所示。

AB 梁受到组合变形，综合弯矩图与轴力图分析可知 C 处为危险截面。危险点为 C 截面的下边缘处，分别为弯曲变形和轴向压缩变形最大的压应力所在。叠加后可得危险点的应力为(在 C 截面的下侧)

$$|\sigma_{max}| = \left| -\frac{F_N}{A} - \frac{M_{max}}{W} \right| = \left| -\frac{40 \times 10^3 \text{N}}{26.1 \times 10^{-4} \text{m}^2} - \frac{12 \times 10^3 \text{N} \cdot \text{m}}{141 \times 10^{-6} \text{m}^3} \right| 100.5 \times 10^{-6} \text{Pa} = 100.5 \text{MPa}$$

查表可得：16 号工字钢 $W = 141 \text{cm}^3$，$A = 26.1 \text{cm}^2$。

3. 危险点的应力为简单应力状态，直接校核

$$|\sigma_{max}| = 100.5 \text{MPa} < [\sigma]$$

所以强度满足。

【例 14.1】 如图 14.3 所示梁，承受集中载荷 F 作用。已知载荷 $F = 10 \text{kN}$，梁长 $l = 2\text{m}$，载荷作用点与梁的轴线距离 $e = l/10$，方位角 $\alpha = 30°$，许用应力 $[\sigma] = 160 \text{MPa}$。试选择一工字钢型号。

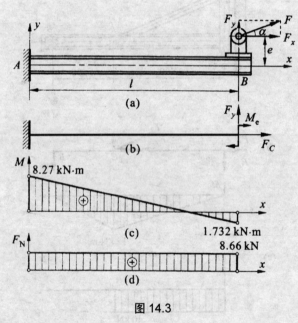

图 14.3

解：(1) 梁的受力分析和内力分析。

将载荷 F 沿坐标轴 x 与 y 分解，得相应分力为

$$F_x = F \cos 30° = (10 \times 10^3 \text{N}) \cos 30° = 8.66 \times 10^3 \text{N}$$

$$F_y = F \sin 30° = (10 \times 10^3 \text{N}) \sin 30° = 5.00 \times 10^3 \text{N}$$

然后，将 F_x 平移到梁的轴线上，得轴向力 $F_c = F_x$ 与作用在截面 B 的附加力偶，其矩为

$$M_e = F_x e = \frac{(8.66 \times 10^3 \text{N})(2\text{m})}{10} = 1.732 \times 10^3 \text{N} \cdot \text{m}$$

在横向力 F_y 与力偶矩 M_e 作用下，梁产生弯曲变形；在轴向力 F_x 作用下，轴向受拉。

梁的弯矩与轴力图分别如图 14.3(c)与图 14.3(d)所示。

(2) 梁的截面设计。

梁处于弯拉组合变形状态，横截面 A 为危险面，最大正应力为

$$\sigma_{\max} = \sigma_N + \sigma_{m\max} = \frac{F_x}{A} + \frac{M_A}{W_z}$$

因而强度条件为

$$\frac{F_x}{A} + \frac{M_A}{W_z} \leqslant [\sigma]$$

在上式中，包含截面面积 A 与抗弯截面系数 W_z 两个未知量，而对于工字钢截面，由于二者间不存在确定的函数关系，因此，由上式尚不能确定未知量。

考虑到最大弯曲正应力一般均大于或远大于轴向拉伸应力，首先按弯曲强度选择工字钢型号，然后再按弯拉组合受力校核其强度，并根据需要进一步修改设计。

在不考虑轴向拉力 σ_N 的情况下，梁的强度条件为

$$W_z \geqslant \frac{M_A}{[\sigma]} = \frac{8.27 \times 10^3 \mathrm{N \cdot m}}{160 \times 10^6 \mathrm{Pa}} = 5.17 \times 10^{-5} \mathrm{m}^3$$

由型钢表中查得，№.12.6 工字钢的抗弯截面系数 $W_z = 7.75 \times 10^{-5} \mathrm{m}^3$，截面面积 $A = 1.81 \times 10^{-3} \mathrm{m}^2$，因此，如果选择№.12.6 工字钢做梁，则得截面的最大正应力为

$$\sigma_{\max} = \frac{8.66 \times 10^3 \mathrm{N}}{1.81 \times 10^{-3} \mathrm{m}^2} + \frac{8.27 \times 10^3 \mathrm{N \cdot m}}{7.75 \times 10^{-5} \mathrm{m}^3} = 1.115 \times 10^8 \mathrm{Pa} = 111.5 \mathrm{MPa} < [\sigma]$$

选择№.12.6 工字钢作为梁的材料满足强度要求。

14.3 偏心压缩和截面核心

1. 偏心压缩

如图 14.4 所示，杆件上的压力与轴线平行但并不与轴线重合时，即为偏心压缩。

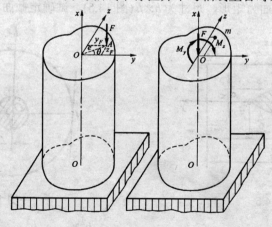

图 14.4

可以用上述载荷处理法，将作用于点 $A(y_F, z_F)$ 的偏心载荷 F 向构件轴线(或端面形心

O)平移,得到相应于中心压缩和两个平面弯曲的外载荷。现直接用截面法(内力处理法)。如图 14.3 所示,端面上偏心压缩力 F 在横截面上产生的内力分量为

$$N=F, \quad M_y=Fz_F, \quad M_z=Fy_F$$

在任意横截面上,$m(y, z)$ 的正应力为压应力和两个平面弯曲(分别绕 y 和 z 轴)正应力的叠加:

$$\sigma = -\frac{F}{A} - \frac{Fz_F z}{I_y} - \frac{Fy_F y}{I_z}$$

可见,截面上离中性轴最远的点有最大压应力(或最大拉应力)。

2. 中性轴位置和截面核心

让上式中 $\sigma = 0$,并定义截面惯性半径 $i_y = \sqrt{\frac{I_y}{A}}$,$i_z = \sqrt{\frac{I_z}{A}}$。设中性轴上任意点坐标为 (y_o, z_o)。则由上式得

$$1 + \frac{z_F z_o}{i_y^2} + \frac{y_F y_o}{i_z^2} = 0$$

这是一不通过形心 O 的中性轴方程(直线方程)。它在 y 轴和 z 轴上截距分别为

$$y_{ot} = -\frac{i_z^2}{y_F}, \quad z_{ot} = -\frac{i_y^2}{z_F}$$

对于混凝土、大理石等抗拉能力比抗压能力小得多的材料,设计时不希望偏心压缩在构件中产生拉应力。满足这一条件的压缩载荷的偏心距 y_p、z_p 应控制在横截面中一定范围内(使中性轴不会与截面相割,最多只能与截面周线相切或重合),有

$$y_p = -\frac{i_z^2}{y_{ot}}, \quad z_p = -\frac{i_y^2}{z_{ot}}$$

横截面上存在的这一范围称为截面核心,它由偏心距轨迹线围成。式中 y_{ot}、z_{ot} 现为横截面周边(轮廓线)上一点的坐标。

【例 14.2】 短柱的截面为矩形,尺寸为 $b \times h$(图 14.5)。试确定截面核心。

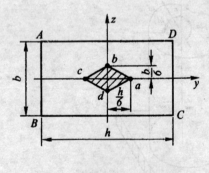

图 14.5

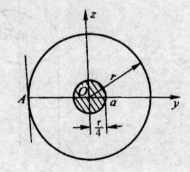

图 14.6

解:对称轴 y、z 即为截面图形的形心主惯性轴,$i_y^2 = \frac{b^2}{12}$,$i_z^2 = \frac{h^2}{12}$。设中性轴与 AB 边重合,则它在坐标轴上截距为

第14章 组合变形

$$y_{ot} = -\frac{h}{2}, \quad z_{ot} = \infty$$

于是偏心压力 F 的偏心距为

$$y_F = -\frac{i_z^2}{y_{ot}} = \frac{h}{6}, \quad z_F = -\frac{i_y^2}{z_{ot}} = 0$$

即图 14.5 中的 a 点。同理若中性轴为 BC 边，相应为 b 点，$b(0, \frac{b}{6})$。其余类推，由于中性轴方程为直线方程，最后可得图 14.5 中矩形截面的截面核心为 $abcd$(阴影线所示)。

读者可证图 14.6 所示半径为 r 的圆截面短柱，其截面核心为半径为 $y_p = \frac{r}{4}$ 的圆形。

14.4 扭转与弯曲的组合

扭转与弯曲的组合变形是机械工程中最常见的情况。现以图 14.7(a)所示传动轴为例，说明杆件在扭弯组合变形下的强度计算。

1. 外部载荷分析

轴的左端用联轴器与电机轴联结，根据轴所传递的功率 P 和转速 n，可以求得经联轴器传给轴的力矩 M_e。此外，作用于直齿圆柱齿轮上的啮合力可以分解为圆周力 F 和径向力 F_r。圆周力 F 向轴线简化后，得到作用于轴线上的横向力 F 和力矩 $FD/2$。由平衡方程 $\sum M_x = 0$ 可知：

$$\frac{FD}{2} = M_e$$

传动轴的计算简图如图 14.7(c)所示。力矩 M_e 和 $FD/2$ 引起传动轴的扭转变形；而横向力 F 和径向力 F_r 引起轴在水平面和垂直面内的弯曲变形。

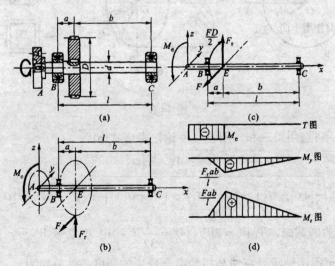

图 14.7

2. 内力图与危险截面分析

根据轴的计算简图，分别作出轴的扭矩 T 图。垂直平面 M_y 和水平面内 M_z 的弯矩图，如图 14.7(d)所示。

轴在 AE 段上，扭矩皆相等，但在截面 E 处，两个面上的弯矩 M_y 和 M_z 都为极值，故危险截面为截面 E，其上的内力矩为

$$T = M_e = \frac{FD}{2}, \qquad M_{y\max} = \frac{F_r ab}{l}, \qquad M_{z\max} = \frac{Fab}{l}$$

如图 14.8(a)所示，对圆截面轴，通过圆心(形心)的任意方向的轴均为对称轴，因而合力矩 $M = \sqrt{M_y^2 + M_z^2}$ 作用轴即中性轴，在 M 作用下圆轴产生平面弯曲。

3. 应力分析与强度校核

M 作用下圆轴产生正应力 σ，在 D_1 点和 D_2 点处为极值；在扭矩 T 作用下圆轴产生切应力 τ，在边缘处达到极值，故 D_1 和 D_2 是危险点。应力分布如图 14.8(b)所示，应力极值分别为

$$\sigma = \frac{M}{W} = \frac{\sqrt{M_y^2 + M_z^2}}{W}, \quad \tau = \frac{T}{W_p} \tag{a}$$

危险点 D_1 和 D_2 应力状态如图 14.8(c)所示，可以看出，两点均为二向应力状态。如果选用塑性材料，只需要校核一点的强度就可以了。D_1 点的主应力为

$$\sigma_{1,3} = \frac{\sigma}{2} \pm \sqrt{\left(\frac{\sigma}{2}\right)^2 + \tau^2}, \quad \sigma_2 = 0 \tag{b}$$

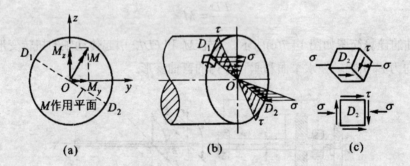

图 14.8

对塑性材料，可选用第三和第四强度理论，考虑式(b)后

$$\sigma_1 - \sigma_3 = \sqrt{\sigma^2 + 4\tau^2} \leqslant [\sigma] \tag{c}$$

$$\sqrt{\frac{1}{2}\left[(\sigma_1-\sigma_2)^2 + (\sigma_2-\sigma_3)^2 + (\sigma_3-\sigma_1)^2\right]} = \sqrt{\sigma^2 + 3\tau^2} \leqslant [\sigma] \tag{d}$$

对直径为 d 的圆截面，有 $W_p = 2W$，$W = \frac{\pi}{32}d^3$，用 W 替换 W_p 后，把式(a)分别代入式(c)与式(d)中，可得圆轴承受弯曲与扭转组合变形的强度条件分别为

$$\sigma_{r3} = \frac{1}{W}\sqrt{M^2 + T^2} \leqslant [\sigma]$$

$$\sigma_{r4} = \frac{1}{W}\sqrt{M^2 + 0.75T^2} \leqslant [\sigma]$$

这里 M 为危险截面上 M_y，M_z 和合弯矩即 $M = \sqrt{M_x^2 + M_y^2}$

【例 14.3】 齿轮轴 AB 如图 14.9(a)所示。已知轴的转速 n=966r/min，输入功率 P=2.2kW，带轮的直径 D=132mm，皮带拉力约为 $F+F'$=600N。齿轮 E 节圆直径为 d_1=50mm，压力角 $\alpha = 20°$，轴的直径 d=35mm，材料为 45 钢，许用应力$[\sigma]$=80MPa。试校核轴的强度。

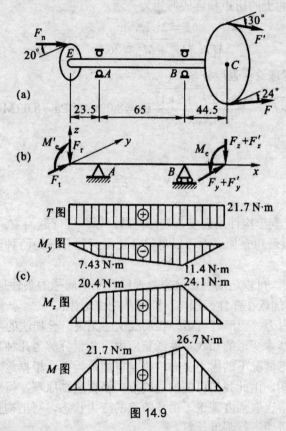

图 14.9

解：(1) 轴的外力分析。

皮带轮传递给轴的扭转力矩为

$$M_e = 9549\frac{N}{n} = 9549 \cdot \frac{2.2}{966}\text{N·m} = 21.7\text{N·m}$$

力矩 M_e 是通过皮带拉力传送，应有

$$(F - F')\frac{D}{2} = M_e \Rightarrow \begin{cases} F - F' = 329\text{N} \\ F + F' = 600\text{N} \end{cases}$$

可以得到：F=465N，F'=135N。

齿轮上法向力 F_n 对轴线的力矩与皮带轮上的扭转力矩相等，可得

$$F_n = \frac{2M_e}{d_1 \cos 20°} = 925\text{N}$$

(2) 依据基本变形形式将载荷分组。

载荷将齿轮上的法向力和皮带轮的拉力向轴线简化。简化后得到 M'_e 和 M_e，大小相等，方向相反，引起轴的扭转变形。

向 x 轴简化后，作用于轴线上的横向力 F_n、F、F' 引起轴的弯曲变形。把这些横向力都分解成平行于 y 轴和 z 轴的分量，并表示于图 14.9(b)中。

然后作出扭矩图和两个互垂平面内的弯矩图，如图 14.9(c)所示。依据内力图可知危险截面为 B 截面。该截面上的扭矩和合成弯矩为

$$T = 21.7\text{N}\cdot\text{m},$$
$$M = \sqrt{M_y^2 + M_z^2} = 26.7\text{N}\cdot\text{m}$$

(3) 采用第三强度理论作强度校核

$$\frac{1}{W}\sqrt{M^2 + T^2} = \frac{32\sqrt{26.7^2 + 21.1^2}}{3.14 \times 0.035^3}\text{Pa} = 8.09 \times 10^6 \text{Pa} = 8.09\text{MPa} < [\sigma]$$

故强度满足要求。

小　　结

(1) 本章处理组合变形构件的强度和变形问题，以强度问题为主。

(2) 按照圣维南原理和叠加原理可以将组合变形问题分解为两种以上的基本变形问题来处理。

(3) 根据叠加原理，可以运用叠加法来处理组合变形问题的条件是：

① 线弹性材料，加载在弹性范围内，即服从胡克定律；

② 小变形，保证内力、变形等与诸外载加载次序无关。叠加法的主要步骤为：

● 将组合变形按基本变形的加载条件或相应内力分量分解为几种基本变形。

● 根据各基本变形情况下的内力分布，确定可能危险面；根据危险面上相应内力分量画出应力分布图，由此找出可能的危险点；根据叠加原理，得出危险点应力状态。

● 根据构件的材料选取强度理论，由危险点的应力状态，写出构件在组合变形情况下的强度条件，进而进行强度计算。

(4) 典型的组合变形问题：

① 拉伸(或压缩)与弯曲的组合。此时的弯曲可以是一个平面内的平面弯曲，也可以是两个平面内的平面弯曲组合成斜弯曲，与拉伸(或压缩)组合以后危险点的应力状态仍为单向应力状态，因此只是在写危险点 σ_{max} 时，在前文①的基础上再叠加上拉伸(或压缩)应力。此类问题的特点是中性轴不再通过截面形心。对于混凝土这类抗拉强度大大低于抗压强度的脆性材料制成的偏心压缩构件(如短柱)，强度设计时往往考虑截面核心问题。

② 弯曲与扭转的组合。工程上常见的有圆轴往往不是细长杆！因为受力较复杂，分析危险面时，应画出弯矩图与扭矩图；分析危险点时，应画出相应的应力分布图；分析强度条件时应根据材料和危险点应力状态。对于圆轴，最后的强度条件可以按危险面上的内力分量得出，如钢材，可按第三强度理论

$$\sigma_{r3} = \frac{\sqrt{M_y^2 + M_z^2 + T^2}}{W} \leqslant [\sigma]$$

按第四强度理论

$$\sigma_{r4} = \frac{\sqrt{M_y^2 + M_z^2 + 0.75T^2}}{W} \leqslant [\sigma]$$

思 考 题

14-1 强度理论是否只适用于复杂应力状态，不适用于单向应力状态？

14-2 当材料处于单向与纯剪切的组合应力状态时，如何建立相应强度条件？

14-3 如何确定塑性与脆性材料在纯剪切时的许用应力？

14-4 当圆轴处于弯扭组合及弯拉(压)扭组合变形时，横截面上存在哪些内力？应力如何分布？危险点处于何种应力状态？如何根据强度理论建立相应的强度条件？

14-5 如何建立薄壁圆筒受内压时的周向与轴向正应力公式？应用条件是什么？如何建立相应强度条件？

14-6 当矩形截面杆处于双向弯曲、轴向拉压与扭转组合变形时，危险点位于何处？如何计算危险点处的应力并建立相应的强度条件？

习　题

14-1　人字架及承受的载荷如图所示。已知 $z_c = 0.125\text{m}$，$A = 0.04\text{m}^2$，$I_y = 308.3 \times 10^{-6}\text{m}^4$ 试求截面 I—I 上的最大正应力和 A 点的正应力。

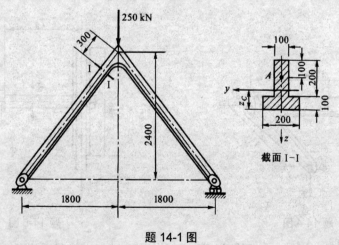

题 14-1 图

14-2　悬臂吊如图所示，起重量(包括电葫芦)W=30kN，横梁 AC 为工字钢，许用应力 $[\sigma]$=140MPa。试选择工字钢的型号(可近似按 G 行至梁中点位置计算)。

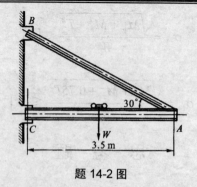

题 14-2 图

14-3 如图所示外伸梁，承受载荷 $F=130\text{kN}$ 作用，许用应力 $[\sigma]=170\text{MPa}$，试校核梁的强度。如果危险点处于复杂应力状态，按第三强度理论进行校核。

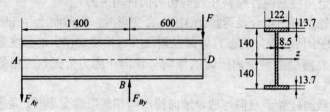

题 14-3 图

14-4 如图所示钢质拐轴，承受铅垂载荷 F 作用，试按第三强度理论确定轴 AB 的直径。已知载荷 $F=1\text{kN}$，许用应力 $[\sigma]=160\text{MPa}$。

14-5 如图所示传动轴，转速 $n=110\text{r/min}$，传递功率 $P=11\text{kW}$，胶带的紧边张力为其松边张力的 3 倍。若轴的许用应力 $[\sigma]=70\text{MPa}$，试按第三强度理论确定该传动轴外伸段的许可长度 l。

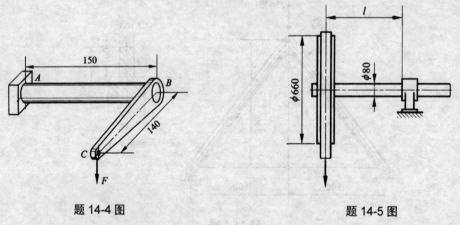

题 14-4 图　　　　　　　　题 14-5 图

14-6 如图所示曲柄轴，承受载荷 $F=10\text{kN}$ 作用。试问当载荷方位角 θ 为何值时，对截面 $A—A$ 的强度最为不利，并求相应的相当应力 σ_{r3}。

14-7 材料为灰铸铁 HT150 的压力机框架，如图所示。已知：$A=4.2\times10^3\text{mm}^2$，$Z_1=59.5\text{mm}$，$I_y=4.9\times10^6\text{mm}^4$，许用拉应力为 $[\sigma_t]=30\text{MPa}$，许用压应力为 $[\sigma_c]=80\text{MPa}$。试校核框架立柱的强度。

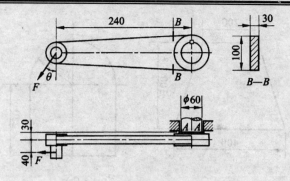

题 14-6 图

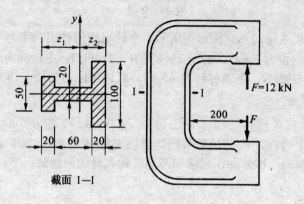

题 14-7 图

14-8 一手摇绞车如图所示。已知轴的直径 $d=25\text{mm}$，材料为 Q235 钢，其许用应力 $[\sigma]=80\text{MPa}$。试按第四强度理论求绞车的最大起吊重量 W。

14-9 如图所示短柱受载荷 F_1 和 F_2 的作用，试求固定端截面上角点 A、B、C 及 D 的正应力，并确定其中性轴的位置。

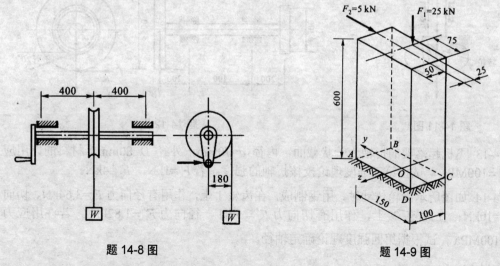

题 14-8 图　　　　　　题 14-9 图

14-10 短柱的截面形状如图所示，试确定截面核心。

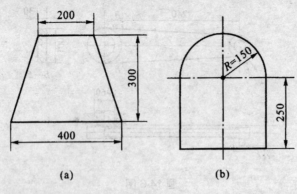

题 14-10 图

14-11 某型水轮机主轴的示意图如图所示。水轮机组的输出功率为 $P=37500\text{kW}$,转速 $n=150\text{r/min}$。已知轴向推力 $F_z=4800\text{kN}$,转轮重 $W_1=3140\text{kN}$;主轴的内径 $d=340\text{mm}$,外径 $D=750\text{mm}$,自重 $W=285\text{kN}$,主轴材料为 45 钢,其许用应力为 $[\sigma]=80\text{MPa}$。试按第四强度理论校核主轴的强度。

14-12 如图所示皮带轮传动轴,传递功率 $P=7\text{kW}$,转速 $n=200\text{r/min}$。皮带轮重量 $W=1.8\text{kN}$。左端齿轮上啮合力 F_n 与齿轮节圆切线的夹角(压力角)为 20°。轴的材料为 Q255,其许用应力 $[\sigma]=80\text{MPa}$。试分别在忽略和考虑带轮重量的两种情况下,按第三强度理论估算轴的直径。

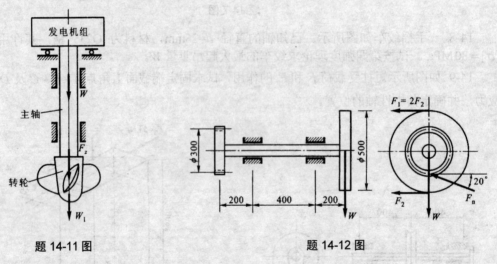

题 14-11 图　　　　　　　　题 14-12 图

14-13 飞机起落架的折轴为管状截面,内径 $d=70\text{mm}$,外径 $D=80\text{mm}$。材料的许用应力 $[\sigma]=100\text{MPa}$,试按第三强度理论校核折轴的强度。若 $F_1=1\text{kN}$,$F_2=4\text{kN}$。

14-14 如图所示齿轮传动轴,用钢制成。在齿轮 1 上,作用有径向力 $F_y=3.64\text{kN}$、切向力 $F_z=10\text{kN}$;在齿轮 2 上,作用有切向力 $F_y'=5\text{kN}$、径向力 $F_z'=1.82\text{kN}$。若许用应力 $[\sigma]=100\text{MPa}$,试根据第四强度理论确定轴径。

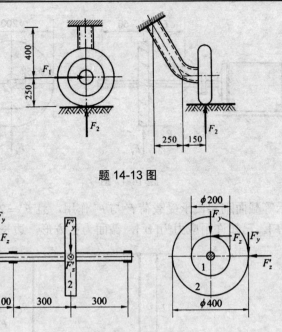

题 14-13 图

题 14-14 图

14-15 如图所示圆截面杆，直径为 d，承受轴向力 F 与外力偶矩 M 作用，杆用塑性材料制成，许用应力为 $[\sigma]$，试画出危险点处微体的应力状态图，并按第四强度理论建立杆的强度条件。

题 14-15 图

14-16 如图所示钢质拐轴，承受铅垂载荷 F_1 与水平载荷 F_2 作用，试按第四强度理论建立轴 AB 的强度条件。已知轴的直径为 d，轴与拐臂的长度分别为 l 与 a，许用应力为 $[\sigma]$。

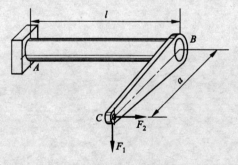

题 14-16 图

14-17 如图所示圆截面钢轴，由电动机带动。在斜齿轮的齿面上，作用有切向力 $F_t = 1.9\text{kN}$、径向力 $F_r = 740\text{N}$，以及平行于轴线的外力 $F=660\text{N}$。若许用应力 $[\sigma] = 160\text{MPa}$，试按第四强度理论校核轴的强度。

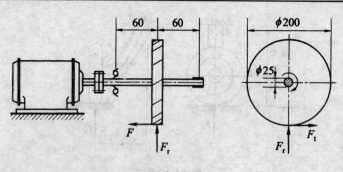

题 14-17 图

14-18 如图所示等截面刚架,承受载荷 F 与 F' 作用,且 $F'=2F$,试根据第三强度理论确定 F 的许用值$[F]$。已知许用应力为$[\sigma]$,截面为正方形,边长为 a,且 $a=l/10$。

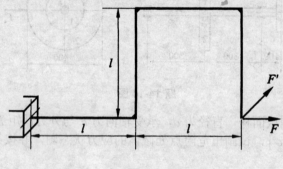

题 14-18 图

第15章 压杆稳定

教学提示：工程上有些构件除了需要进行强度和刚度计算外，还应考虑稳定性。本章以受压杆为例，研究受压杆在什么情况下失稳，并进行临界载荷和临界应力的确定。

教学要求：本章要求学生掌握稳定性概念及压杆失稳的特征；计算各种约束情况下压杆的柔度、临界载荷和临界应力，并能进行压杆稳定性计算。

15.1 压杆稳定的概念

物体可能有三种不同的平衡状态，圆球在图15.1中三种情况下的平衡便是这三种状态的典型。图15.1(a)中圆球(实线)具有较强的维持原有平衡形式的能力，无论用什么方式干扰使它稍离平衡位置(虚线)，只要干扰消除，圆球便自动恢复到原平衡位置，这种状态称为稳定平衡。相反，图15.1(c)中的圆球尽管在O点平衡，但是任何一个微小的扰动都会破坏它的平衡，这种平衡状态称为不稳定平衡。图15.1(b)中圆球的平衡处于稳定平衡与不稳定平衡之间的过渡状态，称为临界平衡。

受压直杆也存在三种类似的平衡状态。当轴向压力P小于某个数值P_{cr}时，无论什么干扰使其稍离平衡位置[图15.2(b)虚线]，只要干扰消除，压杆就会自动恢复到原平衡位置(实线)，这表明压杆的平衡是稳定的。当轴向压力P大于P_{cr}时，任何微小的扰动都会破坏压杆的平衡[图15.2(c)]，这表明压杆的平衡是不稳定的。当轴向压力P等于P_{cr}时，压杆的平衡处于稳定平衡和不稳定平衡的中间状态，即临界状态。压杆处于临界状态时的轴向压力P_{cr}，称为临界压力，简称临界载荷。

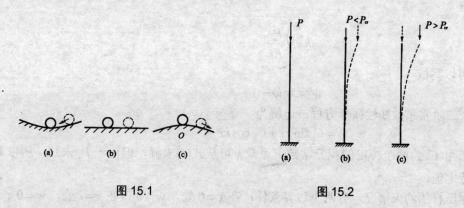

图15.1   图15.2

压杆的稳定性是指压杆维持原有平衡形式的能力。很明显，压杆的平衡状态是否稳定，与轴向压力P的数值有关，而临界载荷P_{cr}则是判断压杆稳定性的重要指标。压杆失去稳定平衡状态的现象称为失稳，或称为屈曲。失稳是构件失效形式之一。因此平衡状态稳定性的研究具有重要意义。

本章只研究理想压杆(杆件轴线笔直、材料均匀、压力作用线与杆件轴线重合)的稳定问题。

15.2 细长压杆的临界载荷的计算及欧拉公式

由前面分析可知，对于中心受压的直杆，只有轴向压力 P 等于临界载荷 P_{cr} 时，压杆才可能在微弯的状态下稍离原轴线的位置保持平衡。这个最小轴向压力，即为压杆的临界载荷。设材料仍为线弹性材料，下面按照不同的约束条件分别计算临界载荷。

首先以两端铰支细长受压杆为例，说明确定临界载荷的方法。

15.2.1 两端铰支细长压杆的临界载荷的计算

细长压杆两端为铰支约束，如图 15.3 所示，设压杆处于临界状态。为求临界力，建立 $w-x$ 坐标系，在距离左端为 x 的截面处的挠度为 w，则该截面的弯矩为

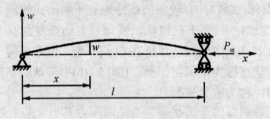

图 15.3

$$M(x) = -P_{cr} \cdot w \tag{a}$$

式中，弯矩 $M(x)$ 与挠度 w 的正负相反，即当挠度 w 为正时，弯矩 $M(x)$ 为负。因此可以列出挠曲线的近似微分方程为

$$EIw'' = M(x) = -P_{cr} \cdot w \tag{b}$$

若令

$$k^2 = \frac{P_{cr}}{EI} \tag{c}$$

则式(b)可以写成

$$w'' + k^2 w = 0 \tag{d}$$

这是一个二阶常系数线性微分方程，通解为

$$w = C_1 \sin kx + C_2 \cos kx \tag{e}$$

式中，C_1 和 C_2 为两个待定的积分常数；系数 k 可从式(c)求解，但由于 P_{cr} 未知，所以 k 也是一个待定值。

根据压杆的约束情况，有两个边界条件：在 $x=0$ 处，$w=0$；在 $x=l$ 处，$w=0$。将第一个边界条件代入式(e)，得

$$C_2 = 0$$

于是式(e)可改写成

$$w = C_1 \sin kx \tag{f}$$

式(f)表示挠曲线为一正弦曲线。将第二个边界条件代入式(f)，可得

$$C_1 \sin kl = 0$$

由此得到
$$C_1 = 0 \text{ 或 } \sin kl = 0$$

若 $C_1 = 0$，则由式(f)得 $w = 0$，即表明杆没有弯曲，仍保持直线形状的平衡形式，这与杆发生微小变形的前提矛盾。故只有可能
$$\sin kl = 0$$

由此得到
$$kl = n\pi, \quad n = 0, 1, 2, 3, \cdots \tag{h}$$

将式(h)代入式(c)，得到
$$P_{cr} = \frac{n^2\pi^2 EI}{l^2}, \quad n = 0, 1, 2, 3, \cdots$$

此式应选压杆失稳时的最小临界力，即当 $n = 1$ 时，得到
$$P_{cr} = \frac{\pi^2 EI}{l^2} \tag{15-1}$$

这就是两端铰支约束的细长压杆临界力的计算公式，称为欧拉公式。

式中，E 为压杆材料的弹性模量；I 为压杆横截面对中性轴的惯性矩；对球型铰 $I = I_{min}$；l 为压杆的长度。

15.2.2 其他约束条件下细长压杆的临界力·欧拉公式

前面推导出两端铰支细长压杆的临界载荷的计算公式，当压杆的约束情况发生改变时，如一端自由、一端固定的压杆，一端固定、一端铰支的压杆，等等。这些压杆的挠曲线近似微分方程和挠曲线的边界条件也发生改变，因此临界载荷的数值也就不同。但是仍可以按照上面的办法，确定各种约束条件压杆的临界载荷的计算公式。如以两端铰支的压杆的挠曲线(半波正弦曲线)为基本情况，与其他约束条件的挠曲线相比，可以得到欧拉公式的一般形式

$$P_{cr} = \frac{\pi^2 EI}{(\mu l)^2} \tag{15-2}$$

式中，μ 为不同约束条件下压杆的长度因数，μl 为压杆的相当长度或有效长度。

几种常见细长压杆的长度因数见表 15-1。

表 15-1 几种常见约束的细长压杆的长度因数

约束方式	两端铰支	一端固定一端自由	一端固定一端铰支	两端固定
挠曲线形状	(图)	(图)	(图)	(图)
μ	1.0	2.0	0.7	0.5

其他形式的杆端约束,可根据其约束性质近似简化成以上类型中的一种,以确定 μ 值。

【例 15.1】 一松木杆为两端铰支约束,杆长 $l=1\text{m}$,弹性模量 $E=9\text{GPa}$,截面为矩形截面,尺寸为 $b=3\text{cm}, h=5\text{cm}$,试求此杆的临界载荷。

解:

(1) 计算截面的最小惯性矩

$$I_{\min} = \frac{0.05 \times 0.03^3}{12} \text{m}^4 = 11.25 \times 10^{-8} \text{m}^4$$

(2) 两端为铰支约束,则 $\mu=1$,代入欧拉公式得

$$P_{\text{cr}} = \frac{\pi^2 EI}{l^2} = \frac{\pi^2 \times 9 \times 10^9 \times 11.25 \times 10^{-8}}{l^2} = 10\text{kN}$$

所以,当杆的轴向压力达到 10kN 时,此杆就会丧失稳定。

15.3 欧拉公式的适用范围·经验公式

15.3.1 临界应力与柔度

压杆处于临界状态时,横截面的平均应力,称为压杆的临界应力,用 σ_{cr} 表示。根据应力的计算公式可以得到

$$\sigma_{\text{cr}} = \frac{P_{\text{cr}}}{A} = \frac{\pi^2 EI}{(\mu l)^2 A} \tag{15-3}$$

式(15-3)中,I 和 A 都是与截面有关的几何量,如用 $i^2 = \frac{I}{A}$,即 $i = \sqrt{\frac{I}{A}}$。

几何量 i 称为截面的惯性半径。如令

$$\lambda = \frac{\mu l}{i} \tag{15-4}$$

则细长压杆的临界应力为

$$\sigma_{\text{cr}} = \frac{\pi^2 E}{\lambda^2} \tag{15-5}$$

式中,λ 称为柔度(或细长比),是一个量纲为一的量。它反映了杆的约束情况、截面形状和压杆长度等因素对临界应力的综合影响。显然根据式(15-5)可以看出:压杆越细长,λ 越大,临界应力越小,压杆越容易失稳;反之,压杆不容易失稳。所以说柔度 λ 是压杆稳定的一个重要参数。

15.3.2 欧拉公式的适用范围

根据前面推导可知,欧拉公式是根据挠曲线的微分方程建立的,该方程的前提是压杆的应力不超过材料的比例极限 σ_{p} 时,所以欧拉公式的适用条件是:

$$\sigma_{\text{cr}} = \frac{\pi^2 E}{\lambda^2} \leqslant \sigma_{\text{p}} \tag{15-6}$$

或

第15章 压杆稳定

$$\lambda_1 \geq \pi \sqrt{\frac{E}{\sigma_P}} \tag{15-7}$$

即只有当柔度 $\lambda \geq \lambda_1$ 时，欧拉公式才适用。这一类压杆称为大柔度杆或细长杆。例如 Q235 钢，$E = 210\text{GPa}$，$\sigma_P = 200\text{MPa}$，代入式(15-7)，可求得 $\lambda_1 \approx 100$。也就是说只有当 $\lambda \geq \lambda_1 = 100$，才能用欧拉公式计算临界应力。

15.3.3 临界应力的经验公式与临界应力总图

在实际工程中，如果压杆的柔度小于 λ_1 时，就不能应用欧拉公式来求解临界应力了。这类压杆的临界应力通常是在试验与分析的基础上，建立经验公式，常见的经验公式有直线式和抛物线式，其中以直线式比较简单，应用普遍，其形式为

$$\sigma_{cr} = a - b\lambda \tag{15-8}$$

式中，a、b 是与材料有关的常数，单位为 MPa。表 10-2 是几种常用材料的 a 和 b 值。

表 15-2 常用材料的 a 和 b 值

材 料	a/MPa	b/MPa	λ_1	λ_2
Q235	310	1.14	100	60
45 钢	589	3.82	100	60
硅钢	577	3.74	100	60
铸铁	338.7	1.483	80	
松木	40	0.203	59	

经验公式(15-8)有一个适用范围，例如对于塑性材料的压杆，其临界应力不能达到其屈服应力 σ_s，即

$$\sigma_{cr} = a - b\lambda < \sigma_s$$

或

$$\lambda > \frac{a - \sigma_s}{b}$$

因此，经验公式的最小柔度极限值为

$$\lambda_2 = \frac{a - \sigma_s}{b} \tag{15-9}$$

故经验公式(15-8)的适用条件是 $\lambda_2 < \lambda < \lambda_1$。也就是对于柔度在 λ_2 和 λ_1 之间时，应用经验公式来计算临界应力。对于柔度在 λ_2 和 λ_1 之间的压杆称为中柔度杆或中长杆。

柔度小于等于 λ_2 的压杆，一般 $\sigma_{cr} \geq \sigma_s$，材料将会出现屈服，因强度不够而破坏，这些压杆称为小柔度杆或短杆。如果也按照稳定性形式，习惯上把其极限应力规定为临界应力。如塑性材料的临界应力为

$$\sigma_{cr} = \sigma_s \tag{15-10}$$

通过以上分析可知，根据压杆柔度可将其分为三类，并且按不同的公式进行计算。

(1) 当 $\lambda \geq \lambda_1$ 时，压杆为大柔度杆或细长杆，用欧拉公式计算临界应力。

(2) 当 $\lambda_2 < \lambda < \lambda_1$ 时，压杆为中柔度杆，采用经验公式计算临界应力。

(3) 当 $\lambda \leq \lambda_2$ 时，压杆为小柔度杆，这类压杆将发生强度失效，而不是失稳，应按强

度问题进行计算。

根据上述三类压杆临界应力与柔度 λ 的关系，以柔度 λ 为横坐标，临界应力 σ_{cr} 为纵坐标建立坐标系，可以作出 $\sigma_{cr}-\lambda$ 的关系曲线，如图 15.4 所示。三类压杆的临界应力分别对应图上的 ED、DC 和 CB 段。ED 为水平线，说明小柔度杆的临界应力与柔度无关；大、中柔度杆，临界应力则随柔度增大而减小。图 15.4 称为压杆的临界应力总图。

【例 15.2】 长为 3.6m 的立柱由一根 25a 的工字钢制成，如图 15.5 所示，材料为 Q235 钢，弹性模量 $E = 200\text{GPa}$。

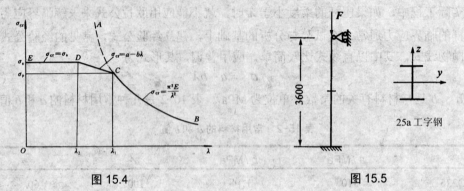

图 15.4　　　　图 15.5

(1) 若约束为两端铰支，求此柱的临界应力。

(2) 若约束条件改为一端铰支，一端固定，求此柱的临界应力。

(3) 若约束条件改为两端固定，求此柱的临界应力。

解： 查型钢表 25a 工字钢，得 $A = 48.541\text{cm}^2$，$i_z = 2.4\text{cm} = 24\text{mm}$，$I_z = 280\text{cm}^4$。

(1) 约束为两端铰支。

① 计算柔度，判断压杆类型。取长度因数 $\mu = 1$，已知 $l = 3.6\text{m}$，因此

$$\lambda = \frac{\mu l}{i_z} = \frac{1 \times 3600}{24} = 150$$

由表 15-2 查得，Q235 钢的 $\lambda_1 = 100$，$\lambda_2 = 60$，因为 $\lambda = 150 > \lambda_1$，所以，此杆属于细长杆。

② 由欧拉公式计算临界应力。

$$\sigma_{cr} = \frac{\pi^2 E}{\lambda^2} = \frac{\pi^2 \times 200 \times 10^9}{150^2}\text{Pa} = 87.6 \times 10^6 \text{Pa} = 87.6\text{MPa}$$

(2) 约束改为一端铰支，一端固定。

① 计算柔度，取 $\mu = 0.7$

$$\lambda = \frac{\mu l}{i_z} = \frac{0.7 \times 3600}{24} = 105$$

仍属于细长杆。

② 由欧拉公式计算临界应力。

$$\sigma_{cr} = \frac{\pi^2 E}{\lambda^2} = \frac{\pi^2 \times 200 \times 10^9}{105^2}\text{Pa} = 178.9 \times 10^6 \text{Pa} = 178.9\text{MPa}$$

(3) 约束改为两端固定。

① 计算柔度，$\mu = 0.5$，有

$$\lambda = \frac{\mu l}{i_z} = \frac{0.5 \times 3600}{24} = 75$$

这时 $\lambda_2 < \lambda < \lambda_1$，此杆属于中柔度杆。

② 由经验公式计算临界应力。

查表 15-2，Q235 钢的 $a = 310\text{MPa}$，$b = 1.14\text{MPa}$，于是有

$$\sigma_{cr} = a - b\lambda = 310 - 1.14 \times 75 = 224.5\text{MPa}$$

可见约束越牢固，柔度越小，临界应力越大，稳定性越好。

15.4 压杆稳定性的校核

针对理想压杆建立的临界载荷的计算公式不能直接应用于实际受压杆，这是因为实际压杆本身材料不均匀、缺陷以及需要一定的稳定储备，因此为了使压杆有足够的稳定性，引入安全因数，这样压杆稳定条件为

$$P \leqslant \frac{P_{cr}}{[n_{st}]} \tag{15-11}$$

或

$$n_{st} = \frac{P_{cr}}{P} \geqslant [n_{st}] \tag{15-12}$$

式中，P 为压杆的工作载荷；P_{cr} 为压杆的临界载荷，不同柔度的杆，根据不同的计算公式求得；n_{st} 为压杆工作的安全因数；$[n_{st}]$ 为规定的稳定安全因数。

由于压杆存在初曲率和载荷偏心等不利因素的影响，$[n_{st}]$ 比一般强度安全因数要大些，并且 λ 越大，$[n_{st}]$ 越大。具体取值可以从有关设计手册查到。在机械、动力和冶金等部门，由于载荷情况复杂，一般都采用安全因数法进行稳定性计算。几种常见压杆的稳定安全因数参看表 15-3。

表 15-3 几种常见压杆的稳定安全因数

压 杆	$[n_{st}]$	压 杆	$[n_{st}]$
金属结构中的压杆	1.8～3.0	机床丝杠	2.5～4
磨床油缸活塞杆	2～5	精密丝杠	>4
起重螺旋	3.5～5	高速发动机挺杆	2～5
矿上、冶金设备的压杆	4～8	低速发动机挺杆	4～6

【例 15.3】 千斤顶如图 15.6 所示，丝杠长度 $l = 37.5\text{cm}$，螺纹内径 $d = 4\text{cm}$，材料为 45 钢，最大起重重量为 $F = 80\text{kN}$，规定的稳定安全因数 $[n_{st}] = 4$，试校核丝杠的稳定性。

解：(1) 计算柔度。

丝杠可以简化为下端固定，上端自由的压杆，因此长度因数取 $\mu = 2$。圆杆的惯性半径为

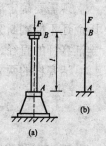

图 15.6

$$i=\sqrt{\frac{I}{A}}=\sqrt{\frac{\pi d^4/64}{\pi d^2/4}}=\frac{d}{4}=1\text{cm}$$

则丝杠的柔度为：

$$\lambda=\frac{\mu l}{i}=\frac{2\times 37.5}{1}=75$$

由表15-2查得45钢的 $\lambda_1=100$，$\lambda_2=60$，所以 $\lambda_2<\lambda<\lambda_1$，此杆为中柔度杆。

(2) 计算临界力。

查表15-2，45钢的 $a=589\text{MPa}$，$b=3.82\text{MPa}$，所以

$$P_{\text{cr}}=\sigma_{\text{cr}}\cdot A=(a-b\lambda)\frac{\pi d^2}{4}=\left(589\times 10^6-3.82\times 75\times 10^6\right)\times\frac{\pi\times 0.04^2}{4}=380\,133\text{N}$$

(3) 稳定校核

$$n_{\text{st}}=\frac{P_{\text{cr}}}{F}=\frac{380133}{80000}=4.75>4=[n_{\text{st}}]$$

因此丝杠是稳定的。

【例 15.4】 某种型号的平面磨床的工作台液压驱动装置如图15.7所示。若油缸活塞直径 $D=65\text{mm}$，油压 $p=1.2\text{MPa}$，活塞杆长度 $l=1250\text{mm}$，材料为35钢，$\sigma_p=220\text{MPa}$，$E=210\text{GPa}$，规定的稳定安全因数 $[n_{\text{st}}]=6$，试确定活塞杆的直径。

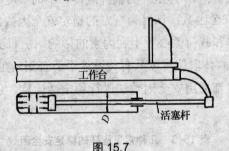

图 15.7

解： 活塞杆的轴向压力

$$P=\frac{\pi}{4}D^2 p=\frac{\pi}{4}(65\times 10^{-3})^2\times 1.2\times 10^6\text{N}=3980\text{N}$$

根据稳定条件公式(15-11)，活塞杆的临界压力为

$$P_{\text{cr}}=[n_{\text{st}}]P=6\times 3980\text{N}=23\,900\text{N} \tag{a}$$

现需要确定活塞杆的直径 d，使其具有上面数值的临界压力。但由于直径尚未确定，因而还不能判断究竟用欧拉公式计算还是经验公式计算。为此，试算时可先由欧拉公式确定活塞杆的直径。待直径确定后，再检查是否满足欧拉公式的条件。

活塞杆的两端约束可以简化为两端铰支，由欧拉公式计算临界压力为

$$P_{\text{cr}}=\frac{\pi^2 EI}{(\mu l)^2}=\frac{\pi^2\times 210\times 10^9\times\frac{\pi}{64}d^4}{(1\times 1.25)^2} \tag{b}$$

由式(a)和式(b)可以解出 $d=0.024\,6\text{m}=24.6\text{mm}$，取 $d=25\text{mm}$。

用计算出来的直径 d 计算活塞杆的柔度

$$\lambda = \frac{\mu l}{i} = \frac{1 \times 1250}{\frac{25}{4}} = 200$$

对于材料 35 钢来说，由式(15-7)计算出

$$\lambda_1 = \pi \sqrt{\frac{E}{\sigma_P}} = 97$$

由于 $\lambda > \lambda_1$，活塞杆为大柔度杆，故用欧拉公式计算是正确的。

15.5 提高压杆稳定性的措施

压杆的稳定性取决于临界载荷的大小。由临界应力图可知，柔度减小时，则临界应力增加，而 $\lambda = \frac{\mu l}{i}$，所以要改变压杆的承载能力主要应选择合理的约束条件，压杆的长度以及截面尺寸和形状。下面就这几方面考虑如何提高压杆的稳定性。

15.5.1 减小压杆长度

根据柔度公式 $\lambda = \frac{\mu l}{i}$，减小 l，可降低柔度 λ，从而可以提高压杆的临界应力。工程中为了减小压杆的长度，常采用增加约束来降低压杆的长度。例如图 15.8(a)所示，两端铰支的细长压杆，中间增加一活动铰支后，相当于长度减半[图 15.8(b)]，即使杆仍为细长杆，临界载荷增至原来的 4 倍。

15.5.2 选择合理的约束条件

由表 15-1 可知，若杆端约束的刚性越强，压杆的长度因数 μ 就越小，柔度 $\lambda = \frac{\mu l}{i}$ 就越低，临界应力就越大。其中以固定端约束的刚性最好，铰支次之，自由端最差。因此应尽量加强杆端的约束刚性，就能够使压杆的稳定性得到改善。

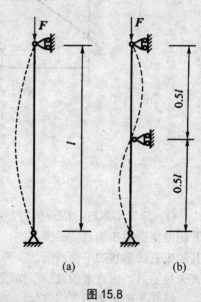

图 15.8

15.5.3 选择合理的截面形状

压杆的截面形状对临界载荷的大小有很大影响。若截面形状选择合理，可以在不增加截面面积的情况下增加横截面的惯性矩 I，从而增加惯性半径 i，减小压杆的柔度，提高压杆的临界载荷。为此应尽量使截面材料远离截面的中性轴。例如空心圆形截面的临界载荷就比截面面积相等的实心圆杆的临界载荷大得多。

15.5.4 选择合理的材料

材料的性质对压杆的稳定有重要的影响，对于大柔度杆，临界应力与材料的弹性模量 E 成正比。因此选用钢材料比铜、铝或铸铁材料的临界载荷要高。但是各种钢材的 E 基本相同，因此对于大柔度杆选用优质钢材对于提高压杆的临界载荷没有多大意义。但是对于中小柔度杆则不同，例如中柔度杆，由临界应力图可知，材料的屈服点 σ_s 比比例点极限 σ_p 越高，则临界应力就越大。这时选用优质钢材就会提高压杆的承载能力。至于小柔度杆，本来是强度问题，优质钢的强度高，其承载能力显然较高。

另外，对于压杆，除了上述几种方法可以提高承载能力外，还可以从结构方面采取措施。例如将结构中的压杆变为拉杆，这样就可以从根本上避免失稳问题，以图15.9(a)所示的托架为例，在不影响使用的前提下，若改为图15.9(b)所示结构，则 AB 杆由受压变为受拉，从而避免压杆的失稳问题的出现。

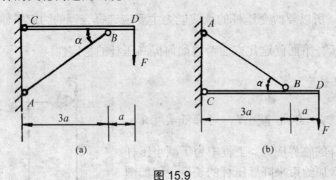

图 15.9

小　结

(1) 学习本章时，应理解好压杆稳定的概念。理想压杆在轴向压力作用下，经干扰后若仍能保持原来的直线平衡状态，则杆原来直线形状的平衡是稳定的；反之，若不能保持其原来直线形状的平衡而突然变弯，则杆原来直线形状的平衡状态是不稳定的。理想压杆丧失稳定后，由原来的直线平衡状态变为弯曲平衡状态。

这种平衡状态的突然改变，是稳定问题区别于强度和刚度问题的主要特征。

(2) 临界载荷 P_{cr} 是判断压杆是否处于稳定平衡的重要依据。确定压杆的临界载荷是解决压杆稳定问题的关键。压杆临界力和临界应力的计算，因压杆柔度的大小不同而分为三类。

① 当 $\lambda \geqslant \lambda_1$ 时，压杆为大柔度杆或细长杆，用欧拉公式计算临界载荷和临界应力。

临界载荷

$$P_{cr} = \frac{\pi^2 EI}{(\mu l)^2}$$

临界应力

$$\sigma_{cr} = \frac{\pi^2 E}{\lambda^2}$$

② 当 $\lambda_s < \lambda < \lambda_p$ 时，压杆为中柔度杆，采用经验公式计算临界载荷和临界应力。本章介绍的是直线公式，即：

临界载荷
$$P_{cr} = (a - b\lambda)A$$

临界应力
$$\sigma_{cr} = a - b\lambda$$

③ 当 $\lambda \leqslant \lambda_s$ 时，压杆为小柔度杆，这类压杆将发生强度失效，而不是失稳，按强度问题进行计算。

(3) 压杆的稳定计算常用安全因数法，其稳定条件为
$$n_{st} = \frac{P_{cr}}{P} \geqslant [n_{st}]$$

稳定计算中的重点是计算临界载荷 P_{cr}。

(4) 在进行稳定计算时应当注意以下几点：

① 首先须根据压杆的支撑情况，进行简化，确定适当的长度因数 μ。

② 其次是要辨明压杆可能在哪个平面内丧失稳定。如果压杆在两个纵向平面内的约束情况相同，可比较截面的两个惯性矩的大小；如截面的两个惯性矩相等(例如正方形、圆形)，则根据在两平面内的约束情况来判断；如两平面内的约束情况和对应的惯性矩均不相同，则以柔度 $\lambda = \frac{\mu l}{i}$ 的大小来判断。

③ 计算临界力时，须先计算出压杆的柔度 λ，然后根据 λ 的数值，选定计算临界载荷的公式。

思 考 题

15-1 杆件的强度、刚度和稳定性有什么区别？

15-2 何谓失稳？如何区别压杆的稳定平衡和不稳定平衡？

15-3 何谓临界载荷？说明它的含义。

15-4 欧拉临界力公式是如何建立的？该公式的应用条件是什么？

15-5 什么称为长度因数、相当长度及柔度(长细比)？

15-6 如何区分大、中、小柔度杆？它们的临界应力各如何确定？如何绘制临界应力总图？

习 题

15-1 一端固定、另一端弹簧侧向支承的压杆采用欧拉公式计算，试确定其中长度因数的取值范围为(　　)。

(A) $\mu > 2.0$；　(B) $0.7 < \mu < 2.0$；　(C) $0.5 < \mu < 0.7$；　(D) $\mu < 0.5$。

15-2 圆截面细长压杆的材料和支承情况保持不变，将横向和轴向尺寸同时增加2倍，压杆的( )。

(A) 临界应力不变，临界载荷增大；　　(B) 临界应力增大，临界载荷不变；
(C) 临界应力和临界载荷都增大；　　　(D) 临界应力和临界载荷都不变。

15-3 直径 $d=50$mm 的圆截面铸铁细长杆，一端固定、一端自由，材料的弹性模量 $E=117$GPa，杆长 $l=1$m。试求该杆的临界载荷。

15-4 三根圆截面压杆，直径均为 $d=160$mm 材料为 Q235 钢，$E=200$GPa，$\sigma_p=200$MPa，$\sigma_s=240$MPa。三杆均为两端铰支，长度分别为 l_1、l_2 和 l_3，且 $l_1=2l_2=4l_3=5$m。试求各杆的临界压力 P_{cr}。

15-5 某型柴油机的挺杆长为 $l=257$mm，圆形横截面的直径 $d=8$mm。钢材的 $E=210$GPa，$\sigma_p=240$MPa。挺杆承受的最大压力 $P=1.76$kN。规定 $n_{st}=2$~5。试校核挺杆的稳定性。

15-6 如图所示结构中，AB 为圆截面杆，直径 $d=80$mm，杆 BC 为正方形截面，边长 $a=70$mm，两杆材料均为 Q235 钢，$E=200$GPa，两部分可以各自独立发生失稳而互不影响。已知 A 端固定，B、C 为活动铰支，$l=3$m，规是的稳定安全因数 $[n_{st}]=2.5$，试求此结构的许用载荷。

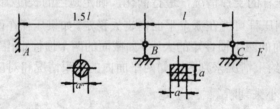

题 15-6 图

15-7 图中压杆材料为 Q235 钢，规定的稳定安全因数 $[n_{st}]=1.8$，试求许用载荷。

15-8 如图 15.14 所示，柱由四个 $45\times45\times4$ 的等边角钢组成，柱长 $l=8$m，两端铰支，材料为 Q235 钢，$\sigma_s=235$MPa，规定的稳定安全因数 $[n_{st}]=1.6$。当轴向压力 $F=200$kN 时，校核其稳定性。

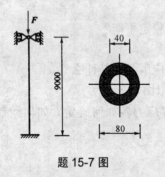

题 15-7 图

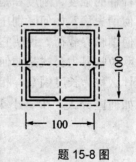

题 15-8 图

15-9 图示压杆的材料为 Q235 钢，其中 $E=210$GPa，在正视图(a)的平面内，两端为铰支，在俯视图(b)的平面内，两端为固定，试求此压杆的临界载荷。

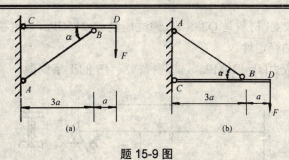

题 15-9 图

15-10 托架结构如图所示，AB 杆的直径 $d=40$mm，长度 $l=800$mm，两端铰支，CD 是刚性杆，材料是 Q235 钢。

(1) 试根据 AB 杆的失稳来求托架的临界载荷。

(2) 若已知实际载荷 $F=70$kN，AB 杆的规定的稳定安全因数为 $n_{st}=2$，问托架是否安全？

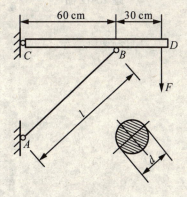

题 15-10 图

15-11 如图所示一转臂起重机架 ABC，受压杆 AB 采用外径 76mm，壁厚 4mm 的钢管制成，两端可认为是铰支座，材料为 Q235 钢。若不计结构自重，取安全因数 $n_{st}=3.5$，试求最大起重重量 P。

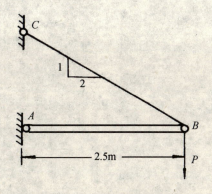

题 15-11 图

15-12 由横梁 AB 与立柱 CD 组成的结构如图所示，载荷 $F=10$kN，$l=60$cm，立柱的直

径 $d=2\text{cm}$，两端铰支，材料是 Q235 钢，弹性模量 $E=215\text{GPa}$，规定稳定安全因数 $n_{st}=2$。

(1) 试校核立柱的稳定性。

(2) 如已知许用应力 $[\sigma]=120\text{MPa}$，试选择横梁 AB 的工字钢型。

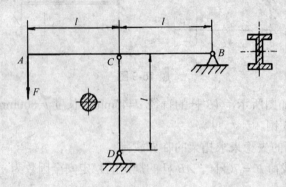

题 15-12 图

附录 I 型钢规格表

附表 1 热轧等边角钢（GB/T 9787—1988）

符号意义：

b ——边宽度；
d ——边厚度；
r_1 ——边端内圆弧半径；
r ——内圆弧半径；

I ——惯性矩；
i ——惯性半径；
z_0 ——重心距离；
W ——截面系数。

角钢号数	尺寸/mm			截面面积/cm²	理论重量/(kg/m)	外表面积/(m²/m)	参考数值												
							$x-x$			x_0-x_0			y_0-y_0			x_1-x_1	z_0/cm
	b	d	r				I_x/cm⁴	i_x/cm	W_x/cm³	I_{x_0}/cm⁴	i_{x_0}/cm	W_{x_0}/cm³	I_{y_0}/cm⁴	i_{y_0}/cm	W_{y_0}/cm³	I_{x_1}/cm⁴	
2	20	3	3.5	1.132	0.889	0.078	0.40	0.59	0.29	0.63	0.75	0.45	0.17	0.39	0.20	0.81	0.60
		4		1.459	1.145	0.077	0.50	0.58	0.36	0.78	0.73	0.55	0.22	0.38	0.24	1.09	0.64
2.5	25	3	3.5	1.432	1.124	0.098	0.82	0.76	0.46	1.29	0.95	0.73	0.34	0.49	0.33	1.57	0.73
		4		1.859	1.459	0.097	1.03	0.74	0.59	1.62	0.93	0.92	0.43	0.48	0.40	2.11	0.76
3.0	30	3	4.5	1.749	1.373	0.117	1.46	0.91	0.68	2.31	1.15	1.09	0.61	0.59	0.51	2.71	0.85
		4		2.276	1.786	0.117	1.84	0.90	0.87	2.92	1.13	1.37	0.77	0.58	0.62	3.63	0.89
3.6	36	3	4.5	2.109	1.656	0.141	2.58	1.11	0.99	4.09	1.39	1.61	1.07	0.71	0.76	4.68	1.00
		4		2.756	2.163	0.141	3.29	1.09	1.28	5.22	1.38	2.05	1.37	0.70	0.93	6.25	1.04
		5		3.382	2.654	0.141	3.95	1.08	1.56	6.24	1.36	2.45	1.65	0.70	1.09	7.84	1.07
4.0	40	3	5	2.359	1.852	0.157	3.59	1.23	1.23	5.69	1.55	2.01	1.49	0.79	0.96	6.41	1.09
		4		3.086	2.422	0.157	4.60	1.22	1.60	7.29	1.54	2.58	1.91	0.79	1.19	8.56	1.13
		5		3.791	2.976	0.156	5.53	1.21	1.96	8.76	1.52	3.01	2.30	0.78	1.39	10.74	1.17
4.5	45	3	5	2.659	2.088	0.177	5.17	1.40	1.58	8.20	1.76	2.58	2.14	0.90	1.24	9.12	1.22
		4		3.486	2.736	0.177	6.65	1.38	2.05	10.56	1.74	3.32	2.75	0.89	1.54	12.18	1.26
		5		4.292	3.369	0.176	8.04	1.37	2.51	12.74	1.72	4.00	3.33	0.88	1.81	15.25	1.30
		6		5.076	3.985	0.176	9.33	1.36	2.95	14.76	1.70	4.64	3.89	0.88	2.06	18.36	1.33

续表

角钢号数	尺寸/mm				截面面积/cm²	理论重量/(kg/m)	外表面积/(m²/m)	参 考 数 值										
								$x-x$			x_0-x_0			y_0-y_0			x_1-x_1	z_0
	b	d		r				I_x/cm⁴	i_x/cm	W_x/cm³	I_{x_0}/cm⁴	i_{x_0}/cm	W_{x_0}/cm³	I_{y_0}/cm⁴	i_{y_0}/cm	W_{y_0}/cm³	I_{x_1}/cm⁴	/cm
5	50	3		5.5	2.971	2.332	0.197	7.18	1.55	1.96	11.37	1.96	3.22	2.98	1.00	1.57	12.50	1.34
		4			3.897	3.059	0.197	9.26	1.54	2.56	14.70	1.94	4.16	3.82	0.99	1.96	16.69	1.38
		5			4.803	3.770	0.196	11.21	1.53	3.13	17.79	1.92	5.03	4.64	0.98	2.31	20.90	1.42
		6			5.688	4.465	0.196	13.05	1.52	3.68	20.68	1.91	5.85	5.42	0.98	2.63	25.14	1.46
5.6	56	3		6	3.343	2.624	0.221	10.19	1.75	2.48	16.14	2.20	4.08	4.24	1.13	2.02	17.56	1.48
		4			4.390	3.446	0.220	13.18	1.73	3.24	20.92	2.18	5.28	5.46	1.11	2.52	23.43	1.53
		5		6	5.415	4.251	0.220	16.02	1.72	3.97	25.42	2.17	6.42	6.61	1.10	2.98	29.33	1.57
		8		7	8.367	6.568	0.219	23.63	1.68	6.03	37.37	2.11	9.44	9.89	1.09	4.16	47.24	1.68
6.3	63	4		7	4.978	3.907	0.248	19.03	1.96	4.13	30.17	2.46	6.78	7.89	1.26	3.29	33.35	1.70
		5			6.143	4.822	0.248	23.17	1.94	5.08	36.77	2.45	8.25	9.57	1.25	3.90	41.73	1.74
		6			7.288	5.721	0.247	27.12	1.93	6.00	43.03	2.43	9.66	11.20	1.24	4.46	50.14	1.78
		8			9.515	7.469	0.247	34.46	1.90	7.75	54.56	2.40	12.25	14.33	1.23	5.47	67.11	1.85
		10			11.657	9.151	0.246	41.09	1.88	9.39	64.85	2.36	14.56	17.33	1.22	6.36	84.31	1.93
7	70	4		8	5.570	4.372	0.275	26.39	2.18	5.14	41.80	2.74	8.44	10.99	1.40	4.17	45.74	1.86
		5			6.875	5.397	0.275	32.21	2.16	6.32	51.08	2.73	10.32	13.34	1.39	4.95	57.21	1.91
		6			8.160	6.406	0.275	37.77	2.15	7.48	59.93	2.71	12.11	15.61	1.38	5.67	68.73	1.95
		7			9.424	7.398	0.275	43.09	2.14	8.59	68.35	2.69	13.81	17.82	1.38	6.34	80.29	1.99
		8			10.667	8.373	0.274	48.17	2.12	9.68	76.37	2.68	15.43	19.98	1.37	6.98	91.92	2.03
7.5	75	5		9	7.367	5.818	0.295	39.97	2.33	7.32	63.30	2.92	11.94	16.63	1.50	5.77	70.56	2.04
		6			8.797	6.905	0.294	46.95	2.31	8.64	74.38	2.90	14.02	19.51	1.49	6.67	84.55	2.07
		7			10.160	7.976	0.294	53.57	2.30	9.93	84.96	2.89	16.02	22.18	1.48	7.44	98.71	2.11
		8			11.503	9.030	0.294	59.96	2.28	11.20	95.07	2.88	17.93	24.86	1.47	8.19	112.97	2.15
		10			14.126	11.089	0.293	71.98	2.26	13.64	113.92	2.84	21.48	30.05	1.46	9.56	141.71	2.22
8	80	5		9	7.912	6.211	0.315	48.79	2.48	8.34	77.33	3.13	13.67	20.25	1.60	6.66	85.36	2.15
		6			9.397	7.376	0.314	57.35	2.47	9.87	90.98	3.11	16.08	23.72	1.59	7.65	102.50	2.19
		7			10.860	8.525	0.314	65.58	2.46	11.34	104.07	3.10	18.40	27.09	1.58	8.58	119.70	2.23
		8			12.303	9.658	0.314	73.49	2.44	12.83	116.60	3.08	20.61	30.39	1.57	9.46	136.97	2.27
		10			15.126	11.874	0.313	88.43	2.42	15.64	140.09	3.04	24.76	36.77	1.56	11.08	171.74	2.35
9	90	6		10	10.637	8.350	0.354	82.77	2.79	12.61	131.26	3.51	20.63	34.28	1.80	9.95	145.87	2.44
		7			12.301	9.656	0.354	94.83	2.78	14.54	150.47	3.50	23.64	39.18	1.78	11.19	170.30	2.48
		8			13.944	10.946	0.353	106.47	2.76	16.42	168.97	3.48	26.55	43.97	1.78	12.35	194.80	2.52
		10			17.167	13.476	0.353	128.58	2.74	20.07	203.90	3.45	32.04	53.26	1.76	14.52	244.07	2.59
		12			20.306	15.940	0.352	149.22	2.71	23.57	236.21	3.41	37.12	62.22	1.75	16.49	293.76	2.67

附录 I 型钢规格表

续表

角钢号数	尺寸 /mm				截面面积 /cm²	理论重量 /(kg/m)	外表面积 /(m²/m)	参 考 数 值											
	b	d		r				x—x			x_0—x_0			y_0—y_0			x_1—x_1		z_0 /cm
								I_x /cm⁴	i_x /cm	W_x /cm³	I_{x_0} /cm⁴	i_{x_0} /cm	W_{x_0} /cm³	I_{y_0} /cm⁴	i_{y_0} /cm	W_{x_0} /cm³	I_{x_1} /cm⁴		
10	100	6		12	11.932	9.366	0.393	114.95	3.01	15.68	181.98	3.90	25.74	47.92	2.00	12.69	200.07		2.67
		7			13.796	10.830	0.393	131.86	3.09	18.10	208.97	3.89	29.55	54.74	1.99	14.26	233.54		2.71
		8			15.638	12.276	0.393	184.24	3.08	20.47	235.07	3.88	33.24	61.41	1.98	15.75	267.09		2.76
		10			19.261	15.120	0.392	179.51	3.05	25.06	284.68	3.84	40.26	74.35	1.96	18.54	334.48		2.84
		12			22.800	17.898	0.391	208.90	3.03	29.48	330.68	3.81	46.80	86.84	1.95	21.08	402.34		2.91
		14			26.256	20.611	0.391	236.53	3.00	33.73	374.06	3.77	52.90	99.00	1.94	23.44	470.75		2.99
		16			29.627	23.257	0.390	262.53	2.98	37.82	414.16	3.74	58.57	110.89	1.94	25.63	539.80		2.06
11	110	7		12	15.196	11.928	0.433	177.16	3.41	22.05	280.94	4.30	36.12	73.38	2.20	17.51	310.64		2.96
		8			17.238	13.532	0.433	199.46	3.40	24.95	316.49	4.28	40.69	82.42	2.19	19.39	355.20		3.01
		10			21.261	16.690	0.432	242.19	3.38	30.60	384.39	4.25	49.42	99.98	2.17	22.91	444.65		3.09
		12			25.200	19.782	0.431	282.55	3.35	36.05	448.17	4.22	57.62	116.93	2.15	26.15	534.60		3.16
		14			29.056	22.809	0.431	320.71	3.32	40.31	508.01	4.18	65.31	133.40	2.14	29.14	625.16		3.24
12.5	125	8		14	19.750	15.504	0.492	297.03	3.88	32.52	470.89	4.88	53.28	123.16	2.50	25.86	521.01		3.37
		10			24.373	19.133	0.491	361.67	3.85	39.97	573.89	4.85	64.93	149.46	2.48	30.62	651.93		3.45
		12			28.912	22.696	0.491	423.16	3.83	41.17	671.44	4.82	75.96	174.88	2.46	35.03	783.42		3.53
		14			33.367	26.193	0.490	481.65	3.80	54.16	763.73	4.78	86.41	199.57	2.45	39.13	915.61		3.61
14	140	10		14	27.373	21.488	0.551	514.65	4.34	50.58	817.27	5.46	82.56	212.04	2.78	39.20	915.11		3.82
		12			32.512	25.522	0.551	603.68	4.31	59.80	958.79	5.43	96.85	248.57	2.76	45.02	1099.28		3.90
		14			37.567	29.490	0.550	688.81	4.28	68.75	1093.56	5.40	110.47	284.06	2.75	50.45	1284.22		3.98
		16			42.539	33.393	0.549	770.24	4.26	77.46	1221.81	5.36	123.42	318.67	2.74	55.55	1470.07		4.06
16	160	10		16	31.502	24.729	0.630	779.53	4.98	66.70	1237.30	6.27	109.36	321.76	3.20	52.76	1365.33		4.31
		12			37.441	29.391	0.630	916.58	4.95	78.98	1455.68	6.24	128.67	377.49	3.18	60.74	1639.57		4.39
		14			43.296	33.987	0.629	1048.36	4.92	90.95	1665.02	6.20	147.17	431.70	3.16	78.244	1914.68		4.47
		16			49.067	38.518	0.629	1175.08	4.89	102.63	1865.57	6.17	164.89	484.59	3.14	75.31	2190.82		4.55
18	180	12		16	42.241	33.159	0.710	1321.35	5.59	100.82	2100.10	7.05	165.00	542.61	3.58	78.41	2332.80		4.89
		14			48.896	38.388	0.709	1514.48	5.56	116.25	2407.42	7.02	189.14	625.53	3.56	88.38	2723.48		4.97
		16			55.467	43.542	0.709	1700.99	5.54	131.13	2703.37	6.98	212.40	698.60	3.55	97.83	3115.29		5.05
		18			61.955	48.634	0.708	1875.12	5.50	145.64	2988.24	6.94	234.78	762.01	3.51	105.14	3502.43		5.13
20	200	14		18	54.642	42.894	0.788	2103.55	6.20	144.70	3343.26	7.82	236.40	863.83	3.98	111.82	3734.10		5.46
		16			62.013	48.680	0.788	2366.64	6.18	163.65	3760.89	7.79	265.93	971.41	3.96	123.96	4270.39		5.54
		18			69.301	54.401	0.787	2620.64	6.15	182.22	4164.54	7.75	294.48	1076.74	3.94	135.52	4808.13		5.62
		20			76.505	60.056	0.787	2867.30	6.12	200.42	4554.55	7.72	322.06	1180.04	3.93	146.55	5347.51		5.69
		24			90.661	71.186	0.785	2338.25	6.07	236.17	5294.97	7.64	374.41	1381.53	3.90	166.55	6457.16		5.87

注：截面图中的 $r_1 = \frac{1}{3}d$ 及表中 r 值的数据用于孔型设计，不作交货条件。

附表 2 热轧不等边角钢(GB/T 9788—1988)

符号意义：
B ——长边宽度；　　　b ——短边宽度；
d ——边厚度；　　　　r ——内圆弧半径；
r_1 ——边端内圆弧半径；　I ——惯性矩；
i ——惯性半径；　　　W ——截面系数；
x_0 ——重心距离；　　　y_0 ——重心距离。

角钢号数	尺寸/mm				截面面积/cm²	理论重量/(kg/m)	外表面积/(m²/m)	参考数值														
								$x-x$			$y-y$			x_1-x_1		y_1-y_1		$u-u$				
	B	b	d	r				I_x/cm⁴	i_x/cm	W_x/cm³	I_y/cm⁴	i_y/cm	W_y/cm³	I_{x_1}/cm⁴	y_0/cm	I_{y_1}/cm⁴	x_0/cm	I_u/cm⁴	i_u/cm	W_u/cm³	$\tan\alpha$
2.5/1.6	25	16	3	3.5	1.162	0.912	0.080	0.70	0.78	0.43	0.22	0.44	0.19	1.56	0.86	0.43	0.42	0.14	0.34	0.16	0.392
			4		1.499	1.176	0.079	0.88	0.77	0.55	0.27	0.43	0.24	2.09	0.90	0.59	0.46	0.17	0.34	0.20	0.381
3.2/2	32	20	3		1.492	1.171	0.102	1.53	1.01	0.72	0.46	0.55	0.30	3.27	1.08	0.82	0.49	0.28	0.43	0.25	0.382
			4		1.939	1.522	0.101	1.93	1.00	0.93	0.57	0.54	0.39	4.37	1.12	1.12	0.53	0.35	0.42	0.32	0.374
4/2.5	40	25	3	4	1.890	1.484	0.127	3.08	1.28	1.15	0.93	0.70	0.49	6.39	1.32	1.59	0.59	0.56	0.54	0.40	0.386
			4		2.467	1.936	0.127	3.93	1.26	1.49	1.18	0.69	0.63	8.53	1.37	2.14	0.63	0.71	0.54	0.52	0.381
4.5/2.8	45	28	3	5	2.149	1.687	0.143	4.45	1.44	1.47	1.34	0.79	0.62	9.10	1.47	2.23	0.64	0.80	0.61	0.51	0.383
			4		2.806	2.203	0.143	5.69	1.42	1.91	1.70	0.78	0.80	12.13	1.51	3.00	0.68	1.02	0.60	0.66	0.380
5/3.2	50	32	3	5.5	2.431	1.908	0.161	6.24	1.60	1.84	2.02	0.91	0.82	12.49	1.60	3.31	0.73	1.20	0.70	0.68	0.404
			4		3.177	2.494	0.160	8.02	1.59	2.39	2.58	0.90	1.06	16.65	1.65	4.45	0.77	1.53	0.69	0.87	0.402
5.6/3.6	56	36	3	6	2.743	2.153	0.181	8.88	1.80	2.32	2.92	1.03	1.05	17.54	1.78	4.70	0.80	1.73	0.79	0.87	0.408
			4		3.590	2.818	0.180	11.45	1.79	3.03	3.76	1.02	1.37	23.39	1.82	6.33	0.85	2.23	0.79	1.13	0.408
			5		4.415	3.466	0.180	13.86	1.77	3.71	4.49	1.01	1.65	29.25	1.87	7.94	0.88	2.67	0.78	1.36	0.404
6.3/4	63	40	4	7	4.058	3.185	0.202	16.49	2.02	3.87	5.23	1.14	1.70	33.30	2.04	8.63	0.92	3.12	0.88	1.40	0.398
			5		4.993	3.920	0.202	20.02	2.00	4.74	6.31	1.12	2.71	41.63	2.08	10.86	0.95	3.76	0.87	1.71	0.396
			6		5.908	4.638	0.201	23.36	1.96	5.59	7.29	1.11	2.43	49.98	2.12	13.12	0.99	4.34	0.86	1.99	0.393
			7		6.802	5.339	0.201	26.53	1.98	6.40	8.24	1.10	2.78	58.07	2.15	15.47	1.03	4.97	0.86	2.29	0.389

附录 I 型钢规格表

续表

角钢号数	尺寸/mm B	b	d	r	截面面积/cm²	理论重量/(kg/m)	外表面积/(m²/m)	参考数值 x—x I_x/cm⁴	i_x/cm	W_x/cm³	y—y I_y/cm⁴	i_y/cm	W_y/cm³	x_1-x_1 I_{x_1}/cm⁴	y_0/cm	y_1-y_1 I_{y_1}/cm⁴	x_0/cm	u—u I_u/cm⁴	i_u/cm	W_u/cm³	tan α
7/4.5	70	45	4	7.5	4.547	3.570	0.226	23.17	2.26	4.86	7.55	1.29	2.17	45.92	2.24	12.26	1.02	4.40	0.98	1.77	0.410
			5		5.609	4.403	0.225	27.95	2.23	5.92	9.13	1.28	2.65	57.10	2.28	15.39	1.06	5.40	0.98	2.19	0.407
			6		6.647	5.218	0.225	32.54	2.21	6.95	10.62	1.26	3.12	68.35	2.32	18.58	1.09	6.35	0.98	2.59	0.404
			7		7.657	6.011	0.225	37.22	2.20	8.03	12.01	1.25	3.57	79.99	2.36	21.84	1.13	7.16	0.97	2.94	0.402
(7.5/5)	75	50	5	8	6.125	4.808	0.245	34.86	2.39	6.83	12.61	1.44	3.30	70.00	2.40	21.04	1.17	7.14	1.10	2.74	0.435
			6		7.260	5.699	0.245	41.12	2.38	8.12	14.70	1.42	3.88	84.30	2.44	25.37	1.21	8.54	1.08	3.19	0.435
			8		9.467	7.431	0.244	52.39	2.35	10.52	18.53	1.40	4.99	112.50	2.52	34.23	1.29	10.87	1.07	4.10	0.429
			10		11.590	9.098	0.244	62.71	2.33	12.79	21.96	1.38	6.04	140.80	2.60	43.43	1.36	13.10	1.06	4.99	0.423
8/5	80	50	5	8	6.375	5.005	0.255	41.49	2.56	7.78	12.82	1.42	3.32	85.21	2.60	21.06	1.14	7.66	1.10	2.74	0.388
			6		7.560	5.935	0.255	49.49	2.56	9.25	14.95	1.41	3.91	102.53	2.65	25.41	1.18	8.85	1.08	3.20	0.387
			7		8.724	6.848	0.255	56.16	2.54	10.58	16.96	1.39	4.48	119.33	2.69	29.82	1.21	10.18	1.08	3.70	0.384
			8		9.867	7.745	0.254	62.83	2.52	11.92	18.85	1.38	5.03	136.41	2.73	34.32	1.25	11.38	1.07	4.16	0.381
9/5.6	90	56	5	9	7.121	5.661	0.287	60.45	2.90	9.92	18.32	1.59	4.21	121.32	2.91	29.53	1.25	10.98	1.23	3.49	0.385
			6		8.557	6.717	0.286	71.03	2.88	11.74	21.42	1.58	4.96	145.59	2.95	35.58	1.29	12.90	1.23	4.18	0.384
			7		9.880	7.756	0.286	81.01	2.86	13.49	24.36	1.57	5.70	169.66	3.00	41.71	1.33	14.67	1.22	4.72	0.382
			8		11.183	8.779	0.286	91.03	2.85	15.27	27.15	1.56	6.41	194.17	3.04	47.93	1.36	16.34	1.21	5.29	0.380
10/6.3	100	63	6	10	9.617	7.550	0.320	99.06	3.21	14.64	30.94	1.79	6.35	199.17	3.24	50.50	1.43	18.42	1.38	5.25	0.394
			7		11.111	8.722	0.320	113.45	3.20	16.88	35.26	1.78	7.29	233.00	3.28	59.14	1.47	21.00	13.8	6.02	0.393
			8		12.584	9.878	0.319	127.37	3.18	19.08	39.39	1.77	8.21	266.32	3.32	67.88	1.50	23.50	1.37	6.78	0.391
			10		15.467	12.142	0.319	153.81	3.15	23.32	47.12	1.74	9.98	333.06	3.40	85.73	1.58	28.33	1.35	8.24	0.387
10/8	100	80	6	10	10.637	8.350	0.354	107.04	3.17	15.19	61.24	2.40	10.16	199.83	2.95	102.68	1.97	31.65	1.72	8.37	0.627
			7		12.301	9.656	0.354	122.73	3.16	17.52	70.08	2.39	11.71	233.20	3.00	119.98	2.01	36.17	1.72	9.60	0.626
			8		13.944	10.946	0.353	137.92	3.14	19.81	78.58	2.37	13.21	266.61	3.04	137.37	2.05	40.58	1.71	10.80	0.625
			10		17.167	13.476	0.353	166.87	3.12	24.24	94.65	2.35	16.12	333.63	3.12	172.48	2.13	49.10	1.69	13.12	0.622
11/7	110	70	6	10	10.637	8.350	0.354	133.37	3.54	17.85	42.92	2.01	7.90	265.78	3.53	69.08	1.57	25.36	1.54	6.53	0.403
			7		12.301	9.656	0.354	153.00	3.53	20.60	49.01	2.00	9.09	310.07	3.57	80.82	1.61	28.95	1.53	7.50	0.402
			8		13.944	10.946	0.353	172.04	3.51	23.30	54.87	1.98	10.25	354.39	3.62	92.70	1.65	32.45	1.53	8.45	0.401
			10		17.167	13.476	0.353	208.39	3.48	28.54	65.88	1.96	12.48	443.13	3.70	116.83	1.72	39.20	1.51	10.29	0.397

续表

角钢号数	尺寸/mm B	b	d	r	截面面积/cm²	理论重量/(kg/m)	外表面积/(m²/m)	I_x/cm⁴	i_x/cm	W_x/cm³	I_y/cm⁴	i_y/cm	W_y/cm³	I_{x_1}/cm⁴	y_0/cm	I_{y_1}/cm⁴	x_0/cm	I_u/cm⁴	i_u/cm	W_u/cm³	$\tan\alpha$
12.5/8	125	80	7	11	14.096	11.066	0.403	227.98	4.02	26.86	74.42	2.30	12.01	454.99	4.01	120.32	1.80	43.81	1.76	9.92	0.408
			8		15.989	12.551	0.403	256.77	4.01	30.41	83.49	2.28	13.56	519.99	4.06	137.85	1.84	49.15	1.75	11.18	0.407
			10		19.712	15.474	0.402	312.04	3.98	37.33	100.67	2.26	16.56	650.09	4.14	173.40	1.92	59.45	1.74	13.64	0.404
			12		23.351	18.330	0.402	364.41	3.95	44.01	116.67	2.24	19.43	780.39	4.22	209.67	2.00	69.35	1.72	16.01	0.400
14/9	140	90	8	12	18.038	14.160	0.453	365.64	4.50	38.48	120.69	2.59	17.34	730.53	4.50	195.79	2.04	70.83	1.98	14.31	0.411
			10		22.261	17.475	0.452	445.50	4.47	47.31	146.03	2.56	21.22	913.20	4.58	245.92	2.12	85.82	1.96	17.48	0.409
			12		26.400	20.724	0.451	512.59	4.44	55.87	169.79	2.54	24.95	1096.09	4.66	296.89	2.19	100.21	1.95	20.54	0.406
			14		30.456	23.908	0.451	594.10	4.42	64.18	192.10	2.51	28.54	1279.26	4.74	348.82	2.27	114.13	1.94	23.52	0.403
16/10	160	100	10	13	25.315	19.872	0.512	668.69	5.14	62.13	205.03	2.85	26.56	1362.89	5.24	336.59	2.28	121.74	2.19	21.92	0.390
			12		30.054	23.592	0.511	784.91	5.11	73.49	239.06	2.82	31.28	1635.56	5.32	405.94	2.36	142.33	2.17	25.79	0.388
			14		34.709	27.247	0.510	896.30	5.08	84.56	271.20	2.80	35.83	1908.50	5.40	476.42	2.43	162.23	2.16	29.56	0.385
			16		39.281	30.835	0.510	1003.04	5.05	95.33	301.60	2.77	40.24	2181.79	5.48	548.22	2.51	182.57	2.16	33.44	0.382
18/11	180	110	10	14	28.373	22.273	0.571	956.25	5.80	78.96	278.11	3.13	32.49	1940.40	5.89	447.22	2.44	166.50	2.42	26.88	0.376
			12		33.712	26.464	0.571	1124.72	5.78	93.53	325.03	3.10	38.32	2328.38	5.98	538.94	2.52	194.87	2.40	31.66	0.374
			14		38.967	30.589	0.570	1286.91	5.75	107.76	369.55	3.08	43.97	2716.60	6.06	631.95	2.59	222.30	2.39	36.32	0.372
			16		44.139	34.649	0.569	1443.06	5.72	121.64	411.85	3.06	49.44	3105.15	6.14	726.46	2.67	248.94	2.38	40.87	0.369
20/12.5	200	125	12	15	37.912	29.761	0.641	1570.90	6.44	116.73	483.16	3.57	49.99	3193.85	6.54	787.74	2.83	285.79	2.74	41.23	0.392
			14		43.867	34.436	0.640	1800.97	6.41	134.65	550.83	3.54	57.44	3726.17	6.62	922.47	2.91	326.58	2.73	47.34	0.390
			16		49.739	39.045	0.639	2023.35	6.38	152.18	615.44	3.52	64.69	4258.86	6.70	1058.86	2.99	366.21	2.71	53.32	0.388
			18		55.526	43.588	0.639	2238.30	6.35	169.33	677.19	3.49	71.74	4792.00	6.78	1197.13	3.06	404.83	2.70	59.18	0.385

注：1. 括号内型号不推荐使用；
2. 截面图中的 $r_1 = \frac{1}{3}d$ 及表中 r 数据用于孔型设计，不作交货条件。

附表 3 热轧工字钢(GB/T 706—1988)

符号意义：
- h——高度；
- b——腿宽度；
- d——腰厚度；
- t——平均腿宽度；
- r——内圆弧半径；
- r_1——腿端圆弧半径；
- I——惯性矩；
- W——截面因数；
- i——惯性半径；
- S——半截面的静矩。

型号	尺寸 /mm						截面面积 /cm²	理论重量 /(kg/m)	参考数值						
									$x-x$				$y-y$		
	h	b	d	t	r	r_1			I_x /cm⁴	W_x /cm³	i_x /cm	$I_x:S_x$ /cm	I_y /cm⁴	W_y /cm³	i_y /cm
10	100	68	4.5	7.6	6.5	3.3	14.3	11.2	245	49	4.14	8.59	33	9.72	1.53
12.6	126	74	4	8.4	7	3.5	18.1	14.2	488.43	77.529	5.195	10.85	46.906	12.677	1.609
14	140	80	5.5	9.1	7.5	3.8	21.5	16.9	712	102	5.76	12	64.4	16.1	1.73
16	160	88	6	9.9	8	4	26.1	20.5	1130	141	6.58	13.8	93.1	21.2	1.89
18	180	94	6.5	10.7	8.5	4.3	30.6	24.1	1660	185	7.36	15.4	122	26	2
20a	200	100	7	11.4	9	4.5	35.5	27.9	2370	237	8.15	17.2	158	31.5	2.12
20b	200	102	9	11.4	9	4.5	39.5	31.1	2500	250	7.96	16.9	169	33.1	2.06
22a	220	110	7.5	12.3	9.5	4.8	42	33	3400	309	8.99	18.9	225	40.9	2.31
22b	220	112	9.5	12.3	9.5	4.8	46.4	36.4	3570	325	8.78	18.7	239	42.7	2.27
25a	250	116	8	13	10	5	48.5	38.1	5023.54	401.88	10.18	21.58	280.046	48.283	2.403
25b	250	118	10	13	10	5	53.5	42	5283.96	422.72	9.938	21.27	309.297	52.423	2.404
28a	280	122	8.5	13.7	10.5	5.3	55.45	43.4	7114.14	508.15	11.32	24.62	345.051	56.565	2.495
28b	280	124	10.5	13.7	10.5	5.3	61.05	47.9	7480	534.29	11.08	24.24	379.496	61.209	2.493

续表

型号	尺寸 /mm						截面面积 /cm²	理论重量 /(kg/m)	参考数值							
									x—x				y—y			
	h	b	d	t	r	r₁			I_x /cm⁴	W_x /cm³	i_x /cm	$I_x:S_x$ /cm	I_y /cm⁴	W_y /cm³	i_y /cm
32a	320	130	9.5	15	11.5	5.8	67.05	52.7	11075.5	692.2	12.84	27.46	459.93	70.758	2.619
32b	320	132	11.5	15	11.5	5.8	73.45	57.7	11621.4	726.33	12.58	27.09	501.53	75.989	2.614
32c	320	134	13.5	15	11.5	5.8	79.95	62.8	12167.5	760.47	12.34	26.77	543.81	81.166	2.608
36a	360	136	10	15.8	12	6	76.3	59.9	15760	875	14.4	30.7	552	81.2	2.69
36b	360	138	12	15.8	12	6	83.5	65.6	16530	919	14.1	30.3	582	84.3	2.64
36c	360	140	14	15.8	12	6	90.7	71.2	17310	962	13.8	29.9	612	87.4	2.6
40a	400	142	10.5	16.5	12.5	6.3	86.1	67.6	21720	1090	15.9	34.1	660	93.2	2.77
40b	400	144	12.5	16.5	12.5	6.3	94.1	73.8	22780	1140	15.6	33.6	692	96.2	2.71
40c	400	146	14.5	16.5	12.5	6.3	102	80.1	23580	1190	15.2	33.2	727	99.6	2.65
45a	450	150	11.5	18	13.5	6.8	102	80.4	32240	1430	17.7	38.6	855	114	2.89
45b	450	152	13.5	18	13.5	6.8	111	87.4	33760	1500	17.4	38	894	118	2.84
45c	450	154	15.5	18	13.5	6.8	120	94.5	35280	1570	17.1	37.6	938	122	2.79
50a	500	158	12	20	14	7	119	93.6	46470	1860	19.7	42.8	1120	142	3.07
50b	500	160	14	20	14	7	129	101	48560	1940	19.4	42.4	1170	146	3.01
50c	500	162	16	20	14	7	139	109	50640	2080	19	41.8	1220	151	2.96
56a	560	166	12.5	21	14.5	7.3	135.25	106.2	65585.6	2343.31	22.02	47.73	1370.16	165.08	3.182
56b	560	168	14.5	21	14.5	7.3	146.45	115	68512.5	2446.69	21.63	47.17	1486.75	174.25	3.162
56c	560	170	16.5	21	14.5	7.3	157.85	123.9	71439.4	2551.41	21.27	46.66	1558.39	183.34	3.158
63a	630	176	13	22	15	7.5	154.9	121.6	93916.2	2981.47	24.62	54.17	1700.55	193.24	3.314
63b.	630	178	15	22	15	7.5	167.5	131.5	98083.6	3163.38	24.2	53.51	1812.07	203.6	3.289
63c	630	180	17	22	15	7.5	180.1	141	102251.1	3298.42	23.82	52.92	1924.91	213.88	3.268

注：截面图和表中标注的圆弧半径 r、r_1 的数据用于孔型设计，不作交货条件。

附表 4 热轧槽钢（GB/T 707 — 1988）

符号意义：
h ——高度；
b ——腿宽度；
d ——腰厚度；
t ——平均腿宽度；
r ——内圆弧半径；
r_1 ——腿端圆弧半径；
I ——惯性矩；
W ——惯性因数；
i ——惯性半径；
X_1 —— y-y 轴与 y_1-y_1 轴间距。

型号	尺寸 /mm						截面面积 /cm²	理论重量 /(kg/m)	参 考 数 据								
									x-x			y-y			y_1-y_1	z_0 /cm
	h	b	d	t	r	r_1			W_x /cm³	I_x /cm⁴	i_x /cm	W_y /cm³	I_y /cm⁴	i_y /cm	I_{y1} /cm⁴	
5	50	37	4.5	7	7	3.5	6.93	5.44	10.4	26	1.94	3.55	8.3	1.1	20.9	1.35
6.3	63	40	4.8	7.5	7.5	3.75	8.444	6.63	16.123	50.786	2.453	4.50	11.872	1.185	28.38	1.36
8	80	43	5	8	8	4	10.24	8.04	25.3	101.3	3.15	5.79	16.6	1.27	37.4	1.43
10	100	48	5.3	8.5	8.5	4.25	12.74	10	39.7	198.3	3.95	7.8	25.6	1.41	54.9	1.52
12.6	126	53	5.5	9	9	4.5	15.69	12.37	62.137	391.466	4.953	10.242	37.99	1.567	77.09	1.59
14a	140	58	6	9.5	9.5	4.75	18.51	14.53	80.5	563.7	5.52	13.01	53.2	1.7	107.1	1.71
14b	140	60	8	9.5	9.5	4.75	21.31	16.73	87.1	609.4	5.35	14.12	61.1	1.69	120.6	1.67
16a	160	63	6.5	10	10	5	21.95	17.23	108.3	866.2	6.28	16.3	73.3	1.83	144.1	1.8
16	160	65	8.5	10	10	5	25.15	19.74	116.8	934.5	6.1	17.55	83.4	1.82	160.8	1.75
18a	180	68	7	10.5	10.5	5.25	25.69	20.17	141.4	1272.7	7.04	20.03	98.6	1.96	189.7	1.88
18	180	70	9	10.5	10.5	5.25	29.29	22.99	152.2	1369.9	6.84	21.52	111	1.95	210.1	1.84

续表

型号	尺寸 /mm					截面面积 /cm²	理论重量 /(kg/m)	参考数据						
								x—x			y—y		$y_1—y_1$	z_0 /cm
	h	b	d	t	r	r_1			W_x /cm³	I_x /cm⁴	i_x /cm	W_y /cm³	I_y /cm⁴	i_y /cm	I_{y1} /cm⁴	
20a	200	73	7	11	11	5.5	28.83	22.63	178	1780.4	7.86	24.2	128	2.11	244	2.01
20	200	75	9	11	11	5.5	32.83	25.77	191.4	1913.7	7.64	25.88	143.6	2.09	268.4	1.95
22a	220	77	7	11.5	11.5	5.75	31.84	24.99	217.6	2393.9	8.67	28.17	157.8	2.23	298.2	2.1
22	220	79	9	11.5	11.5	5.75	36.24	28.45	233.8	2571.4	8.42	30.05	176.4	2.21	326.3	2.03
25a	250	78	7	12	12	6	34.91	27.47	269.597	3369.62	9.823	30.607	175.529	2.243	322.256	2.065
25b	250	80	9	12	12	6	39.91	31.39	282.402	3530.04	9.405	32.657	196.421	2.218	353.187	1.982
25c	250	82	11	12	12	6	44.91	35.32	295.236	3690.45	9.065	35.926	218.415	2.206	384.133	1.921
28a	280	82	7.5	12.5	12.5	6.25	40.02	31.42	340.328	4764.59	10.91	35.718	217.989	2.333	387.566	2.097
28b	280	84	9.5	12.5	12.5	6.25	45.62	35.81	366.46	5130.45	10.6	37.929	242.144	2.304	427.589	2.016
28c	280	86	11.5	12.5	12.5	6.25	51.22	40.21		5496.32	10.35	40.301	267.602	2.286	426.597	1.951
32a	320	88	8	14	14	7	48.7	38.22	474.879	7598.06	12.49	46.473	304.787	2.502	552.31	2.242
32b	320	90	10	14	14	7	55.1	43.25	509.012	8144.2	12.15	49.157	336.332	2.471	592.933	2.158
32c	320	92	12	14	14	7	61.5	48.28	543.145	8690.33	11.88	52.642	374.175	2.467	643.299	2.092
36a	360	96	9	16	16	8	60.89	47.8	659.7	11874.2	13.97	63.54	455	2.73	818.4	2.44
36b	360	98	11	16	16	8	68.09	53.45	702.9	12651.8	13.63	66.85	496.7	2.7	880.4	2.37
36c	360	100	13	16	16	8	75.29	50.1	746.1	13429.4	13.36	70.02	536.4	2.67	947.9	2.34
40a	400	100	10.5	18	18	9	75.05	58.91	878.9	17577.9	15.30	78.83	592	2.81	1067.7	2.49
40b	400	102	12.5	18	18	9	83.05	65.19	932.2	18644.5	14.98	82.52	640	2.78	1135.6	2.44
40c	400	104	14.5	18	18	9	91.05	71.47	985.6	19711.2	14.71	86.19	687.8	2.75	1220.7	2.42

截面图和表中标注的圆弧半径 r，r_1 的数据用于孔型设计，不作交货条件。

附录 II 习题答案

第 2 章

2-1 $F=141\text{N}$，$(F,P)=29°44'$

2-2 (a) $F_{AC}=1.55$(压)，$F_{AB}=0.5774P$(拉)；(b) $F_{AC}=1.55P$(拉)，$F_{AB}=0.5774P$(压)
(c) $F_{AC}=0.5P$(压)，$F_{AB}=0.866P$(拉)；(d) $F_{AC}=F_{AB}=0.5774P$(拉)

2-3 (a) $F_A=15.8\text{kN}$，$F_B=7.07\text{kN}$；(b) $F_A=22.4\text{kN}$，$F_B=10\text{kN}$

2-4 $F_A=0.79P$，$F_B=F_C=0.35P$

2-5 $F_A=\dfrac{\sqrt{2}}{2}F$，沿 AC 连线的方向；$F_B=\dfrac{\sqrt{2}}{2}F$，沿 CB 连线的方向

2-6 $\dfrac{P}{Q}=0.612$

2-7 $F_N=2.31\text{kN}(\leftarrow)$

2-8 $N_{AB}=54.6\text{kN}$(拉)，$N_{CB}=74.6\text{kN}$(压)

2-9 $F_1=1\text{kN}$；$F_2=1.41\text{kN}$；$F_3=1.58\text{kN}$；$F_4=1.15\text{kN}$

2-10 $F_{TAC}=143.16\text{kN}$

2-11 略

2-12 $N_A=2500\text{N}$(向下)，$N_B=2500\text{N}$(向上)

2-13 $F_A=F_B=F_C=\dfrac{m}{2\sqrt{2}a}$

2-14 $m_2=4\text{kN}\cdot\text{m}$ 转向逆时针；$F_A=F_B=1.155\text{kN}$

2-15 $F_{NA}=F_{NB}=25\text{kN}$

2-16 $F_{AB}=5\text{kN}$(拉力)；$M_2=3\text{N}\cdot\text{m}$

2-17 $M_1/M_2=2$

第 3 章

3-1 $F_R'=466.5N, M_O=21.44\text{N}\cdot\text{m}$,
$d=45.96$

3-2 $F_{DC}=50.2\text{kN}$；$F_{Ax}=202\text{kN}$，$F_{Ay}=14.2\text{kN}$

3-3 $F_B = 18.1\text{kN}$；$F_{Ax} = 10\text{kN}$，$F_{Ay} = 19.2\text{kN}$

3-4 $F_B = 17.3\text{kN}$；$F_{Ax} = 8.7\text{kN}$，$F_{Ay} = 25\text{kN}$

3-5 (a) $F_{Ax} = 0$，$F_{Ay} = qa$，$M_A = \frac{1}{2}qa^2$；$F_{Bx} = F_{By} = 0$；$F_C = 0$

(b) $F_{Ax} = \frac{qa}{2}\tan\alpha$，$F_{Ay} = \frac{1}{2}qa$，$M_A = \frac{1}{2}qa^2$；$F_{Bx} = \frac{qa}{2}\tan\alpha$，$F_{By} = \frac{1}{2}qa$；
$F_C = \frac{qa}{2\cos\alpha}$

(c) $F_{Ax} = \frac{M}{a}\tan\alpha$，$F_{Ay} = -\frac{M}{a}$，$M_A = -M$；$F_B = F_C = \frac{M}{a\cos\alpha}$

(d) $F_{Ax} = F_{Ay} = 0$，$M_A = M$；$F_{Bx} = F_{By} = 0$；$F_C = 0$

(e) $F_{Ax} = \frac{qa}{8}\tan\alpha$，$F_{Ay} = \frac{7}{8}qa$，$M_A = \frac{3}{4}qa^2$；$F_{Bx} = \frac{qa}{8}\tan\alpha$，$F_{By} = \frac{3}{8}qa$；
$F_C = \frac{qa}{8\cos\alpha}$

3-6 (a) $F_{Ax} = P$，$F_{Ay} = 3qa - \frac{5}{6}P$；$F_B = 3qa + \frac{5}{6}P$

(b) $F_{Ax} = 6qa$，$F_{Ay} = P$；$m_A = 2Pa + 18qa^2$ 转向为逆时针

(c) $F_{Ax} = P$，$F_{Ay} = 6qa$；$m_A = 4Pa + 12qa^2 + m_2 - m_1$ 转向为逆时针

(d) $F_{Ax} = 2qa$，$F_{Ay} = 2qa$；$m_A = 4qa^2$ 转向为逆时针

3-7 $F_B = 2\text{kN}(\downarrow)$；$F_{Ax} = 6\text{kN}$，$F_{Ay} = 10\text{kN}$

3-8 $F_A = 3.75\text{kN}(\uparrow)$；$F_B = 0.25\text{kN}(\downarrow)$

3-9 $F_{Ax} = 21.3\text{kN}$，$F_{Ay} = 0.67\text{kN}$；$F_{CD} = 23.9\text{kN}$

3-10 $F_A = 48.33\text{kN}$，$F_B = 8.33\text{kN}$，$F_D = 100\text{kN}$

3-11 $F_{Ay} = -24\text{kN}(\downarrow)$；$N_B = 58\text{kN}$；$F_{Cy} = 14\text{kN}$；$N_D = 6\text{kN}$

3-12 $W_1 > 4W_2 = 60\text{kN}$

3-13 $W_3 = 333.3\text{kN}$；$x = 6.75\text{m}$

3-14 $F_{Ax} = 43\text{kN}$，$F_{Ay} = 20\text{kN}$；$F_{Bx} = 43\text{kN}$，$F_{By} = 20\text{kN}$；$F_{Cx} = 3\text{kN}$，$F_{Cy} = 20\text{kN}$

3-15 $P = 616\text{N}$，$R_O = 1155\text{N}$，$F_{By} = 384\text{N}$，$F_{By} = 578\text{N}$

3-16 $F_{Ax} = 2.4\text{kN}$，$F_{Ay} = 1.2\text{kN}$；$F_{BC} = 8.48\text{kN}(拉)$

3-17 $F_{Ax} = 0.4\text{kN}$（沿 CA 方向），$F_{Ay} = 0.15\text{kN}$（沿 AB 方向）；$F_{BC} = 0.25\text{kN}$（压）

3-18 $m = 9.24\text{kN} \cdot \text{m}$

3-19 $T = \dfrac{Wa}{2l\cos\alpha\sin^2\dfrac{\alpha}{2}}$；当 $\alpha = 60°$ 时，$T_{\min} = \dfrac{4Wa}{l}$

3-20 $F_{Ay} = 2.5\text{kN}$，$m_A = 10\text{kN} \cdot \text{m}$；$F_{By} = 1.5\text{kN}$

3-21 $F_{Ax} = 34.64\text{kN}$，$F_{Ay} = 60\text{kN}$，$M_A = 40\text{kN} \cdot \text{m}$；$F_{Bx} = 34.64\text{kN}$，$F_{By} = 60\text{kN}$；
$F_C = 69.3\text{kN}$

3-22　$F_{Ax}=0$，$F_{Ay}=25\text{kN}(\downarrow)$；$F_B=150\text{kN}$；$F_D=25\text{kN}$；$F_C=25\text{kN}$

3-23　$F_A=25\text{kN}(\uparrow)$；$M_A=20\text{kN}\cdot\text{m}$，$F_B=15\text{kN}$；$F_C=15\text{kN}$

3-24　$F_{Ax}=F_{Ay}=0$；$F_{Bx}=50\text{kN}(\leftarrow)$，$F_{By}=100\text{kN}(\uparrow)$；$F_{Cx}=50\text{kN}(\rightarrow)$，$F_{Cy}=0$

3-25　$F_{Ax}=20\text{kN}$，$F_{Ay}=70\text{kN}$；$F_{Bx}=20\text{kN}(\leftarrow)$，$F_{By}=50\text{kN}$；$F_{Cx}=20\text{kN}$，$F_{Cy}=10\text{kN}$

3-26　$F_1=13\text{kN}(拉)$；$F_2=26\text{kN}(压)$；$F_3=17.3\text{kN}(拉)$；$F_4=25\text{kN}(压)$；
$F_5=17.3\text{kN}(压)$；$F_6=30.3\text{kN}(拉)$；$F_7=35\text{kN}(压)$

3-27　$F_1=197\text{kN}(压)$；$F_2=180\text{kN}(拉)$；$F_3=36.9\text{kN}(压)$；$F_4=160\text{kN}(压)$；
$F_5=30\text{kN}(压)$；$F_6=160\text{kN}(压)$；$F_7=112.6\text{kN}(拉)$；$F_8=56.3\text{kN}(拉)$；
$F_9=56.3\text{kN}(拉)$；$F_{10}=160\text{kN}(压)$；$F_{11}=30\text{kN}(压)$；$F_{12}=160\text{kN}(压)$；
$F_{13}=180\text{kN}(拉)$；$F_{14}=36.9\text{kN}(压)$；$F_{15}=197\text{kN}(压)$；

3-28　$F_1=62.5\text{kN}(压)$；$F_2=88.4\text{kN}(拉)$；$F_3=62.5\text{kN}(压)$；$F_4=62.5\text{kN}(拉)$；
$F_5=88.4\text{kN}(拉)$；$F_6=125\text{kN}(压)$；$F_7=100\text{kN}(压)$；$F_8=125\text{kN}(压)$；
$F_9=53\text{kN}(拉)$；$F_{10}=87.5\text{kN}(拉)$；$F_{11}=87.5\text{kN}(压)$；$F_{12}=123.7\text{kN}(拉)$；
$F_{13}=87.5\text{kN}(压)$

3-29　$F_1=2.5G(拉)$；$F_2=3.54G(压)$；$F_3=G(拉)$；$F_4=2.5G(拉)$；$F_5=0.707G(拉)$；
$F_6=4G(拉)$

3-30　$F_1=P$，$F_2=2.236P$，$F_3=1.5P$

3-31　$F_{Ax}=-F, F_{Ay}=-160kN,$
$F_B=160\sqrt{2}\text{kN}, F_C=-80N$

3-32　$F_D=84kN$

第 4 章

4-1　$\boldsymbol{M}_O(\boldsymbol{F}_1)=-20\boldsymbol{j}$
$\boldsymbol{M}_O(\boldsymbol{F}_2)=-24.96\boldsymbol{i}-16.64\boldsymbol{j}+49.92\boldsymbol{k}$
$\boldsymbol{M}_O(\boldsymbol{F}_3)=-26.83\boldsymbol{i}+53.66\boldsymbol{k}$

4-2　$M_z=-101.4\text{N}\cdot\text{m}$

4-3　$M=Fa\sin\alpha\sin\theta$

4-4　$F_A=F_B=-26.39\text{ kN}(压)$，$F_C=33.46\text{ kN }(拉)$

4-5　$F_1=-5\text{ kN}(压)$，$F_2=-5\text{ kN }(压)$，$F_3=-7.07\text{ kN }(压)$，$F_4=5\text{ kN }(拉)$，
$F_5=5\text{ kN }(拉)$，$F_6=-10\text{ kN }(拉)$

4-6　$F_A=8\dfrac{1}{3}\text{kN}$，$F_B=78\dfrac{1}{3}\text{kN}$，$F_C=43\dfrac{1}{3}\text{kN}$
$F_{ox}=150N, F_{oy}=75N, F_{oz}=500N$；

4-7　$M_x=100\text{N}\cdot\text{m}, M_y=-37.5\text{N}\cdot\text{m}, M_z=-24.38\text{N}\cdot\text{m}, F_{ox}=150N, F_{oy}=75N, F_{oz}=500N$

4-8　(1) $M_z=22.5\text{N}\cdot\text{m}$

(2) $F_{Ax} = 75\text{N}$, $F_{Ay} = 0$, $F_{Az} = 50\text{N}$

(3) $F_x = 75\text{N}$, $F_y = 0$

4-9 $F_3 = 4000\text{N}$, $F_4 = 2000\text{N}$; $F_{Ax} = -6375\text{N}$, $F_{Az} = 1299\text{N}$;
$F_{Bx} = -4125\text{N}$, $F_{By} = 3897\text{N}$

4-10 $M_x = \dfrac{F}{4}(h-3r), M_y = \dfrac{\sqrt{3}}{4}F(h+r), M_z = \dfrac{1}{2}Fr$

$F_{Cx} = -0.378\text{ kN}$, $F_{Cz} = -12.46\text{ kN}$, $F_{Dx} = -6.275\text{ kN}$, $F_{Dz} = 23.25\text{ kN}$

4-11 $F=200\text{ N}$; $F_{Bz} = F_{Bx} = 0\text{ N}$; $F_{Ax}=86.6\text{ N}$, $F_{Ay}=150\text{ N}$, $F_{Az}=100\text{N}$

4-12 $x_C = 90\text{ mm}$, $y_C = 0$

4-13 重心位置距离下端为 59.53mm，距离右端为 78.26mm

4-14 $x_C = 0$, $y_C = 120.81\text{ mm}$。

4-15 $x_C = 23.1\text{ mm}$, $y_C = 38.5\text{ mm}$, $z_C = -28.1\text{ mm}$

4-16 $x_C = 21.43\text{ mm}$, $y_C = 21.43\text{ mm}$, $z_C = -7.143\text{ mm}$

第5章

5-1 (1) 能平衡 $F_s = 2000\text{ N}$，(2) 不能平衡 $F_d = 150\text{ N}$

5-2 $f_s = 0.223$

5-3 $s = 0.456l$

5-4 $f_s = 1/2\sqrt{3}$

5-5 $F_1 = 277.78\text{ N}$; $F_2 = 222.27\text{ N}$

5-6 $l_{\min} = 50\text{ mm}$

5-7 $b_{\min} = 2f_s h/3$，与门重无关

5-8 $F_1 = F_2 \geqslant 800\text{N}$

5-9 $b \leqslant 110\text{mm}$

5-10 $49.61\text{N}\cdot\text{m} \leqslant M_C \leqslant 70.39\text{N}\cdot\text{m}$

5-11 $e \leqslant f_s d/2$

5-12 $\varphi_A = 16°\,6'$, $\varphi_B = \varphi_C = 30°$

5-13 $M = P_2(R\sin\alpha - \gamma)$, $F_s = P_2\sin\alpha$, $F_N = P_1 - P_2\cos\alpha$

5-14 $\alpha = 1°\,9'$

第7章

7-21 $\sigma_{AB} = 3.647\text{MPa}$, $\sigma_{BC} = 137.9\text{MPa}$

7-22 $\sigma_1 = 62.5\text{MPa}$, $\sigma_2 = -60\text{MPa}$, $\sigma_3 = 50\text{MPa}$

7-23 (a) $\Delta l = -\dfrac{Fl}{3EA}$, $\sigma_1 = \dfrac{F}{2A}$, $\sigma_2 = -\dfrac{F}{2A}$; (b) $\Delta l = -\dfrac{2Fl}{3EA}$, $\sigma_1 = \dfrac{2F}{A}$, $\sigma_2 = \dfrac{F}{A}$, $\sigma_3 = 0$

7-24 $\Delta l = 0.25\text{mm}$, $\sigma = 71.4\text{MPa} > [\sigma]$

7-25 $\sigma = 0.249$ mm

7-26 $\delta_{BX} = \Delta l_2$, $\delta_{BY} = \dfrac{\Delta l + \Delta l_2 \cos\alpha}{\sin\alpha}$

7-27 $d_1 = 18$ mm, $d_2 = 23$ mm

7-28 97.1 kN

7-29 强度足够

7-30 $\Delta l_1 = \dfrac{-\sqrt{3}N_1 l}{EA}$, $\Delta l_2 = \dfrac{2N_2 l}{EA}$, $\Delta l_3 = \dfrac{N_3 l}{EA}$

7-31 强度足够

7-32 强度足够

7-33 $\sigma_1 = 127.3$ MPa, $\sigma_2 = 63.7$ MPa

7-34 分别为 63.7 MPa、95.5 MPa、55.1 MPa

7-35 都为 17.1 mm

7-36 强度足够

7-37 $\theta = 54.8°$

7-38 $\Delta l = 7.5 \times 10^{-2}$ mm

7-39 $x = \dfrac{E_2 A_2 l_1 l}{E_1 A_1 l_2 + E_2 A_2 l_1}$

7-40 $\tau = 70.7$ MPa $> [\tau]$,销钉强度不够。应改为 $d > 35.6$ mm 的销钉

7-41 $d \geqslant 50$ mm, $b \geqslant 100$ mm

7-42 $\tau = 66.3$ MPa, $\sigma_{bs} = 102$ MPa,安全

7-43 $l = 200$ mm, $a = 20$ mm

第 8 章

8-1 B

8-2 $R^4/8$

8-3 $I_z = 0.642 a^4$, $I_y = 0.642 a^4$

8-4 C

8-5 B

8-6 D

8-7 B

8-8 $I_{yC} = 4447.9$ cm^4

8-9 77500 mm^4

8-10 $y_C = 0$, $z_C = 102.7$ mm, $I_{y_C} = 39.1 \times 10^6$ mm^4, $I_{z_C} = 23.4 \times 10^6$ mm^4

第9章

9-6　$\tau_\rho = 35\text{MPa}$，$\tau_{\max} = 87.6\text{MPa}$

9-7　$d_1 \geqslant 84.6\text{mm}$，$d_2 \geqslant 74.5\text{mm}$，$d \geqslant 84.6\text{mm}$

9-9　$\tau_{\max} = 19.25\text{MPa}$

9-10　$[M] = 1.992\text{kN} \cdot \text{m}$

9-11　$\tau_{\max} = 19.25\text{MPa} < [\tau]$，安全

9-12　$d \geqslant 39.3\text{mm}$，$d_1 \leqslant 24.7\text{mm}$，$d_2 \geqslant 41.2\text{mm}$

9-13　(1) $T_{\max} = 1.273\text{kN} \cdot \text{m}$；$d \geqslant 43.3\text{mm}$　(3) $T'_{\max} = 0.955\text{kN} \cdot \text{m}$

9-14　$\tau_{\max} = 372\text{MPa}$

9-15　$G = 84.2\text{GPa}$

9-16　$d \geqslant 68\text{mm}$

9-17　$\tau_{\max} = \dfrac{16M}{\pi d_2^3}$

9-18　(1) $\tau_{\max} = 46.6\text{MPa}$

　　　(2) $N_k = 71.8\text{kW}$

9-19　$d \geqslant 63\text{mm}$

9-20　$\varphi_B = \dfrac{ml^2}{2GI_\text{p}}$

第10章

10-1　(a) $F_{S1} = 0$，$M_1 = Fa$；$F_{S2} = -F$，$M_2 = Fa$；$F_{S3} = 0$，$M_3 = 0$

　　　(b) $F_{S1} = 0$，$M_1 = 0$；$F_{S2} = -qa$，$M_2 = -\dfrac{1}{2}qa^2$；$F_{S3} = -qa$，$M_3 = -\dfrac{1}{2}qa^2$

　　　(c) $F_{S1} = 1.33\text{kN}$，$M_1 = 267\text{N} \cdot \text{m}$；$F_{S2} = -0.667\text{kN}$，$M_2 = 333\text{N} \cdot \text{m}$

　　　(d) $F_{S1} = -qa$，$M_1 = -\dfrac{1}{2}qa^2$；$F_{S2} = -\dfrac{3}{2}qa$，$M_2 = -2qa^2$

　　　(e) $F_{S1} = 1\text{kN}$，$M_1 = 2\text{kN} \cdot \text{m}$；$F_{S2} = -3\text{kN}$，$M_2 = -8\text{kN}$；$F_{S3} = 0$，$M_3 = 0$

　　　(f) $F_{S1} = 5\text{kN}$，$M_1 = 10\text{kN} \cdot \text{m}$；$F_{S2} = -5\text{kN}$，$M_2 = 0$；$F_{S3} = 8\text{kN}$，$M_3 = -8\text{kN} \cdot \text{m}$

10-2　(a) $F_{S\max} = ql$，$M_{\max} = \dfrac{ql^2}{2}$；(b) $F_{S\max} = \dfrac{3ql}{4}$，$M_{\max} = \dfrac{ql^2}{4}$

　　　(c) $F_{S\max} = \dfrac{M_e}{l}$，$M_{\max} = M_e$；(d) $F_{S\max} = \dfrac{9ql}{8}$，$M_{\max} = ql^2$

　　　(e) $F_{S\max} = F$，$M_{\max} = \dfrac{Fl}{2}$；(f) $F_{S\max} = \dfrac{3ql}{2}$，$M_{\max} = \dfrac{9ql^2}{8}$

10-3　(a) $F_{S\max} = 3F$，$M_{\max} = 4Fl$；(b) $F_{S\max} = 2ql$，$M_{\max} = 3ql^2$

(c) $F_{S\max} = \dfrac{2F}{3}$, $M_{\max} = \dfrac{2Fl}{3}$; (d) $F_{S\max} = \dfrac{3ql}{4}$, $M_{\max} = \dfrac{9ql^2}{32}$

(e) $F_{S\max} = \dfrac{ql}{2}$, $M_{\max} = \dfrac{ql^2}{8}$; (f) $F_{S\max} = \dfrac{7ql}{6}$, $M_{\max} = \dfrac{5ql^2}{6}$

10-6 小车在中心位置时梁的弯矩最大；$M_{\max} = F(l - d/2)^2 / 2l$

第 11 章

11-1 都相同

11-2 $\sigma_{\max} = 100\text{MPa}$

11-3 $\sigma_{\max} = 6Fl/bh^2$

11-4 $\sigma_a = 6.04\text{MPa}$, $\tau_a = 0.379\text{MPa}$, $\sigma_b = 12.9\text{MPa}$, $\tau_b = 0$

11-5 $\sigma_{\max} = 102\text{MPa}$, $\tau_{\max} = 3.39\text{MPa}$

11-6 $\tau_{\max} = 24.12\text{MPa}$

11-7 $\sigma = 100\text{MPa}$

11-8 $\sigma_{t\max} = 54.0\text{MPa}$, $\sigma_{c\max} = 156\text{MPa}$

11-9 $x = l/5$

11-10 $a = 1.358\text{m}$

11-11 $\sigma_A = -54.3\text{MPa}$, $\sigma_B = 0$, $\sigma_C = 108.6\text{MPa}$

11-12 $b \geqslant 277\text{mm}$, $h \geqslant 416\text{mm}$

11-13 $d_{\max} = 86\text{mm}$

11-14 $\sigma_{t\max} = 70.29\text{MPa}$, $\sigma_{c\max} = 43.7\text{MPa}$

11-15 $\sigma_{\max 1} = 156\text{MPa}$, $\sigma_{\max 2} = 92.5\text{MPa}$

空心截面比实心截面最大应力减少 41%

11-16 $M_{\max} = 140.2\text{kN} \cdot \text{m}$

第 12 章

12-2 (a) $w_{\max} = \dfrac{ql^4}{8EI}$, $\theta_{\max} = \dfrac{ql^3}{6EI}$

(b) $w_{\max} = \dfrac{5ql^4}{384EI}$, $\theta_{\max} = \dfrac{ql^3}{24EI}$

12-3 $w_{\max} = \dfrac{3Fl^3}{16EI}$, $\theta_{\max} = \dfrac{5Fl^2}{16EI}$

12-4 $w = \dfrac{13ql^4}{384EI}$, $\theta = \dfrac{5ql^3}{48EI}$

12-5 $w = \dfrac{5Fl^3}{48EI} + \dfrac{Ml^2}{2EI}$, $\theta = \dfrac{Fl^2}{8EI} + \dfrac{Ml}{EI}$

12-6　$w = \dfrac{11Fa^3}{6EI}$，$\theta = \dfrac{3Fl^2}{8EI} + \dfrac{Ml}{EI}$

12-7　$w_A = \dfrac{5qa^4}{24EI}$，$\theta_B = \dfrac{qa^3}{12EI}$

12-8　$w_C = -\dfrac{15ql^4}{24EI}$，$\theta_{Cx} = \dfrac{19ql^3}{24EI}$

12-9　(1) $x = 0.152l$；(2) $x = 0.167l$

12-10　$l_{\max} = 10.3\text{m}$

12-11　$y_V = -\dfrac{2Fa^3}{EI}$，$y_H = \dfrac{7Fa^3}{3EI}$

第 13 章

13-3　(a) $\sigma_\alpha = -27.3\text{MPa}$，$\tau_\alpha = -27.3\text{MPa}$
　　　(b) $\sigma_\alpha = -52.3\text{MPa}$，$\tau_\alpha = -18.7\text{MPa}$
　　　(c) $\sigma_\alpha = -10\text{MPa}$，$\tau_\alpha = -30\text{MPa}$

13-7　$\sigma_1 = 69.7\text{MPa}$，$\sigma_2 = 9.86\text{MPa}$，$\alpha_0 = -23.7°$

13-8　A 点：$\sigma_1 = \sigma_2 = 0$，$\sigma_2 = -60\text{MPa}$，$\alpha_0 = 90°$
　　　B 点：$\sigma_1 = 0.1678\text{MPa}$，$\sigma_2 = 0$，$\sigma_3 = -30.2\text{MPa}$，$\alpha_0 = 85.7°$
　　　C 点：$\sigma_1 = 3\text{MPa}$，$\sigma_2 = 0$，$\sigma_3 = -3\text{MPa}$，$\alpha_0 = 45°$

13-10　1 点：$\sigma_1 = 0$，$\sigma_2 = 0$，$\sigma_3 = -120\text{MPa}$
　　　　2 点：$\sigma_1 = 36\text{MPa}$，$\sigma_2 = 0$，$\sigma_3 = -36\text{MPa}$
　　　　3 点：$\sigma_1 = 70.3\text{MPa}$，$\sigma_2 = 0$，$\sigma_3 = -10.3\text{MPa}$
　　　　4 点：$\sigma_1 = 120\text{MPa}$，$\sigma_2 = 0$，$\sigma_3 = 0$

13-11　(1)：$\sigma_1 = 150\text{MPa}$，$\sigma_2 = 75\text{MPa}$，$\tau_{\max} = -10.3\text{MPa}$
　　　　(2)：$\sigma_\alpha = 131\text{MPa}$，$\tau_\alpha = -32.5\text{MPa}$

13-13　(1) -45.2MPa，0，7.7MPa，
　　　　(2) 109.3Mpa，0，-45.6MPa，$32.9°$

13-14　(1) 21.3MPa，24.25MPa，
　　　　(2) 84.7MPa，0，-5.0MPa

13-15　$\sigma_1 = 0$，$\sigma_2 = -19.8\text{Mpa}$，$\sigma_3 = -60\text{MPa}$

13-16　$\theta = -57.8 \times 10^{-6}$

13-19　按第三强度理论：$P = 1.2\text{MPa}$；按第四强度理论：$P = 1.38\text{MPa}$

13-20　$[\tau_1] = [\sigma]$，$[\tau_2] = \dfrac{[\sigma]}{1+\mu}$

13-21　(a) $\sigma_{r3} = \sigma$
　　　　(b) $\sigma_{r3} = \dfrac{1-2\mu}{1-\mu}\sigma$

第 14 章

14-1　$\sigma_{tmax} = 79.6\text{MPa}$，$\sigma_{cmax} = 177\text{MPa}$，$\sigma_A = -51.7\text{MPa}$

14-2　No.20a

14-3　$\sigma_{max} = 153.5\text{MPa}$，$\tau_{max} = 62.1\text{MPa}$，$\sigma_A = 168.2\text{MPa}$

14-4　$d \geqslant 23.6\text{mm}$

14-5　$l = 585\text{mm}$

14-6　$\theta = 0°$，$\sigma_{r3} = 117.9\text{MPa}$

14-7　$\sigma_{tmax} = 26.9\text{MPa} < [\sigma_t]$，$\sigma_{cmax} = 32.3\text{MPa} < [\sigma_c]$，安全

14-8　$W = 484\text{kN}$

14-9　$\sigma_A = 8.83\text{MPa}$，$\sigma_A = 3.83\text{MPa}$，$\sigma_C = -12.2\text{MPa}$，$\sigma_D = -7.17\text{MPa}$；
　　　中性轴的截矩 $a_y = 15.6\text{mm}$，$a_z = 33.4\text{mm}$

14-13　$\sigma_{r3} = 84.2\text{MPa} < [\sigma]$，安全

14-14　$d \geqslant 51.9\text{mm}$

14-15　$\sqrt{(\dfrac{4F}{\pi d^2})^2 + 3(\dfrac{16M}{\pi d^3})} \leqslant [\sigma]$

14-17　$\sigma_{r4} = 119.6\text{MPa}$

14-18　$[F] = 4.15 \times 10^{-5} [\sigma] l^2$

第 15 章

15-1　(B)

15-2　(A)

15-3　$P_{cr} = 88.6\text{kN}$

15-4　2540kN，4705kN，4825kN

15-5　满足稳定性要求。

15-6　175kN

15-7　2034kN

15-8　$n = 1.64 > [n_{st}]$，稳定

15-9　$P_{cr} = 259\text{kN}$

15-10　(1) $P_{cr} = 119\text{kN}$，(2) $n = 1.7 < n_{st}$，不安全

15-11　$P = 25.1\text{kN}$

15-12　(1) $n = 2.7 > n_{st}$ 安全
　　　　(2) 10 号或 12.6 号 z 字钢

参 考 文 献

[1] 北京科技大学，东北大学. 工程力学. 3 版. 北京：高等教育出版社，1997.
[2] 孟繁英. 工程力学. 天津：天津大学出版社，1996.
[3] 王虎. 工程力学. 西安：西北大学出版社，2002.
[4] 范钦珊，王琪. 工程力学(2). 北京：高等教育出版社，2002.
[5] 禹奇才，张亚芳，刘锋. 工程力学. 广州：华南理工大学出版社，2003.
[6] 贾启芬. 工程力学. 天津：天津大学出版社，2003.
[7] 冯维明. 工程力学. 北京：国防工业出版社，2003.
[8] 哈尔滨工业大学理论力学教研室. 理论力学. 北京：高等教育出版社，1997.
[9] 牛学仁. 理论力学. 北京：机械工业出版社，2000.
[10] 李桌球. 理论力学. 武汉：武汉理工大学出版社，2001.
[11] 哈尔滨工业大学理论力学教研室. 理论力学. 第 6 版. 北京：高等教育出版社，2002.
[12] 蒋沧如. 理论力学. 武汉：武汉理工大学出版社，2004.
[13] 刘俊杰，苏枋. 理论力学. 北京：中国农业大学出版社，2005.
[14] 天津大学材料力学教研室. 材料力学. 北京：高等教育出版社，1987.
[15] 王力金. 材料力学教学法参考书. 北京：高等教育出版社，1987.
[16] 刘鸿文. 材料力学. 北京：高等教育出版社，1992.
[17] 刘鸿文. 材料力学Ⅰ. 3 版. 北京：高等教育出版社. 1992.
[18] 金树达，朱东升. 材料力学. 北京：冶金工业出版社，1996.
[19] 北京科技大学，东北大学. 工程力学·材料力学(修订版). 北京：高等教育出版社，1997.
[20] 罗迎社. 材料力学. 武汉：武汉理工大学出版社，2001.
[21] 周建方. 材料力学. 北京：机械工业出版社，2002.
[22] 苟文选. 材料力学——导学·导教·导考. 西安：西北工业大学出版社，2002.
[23] 白象忠. 材料力学. 北京：中国建材工业出版社，2003.
[24] 刘庆谭. 材料力学. 北京：机械工业出版社，2003.
[25] 蔡怀崇，闵行. 材料力学. 西安：西安交通大学出版社，2004.
[26] 单辉祖. 材料力学Ⅰ. 2 版. 北京：高等教育出版社，2004.
[27] 刘鸿文. 材料力学Ⅰ. 4 版. 北京：高等教育出版社，2004.
[28] 苟文选. 材料力学Ⅰ. 北京：科学出版社，2005.
[29] 范钦珊. 材料力学. 北京：高等教育出版社，2005.
[30] 武清玺，许庆春，赵引. 动力学基础. 南京：河海大学出版社，2001.